编 委 会

顾　问　吴文俊　王志珍　谷超豪　朱清时

主　编　侯建国

编　委　（按姓氏笔画为序）

王　水　史济怀　叶向东　朱长飞
伍小平　刘　兢　刘有成　何多慧
吴　奇　张家铝　张裕恒　李曙光
杜善义　杨培东　辛厚文　陈　颙
陈　霖　陈初升　陈国良　陈晓剑
郑永飞　周又元　林　间　范维澄
侯建国　俞书勤　俞昌旋　姚　新
施蕴渝　胡友秋　骆利群　徐克尊
徐冠水　徐善驾　翁征宇　郭光灿
钱逸泰　龚　昇　龚惠兴　童秉纲
舒其望　韩肇元　窦贤康

当代科学技术基础理论与前沿问题研究丛书

中国科学技术大学

校友文库

基于Markov链的网络决策分析方法

An Analytic Network Process Decision Making Approach Based on Markov Chain

刘奇志 著

中国科学技术大学出版社

内 容 简 介

本书介绍了一种新的决策方法——基于有限状态齐次 Markov 链的网络决策分析方法,该方法改进了传统的层次分析/网络分析方法,将决策准则与方案分别处理,用有向图定义决策准则及准则之间的支配关系,通过两两比较量化支配关系,用 Markov 链的状态转移概率矩阵表达支配关系.新方法强调了支配关系的合成,给出了两种合成模型,定义了决策问题的解,研究了唯一解的存在条件及求解算法.最后一章从应用的角度分析了网络决策分析方法的特点、适用范围及使用技巧,并介绍了两个有代表性的案例.

本书可供高等院校运筹学、系统工程、管理工程等专业高年级本科生和研究生教学使用,也可供管理人员、工程技术工作者决策活动与自学参考.

图书在版编目(CIP)数据

基于 Markov 链的网络决策分析方法/刘奇志著. —合肥:中国科学技术大学出版社,2011.1

(当代科学技术基础理论与前沿问题研究丛书:中国科学技术大学校友文库)

"十一五"国家重点图书

ISBN 978-7-312-02746-8

Ⅰ. 基… Ⅱ. 刘… Ⅲ. 马尔可夫—网络分析—分析方法 Ⅳ. O225

中国版本图书馆 CIP 数据核字(2010)第 244244 号

出版发行 中国科学技术大学出版社

地址 安徽省合肥市金寨路 96 号,230026

网址 http://press.ustc.edu.cn

印　　刷 合肥晓星印刷有限责任公司

经　　销 全国新华书店

开　　本 710 mm×1000 mm　1/16

印　　张 19.5

字　　数 329 千

版　　次 2011 年 1 月第 1 版

印　　次 2011 年 1 月第 1 次印刷

印　　数 1—3000 册

定　　价 58.00 元

总　　序

侯建国

（中国科学技术大学校长、中国科学院院士、第三世界科学院院士）

大学最重要的功能是向社会输送人才.大学对于一个国家、民族乃至世界的重要性和贡献度,很大程度上是通过毕业生在社会各领域所取得的成就来体现的.

中国科学技术大学建校只有短短的五十年,之所以迅速成为享有较高国际声誉的著名大学之一,主要就是因为她培养出了一大批德才兼备的优秀毕业生.他们志向高远、基础扎实、综合素质高、创新能力强,在国内外科技、经济、教育等领域做出了杰出的贡献,为中国科大赢得了"科技英才的摇篮"的美誉.

2008年9月,胡锦涛总书记为中国科大建校五十周年发来贺信,信中称赞说:半个世纪以来,中国科学技术大学依托中国科学院,按照全院办校、所系结合的方针,弘扬红专并进、理实交融的校风,努力推进教学和科研工作的改革创新,为党和国家培养了一大批科技人才,取得了一系列具有世界先进水平的原创性科技成果,为推动我国科教事业发展和社会主义现代化建设做出了重要贡献.

据统计,中国科大迄今已毕业的5万人中,已有42人当选中国科学院和中国工程院院士,是同期(自1963年以来)毕业生中当选院士数最多的高校之一.其中,本科毕业生中平均每1000人就产生1名院士和七百多名硕士、博士,比例位居全国高校之首.还有众多的中青年才俊成为我国科技、企业、教育等领域的领军人物和骨干.在历年评选的"中国青年五四奖章"获得者中,作为科技界、科技创新型企业界青年才俊代表,科大毕业生已连续多年榜上有名,获奖总人数位居全国高校前列.鲜为人知的是，有数千名优秀毕业生踏上国防战线，为科技强军做出了重要贡献，涌现出二十多名科技将军和一大批国防科技中坚.

为反映中国科大五十年来人才培养成果，展示毕业生在科学研究中的最新进展，学校决定在建校五十周年之际，编辑出版《中国科学技术大学校友文库》，于 2008 年 9 月起陆续出书，校庆年内集中出版 50 种.该《文库》选题经过多轮严格的评审和论证，入选书稿学术水平高，已列为"十一五"国家重点图书出版规划.

入选作者中，有北京初创时期的毕业生，也有意气风发的少年班毕业生；有"两院"院士，也有 IEEE Fellow；有海内外科研院所、大专院校的教授，也有金融、IT 行业的英才；有默默奉献、矢志报国的科技将军，也有在国际前沿奋力拼搏的科研将才；有"文革"后留美学者中第一位担任美国大学系主任的青年教授，也有首批获得新中国博士学位的中年学者……在母校五十周年华诞之际，他们通过著书立说的独特方式，向母校献礼，其深情厚意，令人感佩！

近年来，学校组织了一系列关于中国科大办学成就、经验、理念和优良传统的总结与讨论.通过总结与讨论，我们更清醒地认识到，中国科大这所新中国亲手创办的新型理工科大学所肩负的历史使命和责任.我想，中国科大的创办与发展，首要的目标就是围绕国家战略需求，培养造就世界一流科学家和科技领军人才.五十年来，我们一直遵循这一目标定位，有效地探索了科教紧密结合、培养创新人才的成功之路，取得了令人瞩目的成就，也受到社会各界的广泛赞誉.

成绩属于过去，辉煌须待开创.在未来的发展中，我们依然要牢牢把握"育人是大学第一要务"的宗旨，在坚守优良传统的基础上，不断改革创新，提高教育教学质量，早日实现胡锦涛总书记对中国科大的期待：瞄准世界科技前沿，服务国家发展战略，创造性地做好教学和科研工作，努力办成世界一流的研究型大学，培养造就更多更好的创新人才，为夺取全面建设小康社会新胜利、开创中国特色社会主义事业新局面贡献更大力量.

是为序.

2008 年 9 月

序

层次分析(AHP)/网络分析(ANP)是一种十分实用的决策方法,它能够将定性判断量化,综合处理多目标、多层次、多因素的决策问题,并且简便直观、易学易用.该方法自20世纪80年代被介绍到国内后,迅速受到广泛的重视并得到了相当普遍的应用,然而深入研究AHP/ANP的理论、系统介绍AHP/ANP的著作并不多见.

本书将传统的AHP/ANP方法改进,建立了以严格数学理论为基础的方法——基于有限状态齐次马尔可夫链的网络决策分析方法,该方法保留了传统AHP/ANP方法的优点,并解决了传统方法理论上存在的一些问题.

从系统分析的视角观察,复杂问题的决策总是需要自上而下地将宏观问题分析分解,然后再自下而上地综合集成.新方法为分析分解和综合集成的各个阶段提供了理论支撑.在分解宏观决策目标时,新方法将决策准则与决策方案分离,用有向图表达决策准则支配关系;在量化准则支配关系的部分,新方法完全继承了传统方法的理论;新方法定义了决策准则支配关系图的似邻接方阵(随机方阵),将决策准则支配关系图通过随机方阵与马尔可夫链建立一一对应关系,用随机方阵完成决策的综合集成;新方法严格定义了决策问题的解,给出了唯一解存在的条件,解释了唯一解条件的实际含义.

新方法不再将决策问题分成层次结构和带反馈结构的决策问题,而是将决策问题分成有方案和无方案的决策问题.对有方案的决策问题,它的解是方案的次序，用随机方阵属于特征根 1 的特定左特征行向量表示，层次分析问题是这类问题的特例；对无方案的决策问题，它的解是准则的次序，用随机方阵属于特征根 1 的右特征列向量表示.该方法定义了两种合成模型：和合成模型（与传统的方法一致）与积合成模型，证明了积合成模型可以保序，而且在一定的条件下是唯一的保序模型.

尽管新方法涉及较多的数学理论，但是侧重于应用的人员也可以从此书获益.作者以浅显的例子介绍相关的概念，并有一章专门讨论应用，其中将不同的多指标决策方法进行了比较，给出群决策时的处理方法，介绍了综合考虑利益、机会、代价和风险的应用模式，给出了解决复杂问题的应用案例.使用者不必关心理论问题，只需按照方法给出的步骤逐步操作即可得到决策结果.

顾基发

中国科学院数学与系统科学研究院研究员

2010 年 10 月于北京

目　　次

绪　论

1. 层次分析/网络分析的影响和问题

层次分析(Analytic Hierarchy Process,AHP)是美国运筹学家 T. L. Saaty 教授于 1977 年提出的一种多准则决策方法,该方法适用于准则之间的支配关系能够表达成层次结构的决策问题;网络分析(Analytic Network Process,ANP)是层次分析的发展,适用于准则之间支配关系带反馈的决策问题.

目前,AHP/ANP 方法(特别是 AHP 方法)已被广泛传播和应用,并产生了重要的影响.自 1988 年在天津大学召开第 1 届层次分析国际会议后,每隔 2～3 年召开一次国际会议(http://www.isahp.org/).另外,有专门介绍方法的网站(http://www.ahpacademy.com/)及商业软件 Expert Choice 和 Super Decision,这些软件已经在多个行业和单位使用.2008 年,Saaty 教授因 AHP 获得了美国运筹和管理协会(The Institute for Operations Research and the Management Sciences,INFORMS)每两年颁发一次的运筹学影响奖(INFORMS Impact Prize)(http://www.informs.org/).

1982 年冬,Saaty 教授的学生 H. Gholamnezhad 在北京召开的国际能源、资源与环境学术讨论会上首次将 AHP 方法介绍到国内,该方法由于具备简明直观、易于理解、能够将决策者的主观定性意见量化等优点,因而在国内备受欢迎和关注,成为解决重大复杂决策问题的备选方法之一,甚至被誉为“定性与定量相结合”方法的代表.中国系统工程学会成立了决策科学专业委员会，这个二级学会每两年召开一次全国性学术会议，AHP/ANP 的理论和应用是其关注的重要内容.国内近几年出版的许多运筹学、系统工程著作和教科书都将 AHP(或 AHP/ANP)收入其中[32~42]，在大学开设的运筹学和系统工程课程也纷纷将 AHP(或 AHP/ANP)内容纳入教学大纲[43~48]，有的大学还将 AHP 作为必须掌握的内容列入博士研究生运筹学课程的考试大纲[49].

线性规划是最常用的运筹学方法，以其为参照，分别以“层次分析”和“线性规划”为关键词在互联网搜索，得到表 1 和 2 的结果.

表 1 2009 年 12 月 11 日互联网搜索结果对照表

搜索引擎	范围	关键词	搜索结果
Google (http://www.google.cn/)	简体中文网页	层次分析	8 480 000
		线性规划	11 500 000
Yahoo (http://cn.yahoo.com/)	简体中文网页	层次分析	80 119
		线性规划	110 063
百度 (http://www.baidu.com/)	简体中文网页	层次分析	2 470 000
		线性规划	745 000

表 2 万方数据(http://wanfangdata.com.cn)
简体中文论文搜索结果对照表

时间	关键词	搜索结果(篇)	论文数量增长率
2009 年 6 月 6 日	层次分析	24 418	
	线性规划	8 824	
2009 年 12 月 12 日	层次分析	27 505	12.6%
	线性规划	9 420	6.8%

在表 2 的 2009 年 12 月 12 日搜索结果中，27 505 篇层次分析论文分布于经济 11 188 篇、工业技术 5 716 篇、交通运输 1 925 篇、文教 1 722 篇、环境 1 636 篇、农业 1 081 篇、数理化 757 篇、社科总论 713 篇、天文地学 601 篇、医学卫生 486 篇、军事 418 篇、政法 391 篇、自然科学总论 195 篇、航空航天 189 篇、语言文字 170 篇、生物 107 篇及其他 210 篇；9 420 篇线性规划论文

分布于工业技术 3 492 篇、数理化 2 485 篇、经济 1 673 篇、农业 366 篇、交通运输 361 篇、文教 202 篇、航空航天 170 篇、环境 164 篇、社科总论 152 篇、天文地学 127 篇、自然科学总论 71 篇、军事 57 篇及其他 100 篇.从统计数字看,层次分析的论文数量及增量都比线性规划显著地多,而且应用的领域也比线性规划广.

从上述现象可以看出目前 AHP/ANP 被关注的程度及其应用的普及程度.

鉴于 AHP/ANP 的广泛影响,需要关注传播、应用 AHP/ANP 时出现的问题.这些问题主要表现在两个层面,即方法本身的理论基础和对方法的认识.

(1) 理论层面

使用 AHP 对决策方案进行选择或排序时,决策问题的解是方案的次序,传统的 AHP 可能出现逆序(逆序的概念将在第 3 章讨论).学术界对逆序有不同的认识,但是对逆序现象存在争议是公认的事实[8].讨论克服逆序的方法尽管很多,但是绝大多数方法都没有普遍性[6].

为了处理带反馈准则支配关系的决策问题,AHP 改进成 ANP.反馈的概念是为了克服层次结构的局限性而提出来的.ANP 认为,层间的反馈或层内元素的依存产生反馈关系,超矩阵是层间和层内关系的综合表达,决策的解是超矩阵幂乘积的极限,当超矩阵的幂乘积极限不存在时,用超矩阵幂的 Cesaro 平均极限替代.ANP 将决策方案作为一层,与准则同等对待,超矩阵既包含准则的数据,也包含方案的数据,超矩阵的阶数是所有层的元素的数目之和.ANP 没有对决策问题的解给出明确的定义,也不分辨决策问题是否符合决策常识,所有决策问题(包括不符合决策常识的)都能算出一个结果.使用 ANP 对方案排序,同样也可能出现逆序.

(2) 认识层面

任何一种决策方法都有局限性,不同方法适合于解决不同类型的决策问题,决策者只有具备了一定的修养,才能根据问题的特点选择合适的方法.AHP/ANP 简单易懂的特点,使其更容易受到决策者的青睐,AHP/ANP 易于将决策者主观意见融入决策过程的特点,为决策者主观作用的发挥预留了广阔的空间.然而过分强调 AHP/ANP 的优点,生搬硬套,必然会减弱决策结果的科学性,这样不仅会降低方法的信誉,甚至可能导致荒谬的结果.

有些介绍 AHP/ANP 的文献,为了突出该方法的优点,将其与其他决策方法进行不恰当的比较,以己之长比人之短,也会对使用者产生误导.

为解决上述问题,使 AHP/ANP 更好地为决策服务,本书将传统的方法改进,从准则支配关系为层次结构的方法入手,最终导出一般准则支配关系结构的方法——基于有向图和有限状态齐次马尔可夫链的网络决策分析方法(Analytic Network Process:Based on Direct Graph and Finite States Time - homogeneous Markov Chain,简称为 MC - ANP),同时讨论该方法的应用模式和适用范围.

2. 网络图决策方法的特点及其适用范围

在决策理论中,传统的 AHP/ANP 方法以及本书改进后的方法都需要构造网络图表达准则支配关系,它们都属于一类特殊的决策方法,不妨将它们统称为网络图决策方法.从决策的基本概念可以概括出这类方法的共同特点和适用范围.

(1) 决策的定义和分类

人类的一切活动几乎都需要决策,简单的问题靠拍脑袋就能解决,重大的问题则需要借助于决策理论和工具,认真地选择决策方法.

什么是决策(Decision Making)? 目前尚无一致的定义.2004 年版《中国大百科全书・自动控制与系统工程卷》称决策是“为最优地达到目标,对若干个准备行动的方案进行的选择”;《心理卷》称决策是“研究人们从多种可能性中做出选择的过程”.以 1978 年度诺贝尔经济学奖得主赫伯特・西蒙(Herbert Simon)为代表的管理决策学派认为,决策贯穿于管理的全过程,管理就是决策.我国著名学者于光远提出决策就是做决定.

从上述的定义可知,决策是人类为了达到一定的目的所进行的智力活动,是人类面对客观世界而采取的,为达到主观目的的思维和措施,由此可以看出,决策必须具备以下要素:

决策者:决策是人类进行的智力活动,所以一定要有主体参与,决策者是这个智力活动的主观载体,没有决策者就没有决策.

决策目标:决策目标就是决策活动所追求的目的.人类智力活动的特点

是有明确的目的性，决策是为达到特定目的而做的思考、决断和采取的措施，没有追求目的也就没有决策的必要了.决策可能只追求一个指标最好，也可能追求多个指标满意，这些追求的指标不外乎是效益最大、机会最多、风险最少或代价最小.

方案：在决策过程中，决策者的不同决断或措施可能产生不同的后果，因此描述决策过程需要对决断或措施进行识别和区分，决策方案是决断或措施的形式化表述.

结局：结局是决策方案执行后的环境或状态.

决策问题错综复杂，名目繁多，为了便于研究，需要对其进行分类.依据上述决策要素，可以将决策问题按照如下的方式分类：

① 按照决策者的数量区分，有单人决策和多人决策.

如果决策者是一个自然人或是一个有统一意志的团队，则称为单人决策；决策者有多个，每个决策者都独立地表达自己的意见，然后以某种方法进行整合，最终给出统一结论的决策称为多人决策，多人决策也称为群体决策.

② 按照决策目标的数量区分，有单目标决策和多目标决策.

用一个指标就能判定方案优劣的决策为单目标决策；需要用多个指标判定方案优劣的决策为多目标决策.

③ 按照决策方案的特点区分，有显方案决策和隐方案决策.

如果所有待选的决策方案都已经给出，决策只是从中选优或对方案排序，则称为显方案决策.表达方案要用若干个指标(或属性)，给出决策方案就是列出方案的指标值，所以显方案决策一般称为多指标决策(或多属性决策).

如果决策方案未知，但是方案必须满足的条件以及决策目标能够表达出来，决策就是根据目标和方案受限条件导出决策方案，这样的决策称为隐方案决策.机械制造的优化设计可以是隐方案决策问题，当决策者了解了机械产品的使用条件、材料成本，同时明确了产品希望达到的性能，将这些关系用数学关系式表达出来，选择最优(或满意)的设计方案可以通过求解数学规划得到.

④ 按照决策的结局区分，有确定型决策和非确定型决策.

如果决策问题的每个方案只能有一个结局，则称为确定型决策，否则称为非确定型决策.非确定型决策又可分为结局服从某种概率分布的风险决策和概率分布未知的非确定型决策.

(2) 网络图决策方法的特点及其适用范围

按照上文对决策问题的分类,可以概括出网络图决策方法的特点如下:

① 网络图决策方法都是单人决策方法,只有经过适当的改造之后才能作为多人决策方法使用.在本书第 6 章 6.2 节中讨论如何将单人决策方法推广到群体决策.

② 网络图决策方法是特殊的多指标决策方法.按照运筹学对决策方法的分类,多指标决策方法属于多目标决策方法.网络图决策方法使用特定的手段建立和表达决策目标和方案之间的关系,它将一个总指(目)标分解成多个子指标,在分析计算后又将多个子指标综合成一个指标,在分解和综合中都充分体现了决策者的主观意愿.

③ 网络图决策方法只能用于显方案决策,对已有方案进行比较和评价.

④ 网络图决策方法是确定型的决策方法,它假定方案产生的结局是确定不变的.

从这些特点可知,网络图决策方法主要适用于一些总目标已经给出,决策方案已知,但是总目标和决策方案之间的联系尚不十分明确,总目标以及总目标与方案之间、总目标和其他因素之间的关系都难以用数学函数表达的决策问题.

选择决策方法要考虑决策问题的特点,方法的繁简程度不是唯一标准.对于那些难以用数学函数表达的决策问题,借助于决策者的主观认知进行简化,选择网络图决策方法或许是明智的,但是方法的简明易用是以接受决策者的主观意愿为代价的;对于那些目标和约束条件都能用数学函数关系表达的决策问题,网络图决策方法未必是最好的方法.

3. 本书的结构与特点

本书从层次结构的决策问题入手,先介绍改进后的层次分析方法(第 1 章),然后逐步扩展,导出解决一般结构问题的网络决策分析方法——MC - ANP(第 4 章).尽管分析 MC - ANP 方法的特点(第 5 章)需要借助于工具马尔可夫链，但是阐述方法和使用方法时并不需要了解马尔可夫链.为叙述和书写的简便，在本书中仍将处理层次结构决策问题的方法称为层次分析(AHP)，处理一般结构决策问题的方法称为网络决策分析(ANP).

全书分为六章，各章内容简述如下：

第1章通过一个虚构的决策问题，给出层次分析的基本概念和步骤.

第2章系统地讨论了层次分析的理论，这些理论既包括了传统方法中关于单一准则支配关系量化部分的内容，也包括了决策准则支配关系的建立以及准则支配关系合成部分的内容.在阐述这些理论的过程中，借助于有向图和有向图的似邻接方阵等工具，将准则支配关系表示成方阵.基于这些理论，将层次分析的应用范围拓展到一般无圈结构的决策问题.

第3章讨论了逆序现象，提出了积合成模型，证明了在一定的条件下积合成模型是唯一的保序方法.

第4章给出了解决一般结构问题的网络决策分析方法.本章首先分析了一般准则支配关系图的特点，然后介绍了将准则分级处理、用超矩阵表达准则支配关系的方法，并使用决策准则支配关系图似邻接方阵(随机方阵)及合成模型，将求决策问题的解转化成求随机方阵的特征向量.根据随机方阵标准型中单位方阵的存在与否，将决策问题分为两类：第1类是标准型中单位方阵存在(即决策方案存在，决策准则支配关系图中有属性节点)的决策问题，决策问题的解是方案的次序；第2类是标准型中单位方阵不存在(即没有决策方案，决策准则支配关系图中没有属性节点)的决策问题，这类问题只有准则及准则之间的相互影响关系，决策问题的解是准则的次序.本章还分别讨论了两类决策问题的合理性条件，证明了只有合理的决策问题才有唯一解.

第5章利用有限状态齐次马尔可夫链，对网络决策分析方法进行了深入的讨论.首先在准则支配关系图、马尔可夫链和随机方阵之间建立了一一对应关系，借助于马尔可夫链对状态点的分类，给出了随机方阵的标准型结构，依此为基础，讨论了决策问题的合理性条件与唯一解存在条件的等价关系，证明了随机方阵幂的Cesaro平均极限总是存在的，并指出了传统ANP利用超矩阵幂的Cesaro平均极限作为决策问题的解是不严密的.

第6章从两个层面讨论了网络决策分析方法的应用.其一是将网络决策分析方法与其他多指标决策方法进行比较，讨论了如何将单人决策的网络决策分析方法应用于群体决策，介绍了使用此方法解决重大决策问题的利益（B）、机会（O）、代价（C）、风险（R）模式；其二是通过典型案例给出了应用此方法解决问题的过程和理念.

若只考虑逻辑关系，可以从一般结构的决策问题入手，直接导出 MC－ANP 方法的概念和步骤，但是这样处理不易使读者理解方法的特点，以及体察新方法与传统方法的联系与区别.因此本书从简单的层次结构问题入手，逐步深入，在概括出层次分析的理论之后，再将这些理论拓展至无圈结构的决策问题，最后推广到最一般的决策问题.从形式上看，每前进一步似乎都有重复，但每一步都引进了新的概念，并将方法的应用范围扩展.

按本书介绍的方法，决策要经历两个过程：先将宏观抽象的决策目标分解，变成一系列简单的判断问题，这就是建立并量化决策准则支配关系图的过程；然后在量化的准则支配关系图上综合、得出决策结论，这个过程就是求解准则支配关系图似邻接方阵（马尔可夫链状态转移概率方阵）的属于特征根 1 的特征向量.

支撑本书方法的理论体现在以下三个方面：

（1）用有向图表达决策准则支配关系.

（2）量化单一准则支配关系，从准则之间的两两比较判断数据，得到准则比例权重.关于这一方面的理论，传统 AHP/ANP 方法已经成熟和完善，最常用的办法是求正互反方阵的特征向量，新方法对此完全继承.

（3）在准则支配关系图上综合合成.根据不同的合成规则，定义不同的合成模型，使用随机方阵，将已经量化的分散的准则支配关系综合合成.

同传统的方法相比，本书介绍的方法有三个特点：

（1）将准则与方案分离，对准则支配关系，提出了两种完全独立的合成模型——和合成模型与积合成模型.

（2）可以彻底解决逆序问题.

（3）界定了哪些决策问题是合理的，证明了只有合理的决策问题才有唯一解.

用 MC－ANP 方法决策，决策问题不再按反馈关系的有无分类，而是按方案的有无分类.对有方案的决策问题，决策问题的解是方案的次序，求解这类问题就是求准则支配关系图似邻接方阵的属于特征根 1 的特定左特征向量，层次分析问题是这类问题的特例；对无方案的决策问题，决策问题的解是准则的次序，这类问题的解是准则支配关系图似邻接方阵的属于特征根1的右特征向量．使用MC－ANP方法决策无需再去关注反馈关系的有无．

本书需要一些代数、图论、计算机和多指标决策的内容作为预备知识，如果全将这些理论放在正文之前，就会显得枯燥无味．为了保持上下文的连贯性，将部分预备知识集中放在了附录．附录分3部分，附录1给出了向量和矩阵的基本概念，并对刻画正方阵特征的Perron定理给出了详细的证明；附录2介绍了网络图的一些基本概念；附录3简单地介绍了几种常用的多指标决策方法．

第1章 层次分析的基本概念和步骤

层次分析方法有其简单、直观、易学、易用的特点,但是了解这个方法需要建立一些基本概念,熟悉并掌握这些概念也需要有一个过程.为了能在总体上迅速了解该方法的概貌,本章先以一个虚构的决策问题为例,介绍方法的概念和使用方法进行决策的过程.

1.1 决策问题示例

假设有一座城市坐落在一条大河的两岸,且小船是联系两岸的唯一交通工具.随着经济的发展,大河两岸之间的交往规模日益扩大,以小船为交通工具的现状已经不能满足发展的需求,更换新的交通工具势在必行.经过初步论证,有三个方案可供选择:建一座跨河大桥;挖一个河底隧道;扩建码头、购买大船,扩大摆渡的规模.不同的方案需要投入的费用不同,产生的效益不同,对城市未来发展造成的影响也不同.究竟应该采用哪个方案,需要深入认真地分析、慎重地选择.

如何度量方案的优劣?显然单用效益或费用度量过于偏颇,人们自然想到使用效益与费用的比值来度量和评价方案更为合理.

费用的计算相对简单一些,对每一个方案,工程设计部门总会提出工程建设预算及预期使用寿命,管理部门可以根据经验推算出方案的预期收益及单位时间内的运营维修成本,从二者可以估计出总费用值.

对于效益,则很难找出一种简单的度量方法.为了能客观、准确地估计效益,需要对效益的内容进行分解.

效益可分为有形的部分(如经济效益,可以用提高的效率或创造的价值度量)和无形的部分(如社会效益,很难用简单的指标描述).为简化问题,这里只考虑经济效益和社会效益.

对经济效益进行分析,进一步具体细化为:

(1) 交通税收.交通的便捷可能促使交通量的增加,交通量的增加会给市政府带来直接的财政税收.

(2) 两岸之间的商业融合.由于大河的隔绝、大河两岸的经济有可能产生较大的差异,交通的改善有利于缩小差距并将两岸融为一体.

(3) 促使服务业发展.由于交通的便利、交通量的增加,与之相关的服务业(如购物、餐饮、娱乐等)会得到发展.

(4) 促使房地产业发展.交通的便利使人们单位时间内的活动范围扩大,购房范围扩大,推动地皮升值,促进房地产业的繁荣.

对社会效益进一步细化,分解为如下的因素:

(1) 社会的凝聚力.交通的便捷可以提高两岸文化、医疗、服务资源的共享程度,促使社会的广泛交流,缩小两岸人们在精神生活和物质生活上的差距,增加社会的凝聚力.

(2) 社会的安全性.交通的便捷可以提高两岸维护社会安全资源的共享程度,两岸的警力(如110匪警、119火警)资源互为备份、相互支援,即使不增加警力,交通的改善也可以提高社会的安全性.

(3) 城市的知名度.不同的方案可能产生不同的建筑物,特殊的建筑物可能成为地区的标志.世界许多地方因为有知名的建筑物而名声大振,而城市的高知名度无疑会给城市带来许多有形和无形的利益.

为了描述方案,需要使用一些指标和数据,这些刻画方案特点的数据称为**方案的属性**.

对于这里讨论的决策问题,方案可用五个属性刻画:

(1) 效率.使用方案过河时所花费的时间.

(2) 通过量.使用方案过河时单位时间内允许通过的最大量.

(3) 舒适度.人们使用方案渡河的感受.

(4) 渡河安全性.使用方案渡河出现事故的可能性及事故造成损失的严重程度.

(5) 景观.方案给城市添加的景观.

这样处理后,细化的因素已经能和方案的属性建立直接的联系,因素的量化值可由方案的属性确定.

总效益是判断方案优劣的依据,称为总准则.总效益细化后为经济效益和社会效益,它们都是判断方案优劣的部分依据,称为总准则的子准则.

类似地,经济效益准则也可以再细分为交通税收、商业融合、服务业发展、房地产业发展,这些又是经济效益子准则的子准则;社会效益细分为社会凝聚力、社会安全性、城市知名度,这些是社会效益子准则的子准则.

方案决定属性值;属性值决定交通税收、商业融合、服务业发展、房地产业发展和社会凝聚力、社会安全性、城市知名度等子准则的值;交通税收、商业融合、服务业发展、房地产业发展等子准则值又决定经济效益值;社会凝聚力、社会安全性、城市知名度等子准则值又决定社会效益值.综合经济效益值和社会效益值便得到总效益值.这样的逻辑关系可以表示成图 1.1,称为决策准则支配关系结构示意图.

在图 1.1 中,追求的目标以及目标的细化分解结果和待评价的方案被分成不同的层次,最底下的一层是方案层,最靠近方案的那层是属性层.除方案层外,其余的层都称为准则层.下层(子)准则是上层准则的具体和细化,上层准则是下层(子)准则的聚合和抽象.

当比较不同方案的效益时,很难一下子从整体判断出综合的结果.但是当将决策准则分解细化成如图 1.1 所示的层次结构后,利用层次分析方法,可以给出每一个局部的判断结果,进而可以从众多局部结果综合出整体判断结果.

在决策准则支配关系结构中,总准则、准则、子准则的概念都是相对的.在图 1.1 的示例中,如果简化问题,只考虑社会效益,则可以只分析与社会效益相关的准则,社会效益就变成了总准则.

为了节省篇幅,可把问题进一步简化,在下文的推导中只处理社会效益

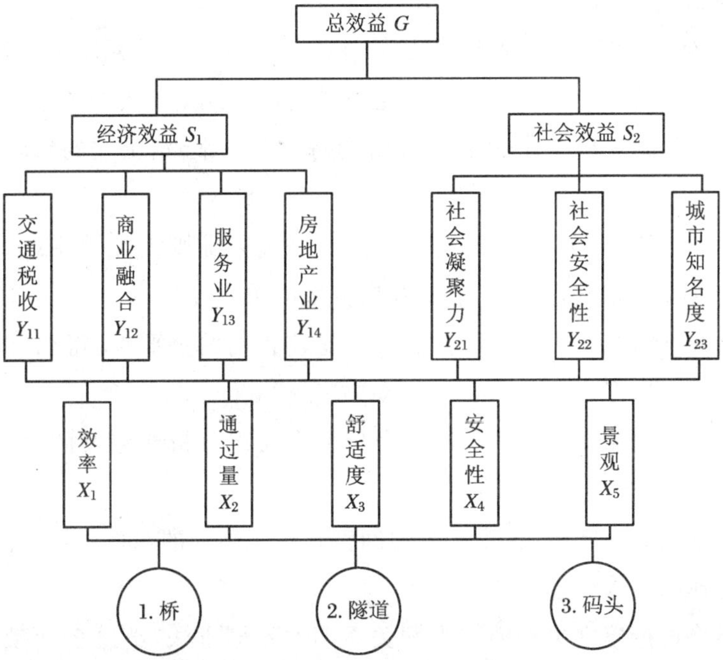

图 1.1　决策准则支配关系结构示意图

和它的子准则决定的决策问题，同时将属性减少为三个：效率、通过量和景观. 简化问题的决策准则支配关系如图 1.2 所示（在剩余的三个属性中，景观属性的编号变为 3）.

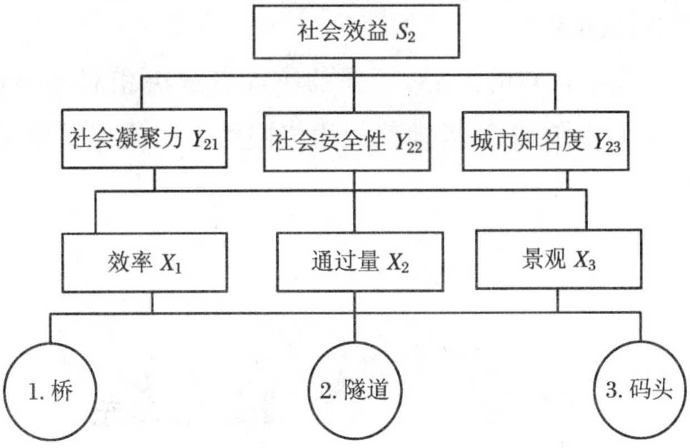

图 1.2　简化问题的决策准则支配关系图

用层次分析方法进行决策，过程可以分为五个步骤：

步骤 1　建立决策准则支配关系. 根据决策问题的实际背景，分析并分解决策准则，建立决策问题的准则支配关系图.

步骤 2　量化决策准则支配关系. 在决策准则支配关系图上，对每一个准则，考虑它及其所支配的子准则，定量描述这个准则的支配关系.

步骤 3　获取方案属性值. 对评价的每一个方案，给出它的每一个属性的量化值.

步骤 4　综合合成. 对每一个方案，按照决策准则支配关系结构，将量化的准则支配关系进行综合合成，算出方案的重要性.

步骤 5　比较结果. 对不同的方案，比较它们的重要性，得出方案在总准则下的优劣次序.

本章将以简化的示例(图 1.2)为例引出层次分析所涉及的概念，说明使用层次分析方法进行决策的过程.

在上述五个步骤中，各个步骤之间都是相互独立的，每一个步骤都有多种可供选择的具体处理方法.

本书将讨论建立决策准则支配关系图的不同方法，给出多种量化单一准则支配关系的计算方法和量化属性的方法，讨论两种合成模型.

对同一个决策问题，不同的决策者可能构建出不同的决策准则支配关系结构图；可以选用不同的方法量化单一准则支配关系；可以选用不同的方法量化属性；可以选择自己喜欢的合成模型. 所以，使用层次分析方法类似于搭建积木，使用者可以根据自己的偏好、在不同的步骤选用不同的方法组建出自己喜好的处理模式.

由于决策者主观认知的差异，不同的决策者解决相同的决策问题可能采用不同的方法，不同的决策者即使使用相同的方法处理同样的问题，也可能得出不同的结果.

1.2　建立决策准则支配关系

准则支配关系是层次分析的基础，它是决策者根据自己对问题的认识，将总准则逐步细化、分析影响决策的因素及因素之间的作用关系而得出的结果.

决策问题的总目标(也称为总准则)往往比较抽象,常常是一些宏观的概念,很难一下子找出它和决策方案之间的直接关系.建立准则支配关系的过程也是分析问题、认识问题的过程.

建立决策准则支配关系结构包括两项内容:一是找出准则,二是明确准则之间的关系.所用的基本方法可以概括为**结构分析**和**因果分析**.

1.2.1 结构分析

结构分析方法将一个宏观的、抽象的决策准则当成一个集合,研究构成这个集合的子集或元素,把这些子集或元素当成这个集合对应的准则的子准则.

在上节例子中,分析过河工具带来的社会效益时,把“社会效益”当成一个宏观的整体,将它分解成三部分:带来的“社会凝聚力”、增加的“社会安全性”和“城市知名度”.这样“社会效益”这个总准则就被分解为三个子准则:“社会凝聚力”、“社会安全性”和“城市知名度”.

这种通过分析、分解获得子准则的方法称为结构分析方法.

1.2.2 因果分析

准则细化时,有时需要从因果关系入手进行分析.可以把准则当成一个结果,分析能够产生这个结果的原因,把这些原因当成这个结果对应准则的子准则.这种通过因果分析获得子准则的方法称为因果分析方法.

仍用上节的例子说明因果分析方法.

将“社会凝聚力”增加作为结果,分析凝聚力增加的原因,一个因素是交通工具(备选方案)过河花的时间少,节约了时间,提高了效率,使交往便捷;另一个因素是交通工具(备选方案)可以运送的人员、物资数量大,交往方便.“效率”和“通过量”这二者缺一不可.

同样地,“社会安全性”的增加也是因为交通提高了时间效率,增加了运载量的结果,同样依赖于备选方案过河的“效率”和“通过量”.

“城市知名度”和过河工具的时效性及运载量几乎无关,主要和方案建筑物产生的“景观”有关.

对上节示例的决策问题,综合使用结构分析和因果分析方法,将“社会效益”准则逐步细化并具体给出准则之间的支配关系,得出如图 1.3 所示的准则支配关系结构.在这个图中明确了“社会凝聚力”和“社会安全性”准则只支配“效率”和“通过量”,而“城市知名度”准则只支配“景观”.

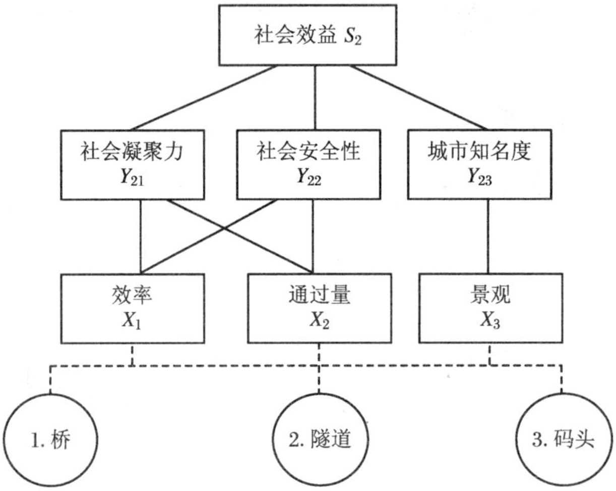

图 1.3 准则支配关系结构

1.2.3 一般决策准则支配关系图的概念

本文所说的“图”是一种数学工具,它对应的英文是 Graph.这种数学工具可以描述和处理许多实际问题.

图包含两个基本要素,一个要素是被描述的对象,称为节点;另一个要素是被描述对象之间的一种关系,称为边(关于图的定义和概念见附录 2).只要选定了被描述的对象并定义了它们之间的关系,就等于给出了相应的图.例如某个家族中,“男人”和“父子”关系就可以用有向图表示.某公司中的“组织机构”以及“组织机构”和“组织机构”之间的“直接隶属”关系也是一个有向图.

在一个图上,如果不仅关心节点之间是否有关系,还关心关系的密切程度,就可以用一个实数刻画关系(边)的值,这样的图称为网络图.

本书使用的“决策准则支配关系图”是描述决策准则和准则之间支配关

系的有向图，而且是将支配关系量化的网络图.

定义 1.1　(1) **决策准则**(简称**准则**)是决策者追求的目标、目标的细化或者影响目标的因素.

(2) 如果一个准则 B 可以直接分解为更为具体的准则 $C_1, C_2, \cdots, C_t$，或者准则 $C_1, C_2, \cdots, C_t$ 的变化会直接影响准则 B，则称准则 B(直接)支配准则 $C_1, C_2, \cdots, C_t$. 准则 B 称为准则 $C_1, C_2, \cdots, C_t$ 的**父准则**，准则 $C_1, C_2, \cdots, C_t$ 称为准则 B 的**子准则**. 父准则与子准则的关系称为(直接)**支配关系**.

父准则和子准则之间的关系是不对称的，父准则与子准则的关系为(直接)支配关系，子准则与父准则的关系为(直接)被支配关系.

不能再分解的子准则，或者说能够直接由方案定出准则值的子准则称为**属性**.

在上节的示例中，将"社会效益"准则细化，分解为带来的"社会凝聚力"、增加的"社会安全性"和"城市知名度"；将"社会凝聚力"、"社会安全性"和"城市知名度"再分解，得到"效率"、"通过量"和"景观". 这些都是"准则".

在示例中，有三个待评价的方案：桥、隧道、码头. "社会效益"准则最终细化分解成"效率"、"通过量"和"景观"，这些子准则无需再细分，可直接从待选方案得到它们的值. 因此，"效率"、"通过量"和"景观"就是方案的属性.

定义 1.2　由准则和准则之间的支配关系所构成的有向图称为**决策准则支配关系图**.

本书所定义的决策准则支配关系图不包括方案，这样定义的特点和好处将会在后面的讨论中显现.

显然，在准则支配关系图上，准则对应节点，准则之间的支配关系对应有向边. 图 1.3 所示结构的准则支配关系图见图 1.4.

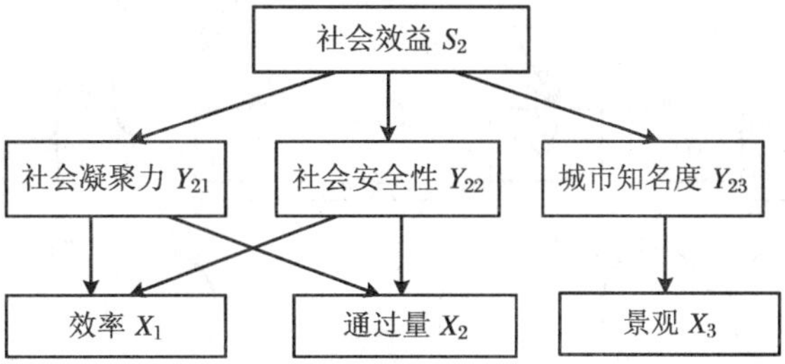

图 1.4　图 1.3 的准则支配关系图

层次分析的决策准则支配关系图是结构十分特殊的一类图，称为**层次结构图**：它要求准则必须分成若干层，只有相邻层次之间的准则才可能存在方向一致的支配关系，必须有且只有一个总准则，必须有属性且其都在同一层.

在层次结构图中，有向边的方向都是十分明确的，只能从上一层次的某准则指向相邻下一层次的某准则，所以在层次结构图中不必刻意标出边的方向.

层次分析只处理决策准则支配关系图为层次结构的决策问题.

用结构分析和因果分析方法构造出的决策准则支配关系图不能保证是层次结构的.如果使用层次分析方法，在构造出支配关系图后还需要检查判断.如果决策问题很简单，则可以通过直接观察看出支配关系图是否是层次结构的.如果决策问题比较复杂，可以使用特定算法(见第 2 章 2.2.1 小节中的算法 2.3)进行判断.

层次结构图是一种结构十分特殊的图.实际上，层次分析方法的能力还更强一些，它还可以处理准则支配关系比层次结构更复杂的决策问题.第 2 章将深入讨论层次分析方法的理论及层次分析方法应用范围的拓展问题.

一般层次分析的准则支配关系如图 1.5 所示.

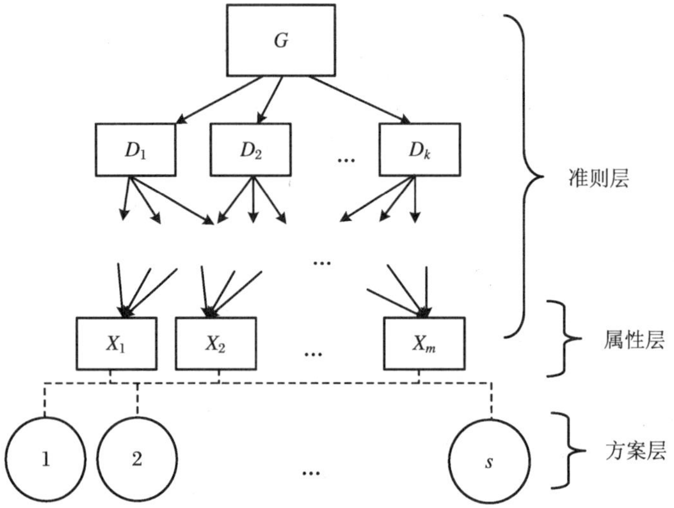

图 1.5 层次结构的准则支配关系图和待评价的决策方案

在本书的定义中，方案由属性刻画，属性是准则，方案不是准则，决策准则支配关系图是不含方案的，这一点与传统的层次分析方法不同．一般的介绍层次分析的文献都将方案列入准则支配关系图中．为了便于对照，本书在表达决策准则支配关系图时有的也画出了方案，不过将方案用圆圈表示，以区别于表示准则的方框，方案和属性之间的关系用虚线表示，以区别于准则支配关系的实线(图 1.3 和 1.5)．

在图 1.5 中，最上层只含一个节点 G，G 是总准则，最底下的一层 X_1，X_2，…，X_m 称为属性．D_1，D_2，…，D_k 是总准则 G 的子准则，属性 X_1，X_2，…，X_m 又分别是准则 D_1，D_2，…，D_k 的子准则的子准则．

1.2.4　再议决策准则支配关系图的构建

建立决策准则支配关系图的过程也是对决策问题进行分析的过程．不同的决策者阅历不同、经验不同、偏好不同，即便对于同一个决策者，在不同的时间、不同的地点、不同的场合观察问题的角度也可能不同．所以对同一个决策问题，可能构建出不同的决策准则支配关系．

在上节的示例中，关于社会效益的决策准则支配关系图(图 1.4)是站在城市的角度分析问题而得出的结论．

如果扩大视野，不是站在一座城市，而是考虑整个河流所处的流域，准则支配关系可能就需要改动．因为桥梁可能会对河道船运业产生限制作用．因此，从流域的角度分析社会效益，应增加**航运**子准则，描述方案对河道航运的影响．

如果从生态环保的角度分析社会效益，应考虑方案对自然环境的影响，如对生态的破坏、产生的噪音等，则应增加描述**环境保护**的子准则．

1.3　准则支配关系的量化

在构造出决策准则支配关系图之后，需要进一步考虑的问题是如何将支配关系量化.

在决策准则支配关系图上,任选一个准则,这个准则和它支配的子准则以及支配关系构成的子图称为由这个准则决定的**丛**,它刻画了单一准则的支配关系.

将决策准则支配关系图看成是“丛”的复合体,只要每一个“丛”中的边被赋值,整个有向图的边就都被赋了值.所以量化准则支配关系就是量化每一个单一准则的支配关系.

在一个确定的“丛”上,“丛”中边的值就是边上父准则对它支配的子准则的支配关系值.约定“丛”的边值只取正数,它们构成一个向量*.为了便于处理,常对这个正向量加以限制,要求各个分量之和为1,称为归一化.这个归一化后的正向量称为**支配关系向量**.向量的每一个分量可以理解成子准则在支配它的准则中所占的权重,所以也把这个向量称为子准则(对支配它的准则而言)的**权重向量**.

计算“丛”中边的值就是量化单一准则的支配关系.

在图1.4中,有子准则的准则共有四个(即有四个丛),它们分别是“社会效益”、“社会凝聚力”、“社会安全性”和“城市知名度”,只要计算出这四个丛的边,就量化了整个准则支配关系图.

1.3.1 两两比较判断方阵

从准则支配关系图上取出一个“丛”,考虑它的边的量化问题.

在不掌握其他信息的情况下,决策者只能通过对子准则的比较来判断子准则在准则中的重要程度.在众多子准则中,直接回答哪个子准则重要,哪个不重要,并度量出重要程度是相当困难的.但是如果将问题分解,对选定的两个子准则进行比较,则问题会变得简单,容易判断出哪个子准则重要并分辨出重要的程度.这种比较只是定性的结论,借助于1～9标度表(见表1.1)可将定性结论转化为定量结论.

---

* 在本书中,如果不作特别说明,向量一般指的是列向量.为了简便,在不引起混淆的情况下将不严格地区分向量和它转置的书写方式.

表 1.1　1～9 标度表

标度值	定义
1	两个子准则同样重要
3	一个子准则比另一个子准则略重要
5	一个子准则比另一个子准则较重要
7	一个子准则比另一个子准则非常重要
9	一个子准则比另一个子准则绝对重要
2,4,6,8	为以上两种判断之间状态对应的标度值
倒数	若两个判断因素的位置颠倒，则标度值互为倒数

对某个选定的准则 B，设其所支配的子准则为 $C_1, C_2, \cdots, C_n$，对任意的两个子准则 C_i, C_j，通过两两比较，借用 1～9 标度表，得出这两个子准则之间的重要性比值. 为了简便，用子准则的足标代替子准则本身.

定义 1.3　如果某个准则支配着 n 子准则，n 阶方阵 $\boldsymbol{A}=(a_{ij})$的元素 a_{ij}记录子准则 i 与子准则 j 进行比较后使用 1～9 标度表得到的定量结果，则 $\boldsymbol{A}=(a_{ij})$就是这个准则的**两两比较判断方阵**.

显然两两比较判断方阵 $\boldsymbol{A}=(a_{ij})$是一个对角线元素全为 1 的 n 阶正方阵，而且对任意的行 i 和任意的列 j 满足：

$$a_{ij} = 1/a_{ji}$$

只要给出了 $\boldsymbol{A}=(a_{ij})$的上三角或下三角元素值，即可得到其余元素的值.

1.3.2　单一准则下子准则权重向量的计算

两两比较判断方阵的元素仅仅是决策者的局部认识，而这里需要知道的是子准则在支配它的父准则中的重要程度. 因此，需要对矩阵数据进行加工，才能提炼出更本质的内容. 子准则在父准则中的重要程度可以用权重向量度量.

对选定的某个准则 B，假设其所支配的子准则 $1,2,\cdots,n$ 的权重向量已经知道，为

$$\boldsymbol{\omega}^{\mathrm{T}} = (w_1, w_2, \cdots, w_n)$$

如果决策者非常英明，每一次对准则两两比较得出的比值和真实的权

重之比完全一样,没有丝毫的误差,两两比较判断方阵 $\boldsymbol{A}$ 应当为

$$\boldsymbol{A}=\left(\frac{w_i}{w_j}\right)=\begin{pmatrix}\dfrac{w_1}{w_1} & \dfrac{w_1}{w_2} & \cdots & \dfrac{w_1}{w_n}\\[2ex] \dfrac{w_2}{w_1} & \dfrac{w_2}{w_2} & \cdots & \dfrac{w_2}{w_n}\\ \vdots & \vdots & & \vdots\\ \dfrac{w_n}{w_1} & \dfrac{w_n}{w_2} & \cdots & \dfrac{w_n}{w_n}\end{pmatrix}$$

显然 $\boldsymbol{A}$ 的各行(列)成比例,$\boldsymbol{A}$ 的秩为 1.就是说 $\boldsymbol{A}$ 包含的信息量和权重向量是一样多的.而权重向量正是 $\boldsymbol{A}$ 的对应于特征根 n 的特征向量,即 $\boldsymbol{A\omega}=n\boldsymbol{\omega}$.

一般情况下,事先不会知道各个子准则的权重,而且决策者的判断总会存在误差,很难保证每一次比较两个准则得出的比值都等于权重之比,所以 $\boldsymbol{A}$ 的秩大于 1,$\boldsymbol{A}$ 的最大特征根也不会正好为 n.在这种情况下如何从比较判断数值得到权重向量?

最简单的方法有和法与根法.

1. 和法

构造一个向量,这个向量的第 i 个分量值为两两比较判断方阵$\boldsymbol{A}$ 的第i 行元素之和,用这个向量度量子准则所起的作用.将向量归一化后作为权重向量,记为 $\boldsymbol{\omega}^{\mathrm{T}}=(w_1,w_2,\cdots,w_n)$,其中

$$w_i=\sum_{j=1}^{n}a_{ij}\Big/\sum_{i=1}^{n}\sum_{j=1}^{n}a_{ij}\quad(i=1,2,\cdots,n)\tag{1.1}$$

在第 2 章详细地讨论特征向量法之后我们会知道,该方法是特征向量法的一步迭代结果.

容易看出,如果在构造向量的第 i 个分量时不用判断矩阵 $\boldsymbol{A}$ 的第 i 行元素之和,而改用 $\boldsymbol{A}$ 的第i 行元素的算术平均值,向量归一化后的结果也是一样的.

2. 根法

构造一个向量,这个向量的第 i 个分量值为两两比较判断方阵$\boldsymbol{A}$ 的第i 行元素的几何平均,用这个向量度量子准则所起的作用.将向量归一化后作为权重向量,记为 $\boldsymbol{\omega}^{\mathrm{T}}=(w_1,w_2,\cdots,w_n)$,其中

$$w_i = \left(\prod_{j=1}^{n} a_{ij}\right)^{1/n} \Big/ \sum_{i=1}^{n}\left(\prod_{j=1}^{n} a_{ij}\right)^{1/n} \quad (i = 1,2,\cdots,n) \tag{1.2}$$

和法和根法是适合于手工计算权重向量的简单方法.

3. 特征向量法

在第 2 章中将证明,两两比较判断方阵总是存在一个唯一的、对应模最大的正特征根的正特征向量,这个唯一的特征根称为**主特征根**,属于主特征根的正特征向量称为**主特征向量**.

用两两比较判断方阵 $\boldsymbol{A}$ 的归一化的主特征向量表示权重向量的方法称为**特征向量法**.特征向量法是层次分析方法中最常用,也是最重要的方法.

用两两比较判断方阵的归一化的主特征向量作为权重向量是否合理?即它能否反映出子准则的重要程度? 这取决于两两比较判断方阵 $\boldsymbol{A}$ 的一致性.度量一致性可用一个指标

$$\frac{\lambda_{\max} - n}{n - 1} \tag{1.3}$$

式中,$\lambda_{\max}$是两两比较判断方阵的主特征根,n 是方阵 $\boldsymbol{A}$ 的阶数.

一致性指标是两两比较判断方阵 $\boldsymbol{A}$ 的一种特性,它反映了用判断数据估计的权重与真实权重之间的误差.当决策者的判断没有误差时(即准则的两两比较比值就是真实权重的比值,绝对一致),这个值为 0.这个值越小,一致性越好.使用中常常给出一个上界,超过上界则认为误差太大不能接受.但是上界究竟应取多大,并没有绝对的标准.若一致性指标值超出上界,则认为两两比较判断方阵的一致性太差,需要进行调整.

求特征向量的具体算法及不同方法的特点,以及讨论度量一致性的方法和上界的具体值都放在第 2 章 2.1.2 小节.

1.3.3 示例的计算结果

图 1.4 的决策准则支配关系图可以分解为四个单一准则及其所支配的子准则(丛),本节分别计算这四个准则及其所支配的子准则的支配关系.

对每一个准则,分别对它所支配的子准则进行两两比较,得到两两比较判断方阵,然后计算子准则在准则中的权重向量.

1. 社会效益及其三个子准则:社会凝聚力、社会安全性和城市知名度(图 1.6)

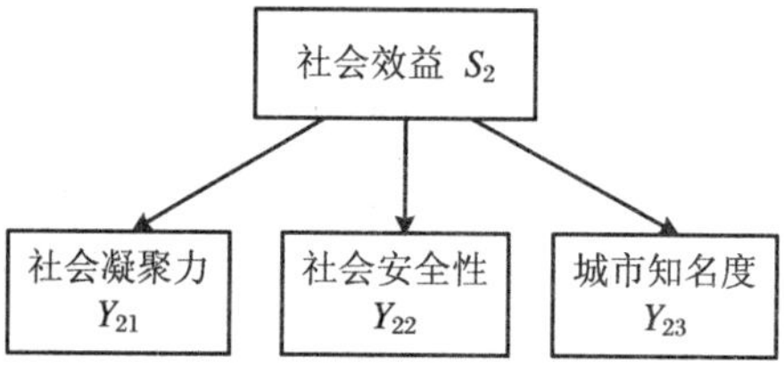

图 1.6 社会效益及其三个子准则

社会效益中三个子准则的两两比较结果列于表 1.2.

表 1.2 社会效中三个子准则两两比较结果

	社会凝聚力	社会安全性	城市知名度
社会凝聚力	1	4	8
社会安全性	1/4	1	2
城市知名度	1/8	1/2	1

将表 1.2 中的数据作为两两比较判断方阵,使用"和法"求出社会凝聚力、社会安全性、城市知名度在社会效益中的权重向量为

$$(8/11,2/11,1/11)$$

2. 社会凝聚力及其两个子准则效率和通过量(图 1.7)

社会凝聚力的两个子准则效率和通过量的两两比较结果列于表 1.3.

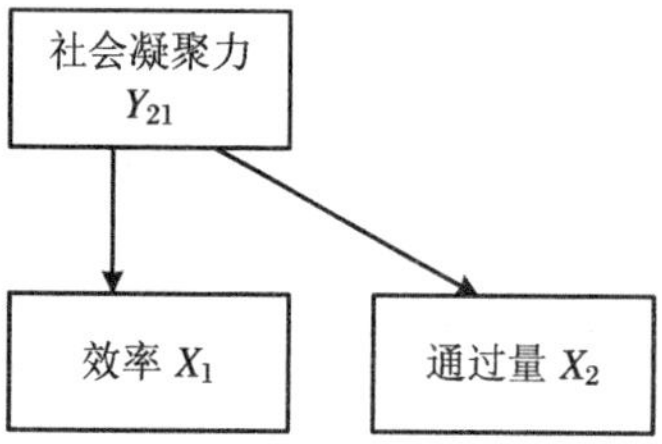

图 1.7 社会凝聚力及其两个子准则效率和通过量

表 1.3 社会凝聚力的两个子准则效率和通过量的两两比较结果

	效率	通过量
效率	1	2
通过量	1/2	1

将表 1.3 中的数据作为两两比较判断方阵,使用"和法"求出效率、通过量在社会凝聚力中的权重向量为(2/3,1/3).

3. 社会安全性及其两个子准则效率和通过量(图 1.8)

社会安全性的两个子准则效率和通过量的两两比较结果列于表 1.4.

表 1.4　社会安全性的两个子准则效率和通过量的两两比较结果

	效率	通过量
效率	1	3
通过量	1/3	1

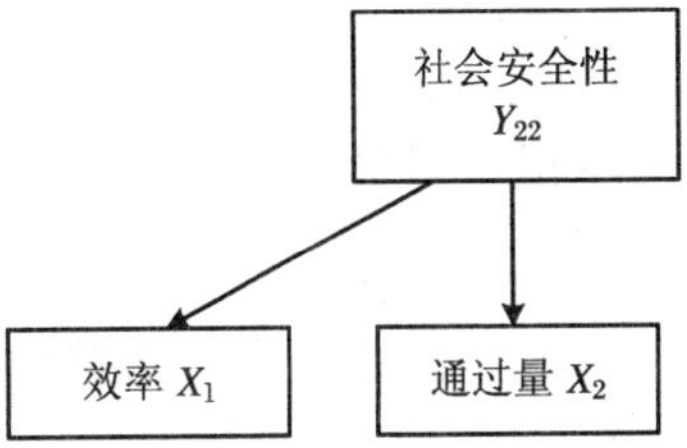

图 1.8　社会安全性及其两个子准则效率和通过量

将表 1.4 中的数据作为两两比较判断方阵,使用"和法"求出效率、通过量在社会安全性中的权重向量为(3/4,1/4).

4. 城市知名度和它的一个子准则景观

城市知名度只和景观有关,所以景观在城市知名度中的权重向量为 1.

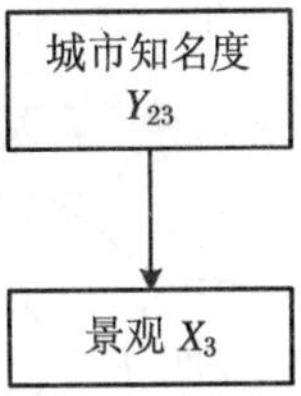

图 1.9

示例的重点为了说明方法的概念和使用过程,因此示例的数据都是理想化的,即准则两两比较得到的结果和真实权重之比只差一个比例常数,比较判断没有误差,因此,不论使用哪种方法计算权重向量,结果都是一样的.

1.4　获取方案属性值

决策量化只能在量化方案的基础上完成.量化方案就是给出方案的属性值.获取方案属性值的方法大致可以分成两种:相对测量法和直接度量法.

1.4.1　相对测量法

相对测量法是选定一个属性后,通过对方案之间的比较,得出属性的相对值.这种方法类似于计算单一准则下各个子准则的重要性.在没有其他资料可以参考的情况下,决策者可以根据自己的主观判断、通过对方案之间的两两比较,得出两两比较判断方阵,再求出两两比较判断方阵的主特征向量作为方案的属性值.

使用相对测量法得到的属性值往往是归一化的,即对于一个属性,它的任何一个方案的相对值都大于 0,对不同的方案求和为 1.

在图 1.3 示意的决策问题中有三个属性:效率、通过量和景观,备选的方案也是三个:桥、隧道和码头.因为决策的目的是比较方案的优劣,因此三个属性可以根据经验及利用相对测量法得到.

下面使用相对测量法求解示例的属性值.

1. 效率属性

利用不同的工具渡河,花费的时间可能不同,对应于每一个方案,需要用一个数据来度量渡河的效率,如图 1.10 所示.

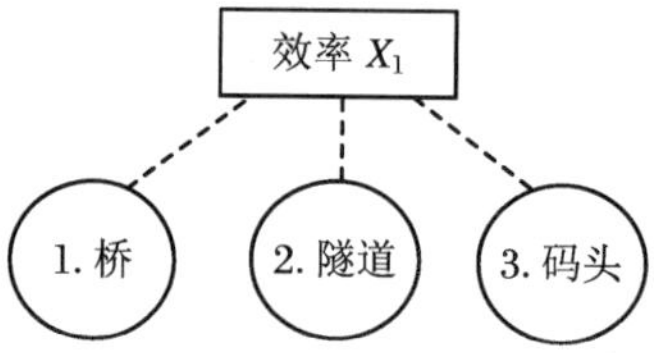

图 1.10 渡河效率

对渡河所花的时间(效率)而言,桥和隧道相当,但是乘船(码头)要长(差)得多.

对效率属性,比较三个方案,得到方案关于效率的两两比较判断方阵,见表 1.5.

表 1.5 效率的两两比较判断方阵

	桥	隧道	码头
桥	1	1	8
隧道	1	1	8
码头	1/8	1/8	1

使用"和法"求出桥、隧道、码头的效率属性值分别为 8/17,8/17,1/17.

2. 通过量属性

利用不同的工具渡河,单位时间的最大运输量可能不同,对应于每一个方案,需要用一个数据来度量这个值,如图 1.11 所示.

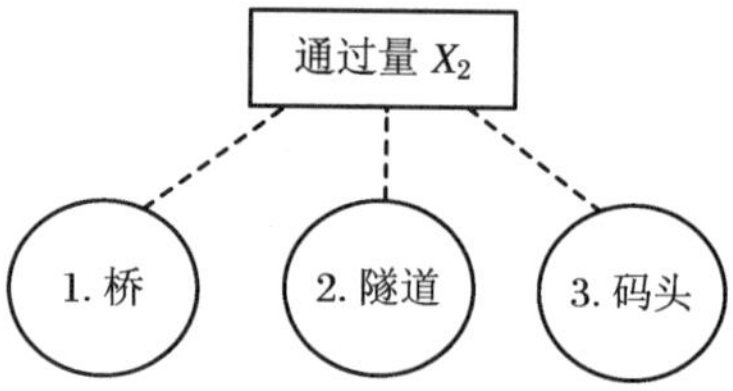

图 1.11 通过量

类似于效率属性,对使用不同交通

工具、单位时间内的运输量而言，桥和隧道相当，但是船(码头)要少得多.

对通过量属性，比较三个方案，得到方案关于通过量的两两比较判断方阵，见表 1.6.

表 1.6　通过量的两两比较判断方阵

	桥	隧道	码头
桥	1	1	8
隧道	1	1	8
码头	1/8	1/8	1

使用“和法”求出桥、隧道、码头的通过量属性值分别为 8/17，8/17，1/17.

3．景观属性

采用不同的渡河方案，会产生不同渡河方案，会产生不同的景观，对应于每一个方案，需要一个数据来度量景观值，如图 1.12 所示.

景观主要和方案在地表的建筑物有关，所以桥梁的作用最大，隧道的作用最小.

对景观属性，比较三个方案，得到方案关于景观的两两比较判断方阵，见表 1.7.

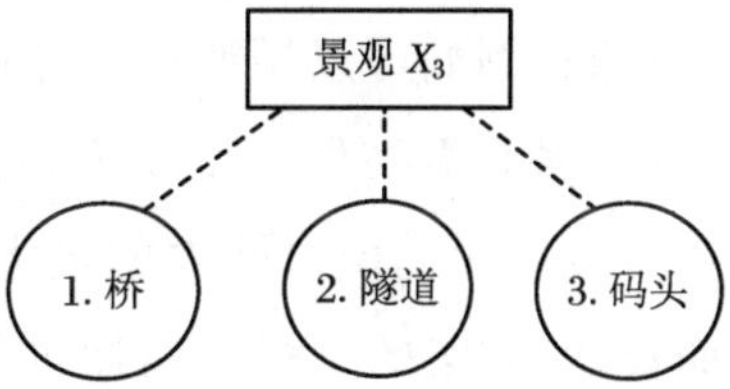

图 1.12　景观

表 1.7　景观的两两比较判断方阵

	桥	隧道	码头
桥	1	8	4
隧道	1/8	1	1/2
码头	1/4	2	1

使用“和法”求出桥、隧道、码头的效率属性值分别为 8/11，1/11，2/11.

4．全部方案属性值列表

将三个方案的三个属性值集中列于表 1.8.

表 1.8 三个方案的三个属性值

	桥	隧道	码头
效率	8/17	8/17	1/17
通过量	8/17	8/17	1/17
景观	8/11	1/11	2/11

1.4.2 直接测量法

直接测量法是用确定的或通用标准度量方案属性值的方法，如成绩的分数等级、可以观测到的物理量、可以获得的统计量等.

为了符合常识并便于计算，约定方案属性值为正实数，且越大越好. 如果属性值不能满足这个假设，可以对属性值做一个变换使之满足，关于变换的具体形式将在第 2 章 2.3.2 小节讨论.

在上文示例的三个属性中，除景观外，效率和通过量都可以用直接测量方法得到. 例如可以用渡河所花的时间 t 度量效率. 由于约定属性值越大方案越好，因此需要做一个变换，可以用时间 t 的倒数 $1/t$ 作为效率属性值；通过量可以用单位时间内的最大输送量表示，假设桥和隧道都是为通行汽车而设计，方案的通过量属性也可以用桥和隧道的宽度表示，比如用并行车道的数量度量.

1.5 合成过程及方案优先次序的确定

当算出每一个准则所支配的子准则权重向量后，准则支配关系图的每一条边都被量化赋了值. 在求出每一个方案的属性后，属性节点也被赋了值. 如何比较方案的优劣？在边和属性被赋值的准则支配关系图上，通过合成算出每一个方案的重要性值，比较不同方案的值即可得出方案的优劣次序.

下面先讨论合成模型和合成的实施过程，并针对示例决策问题给出计算结果.

1.5.1　合成模型定义

定义 1.4　在准则支配关系图上，设准则 B 支配且只支配 t 个子准则 $C_1, C_2, \cdots, C_t$，$(\alpha_1, \alpha_2, \cdots, \alpha_t)$是子准则 $C_1, C_2, \cdots, C_t$ 在准则 B 中的权重向量. 对给定的某个方案，$a_1, a_2, \cdots, a_t$ 分别是这个方案的子准则 $C_1, C_2, \cdots, C_t$ 的重要性值，则这个方案准则 B 的**重要性值** b 定义为

$$b = \alpha_1 a_1 + \alpha_2 a_2 + \cdots + \alpha_t a_t \tag{1.4}$$

对于属性准则，定义一个方案**属性的重要性值**为这个方案的属性值本身.

准则的重要性值是一个递归的定义.

方案的重要程度由方案的**总准则重要性值**确定.

式(1.4)的加权和合成模型称为**和合成模型**，它是层次分析方法中经常使用的合成模型. 其他的合成模型将在第 2 章以后讨论.

1.5.2　合成过程

计算方案总准则重要性值的过程就是和合成模型的执行过程. 对层次分析问题，最简单直观的合成过程就是在准则支配关系图上自下而上地逐层计算，其过程如下：

选定一个方案后，从属性值入手，按照决策准则支配关系图的结构，利用合成公式，自下向上逐层地计算各个准则的重要性值，直至得到总准则的重要性值.

当算出所有方案的总准则重要性值后，比较不同方案的总准则重要性值后，便可得出方案的优劣次序.

其实计算总准则重要性值的合成过程不一定非要自下而上，也可以自上而下. 自上而下地合成可以节省很多计算量，其细节将在第 2 章讨论.

1.5.3 示例的计算结果

对图 1.3 示意的决策问题，下面将用相对测量法得到的属性值使用式(1.4)的合成模型分别计算桥、隧道和码头三个方案的社会效益的重要性值.

每一个决策方案，对应一个标出数据的准则支配关系图，图中准则方框内的数据是准则的重要性值，支配关系箭头旁边的数据是支配关系值，方案和属性之间用虚线连接，表示这组属性值对应于这个方案.

对照标出数据的准则支配关系图可以了解合成的执行过程.

1. 方案 1——桥(对照图 1.13)

将 1.3.3 小节中算出的准则支配关系值标在图 1.4 的准则支配关系图上，得到边被量化的准则支配关系图(见图 1.13，其中箭线旁边的数字是准则支配关系值)，再将 1.4 节中对应于桥方案算出的属性值标于相应的属性节点方框内，利用量化后的准则支配关系，在图 1.13 上自下而上地计算准则的重要性值，并将计算结果标在相应的准则节点方框中. 下面对桥方案的各准则重要性值的计算过程给出说明.

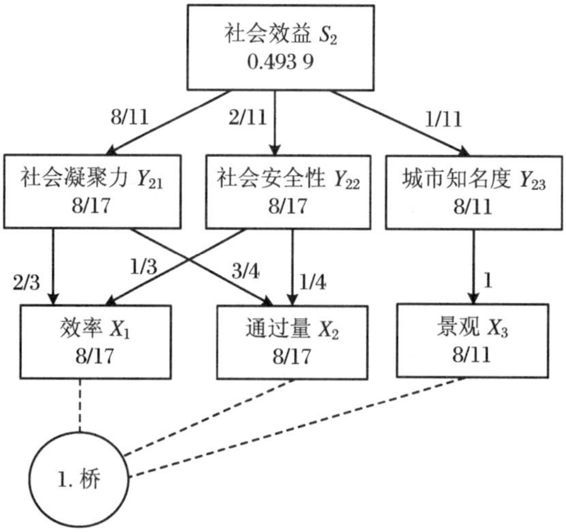

图 1.13

X 层：属性层(效率、通过量、景观)的重要性值

根据表 1.8 的结果，桥方案的三个属性，即效率、通过量、景观的值分别为 8/17,8/17,8/11.

Y 层:社会凝聚力、社会安全性、城市知名度子准则的重要性值

社会凝聚力只和效率、通过量有关,效率、通过量在社会凝聚力中的权重向量为(2/3,1/3),效率、通过量的重要性值分别为 8/17,8/17,根据合成公式(1.4),计算出桥方案的社会凝聚力重要性值为$\frac{2}{3}\times\frac{8}{17}+\frac{1}{3}\times\frac{8}{17}=\frac{8}{17}$.

同样地,社会安全性也只和效率、通过量有关,效率、通过量在社会凝聚力中的权重向量为(3/4,1/4),效率、通过量的重要性值分别为 8/17,8/17,根据合成公式(1.4),计算出桥方案的社会安全性重要性值为

$$\frac{3}{4}\times\frac{8}{17}+\frac{1}{4}\times\frac{8}{17}=\frac{8}{17}$$

城市知名度只和景观有关,景观在知名度中的权重向量为 1,景观的重要性值为 8/11,根据合成公式(1.4),计算出桥方案的城市知名度重要性值为 8/11.

S 层:社会效益(总)准则的重要性值

社会效益由社会凝聚力、社会安全性、城市知名度三个子准则决定,这三个子准则在社会效益中的权重向量为(8/11,2/11,1/11),这三个子准则的重要性值分别为 8/17,8/17,8/11.

根据合成公式(1.4),计算出桥方案的社会效益重要性值为

$$\frac{8}{11}\times\frac{8}{17}+\frac{2}{11}\times\frac{8}{17}+\frac{1}{11}\times\frac{8}{11}=0.4939$$

2. 方案 2——隧道(对照图 1.14)

与图 1.13 类似,在图 1.14 上,箭线旁边的值是准则支配关系值(1.3.3 小节中已算出),节点方框中的值是隧道方案的准则重要性值,下面对隧道方案的各准则重要性值的计算过程给出说明.

X 层:属性层(效率、通过量、景观)重要性值

根据表 1.8 的结果,隧道方案的三个属性,即效率、通过量、景观的值分别为 8/17,8/17,1/11.

Y 层:社会凝聚力、社会安全性、城市知名度子准则的重要性值

效率、通过量在社会凝聚力中的权重向量为(2/3,1/3),效率、通过量的重要性值分别为 8/17,8/17,所以隧道方案的社会凝聚力重要性值为

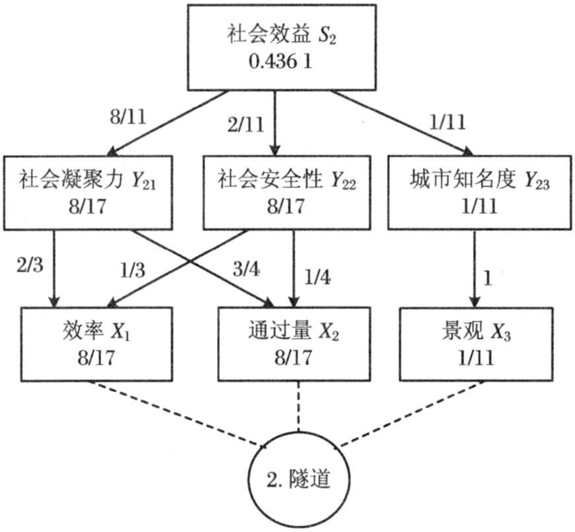

图 1.14

$$\frac{2}{3}\times\frac{8}{17}+\frac{1}{3}\times\frac{8}{17}=\frac{8}{17}$$

效率、通过量在社会凝聚力中的权重向量为(3/4,1/4),效率、通过量的重要性值分别为 8/17,8/17,所以隧道方案的社会安全性重要性值为

$$\frac{3}{4}\times\frac{8}{17}+\frac{1}{4}\times\frac{8}{17}=\frac{8}{17}$$

城市知名度只与景观有关,景观在知名度中的权重向量为 1,景观的重要性值为 1/11,所以隧道方案的知名度重要性值为 1/11.

***S* 层:社会效益(总)准则的重要性值**

社会效益的三个子准则,即社会凝聚力、社会安全性、城市知名度的权重向量为(8/11,2/11,1/11),上面已算出这三个子准则的重要性值分别为 $\frac{8}{17},\frac{8}{17},\frac{1}{11}$,所以隧道方案的社会效益准则重要性值为

$$\frac{8}{11}\times\frac{8}{17}+\frac{2}{11}\times\frac{8}{17}+\frac{1}{11}\times\frac{1}{11}=0.436\,1$$

3. 方案 3——码头(对照图 1.15)

与图 1.13 类似,在图 1.15 上,箭线旁边的值是准则支配关系值(1.3.3 小节中已算出),节点方框中的值是扩建码头方案的准则重要性值,下面对扩建码头方案的各准则重要性值的计算过程给出说明.

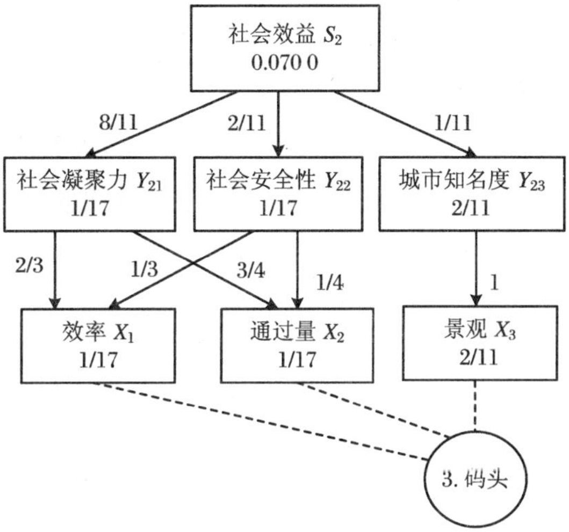

图 1.15

***X* 层：属性层(效率、通过量、景观)重要性值**

根据表 1.8 的结果，码头方案的三个属性，即效率、通过量、景观的值分别为 1/17，1/17，2/11.

***Y* 层：社会凝聚力、社会安全性、城市知名度子准则的重要性值**

效率、通过量在社会凝聚力中的权重向量为(2/3，1/3)，效率、通过量的重要性值分别为 1/17，1/17，所以码头方案的社会凝聚力重要性值为

$$\frac{2}{3} \times \frac{1}{17} + \frac{1}{3} \times \frac{1}{17} = \frac{1}{17}$$

效率、通过量在社会凝聚力中的权重向量为(3/4，1/4)，效率、通过量的重要性值分别为 1/17，1/17，码头方案的社会安全性重要性值为

$$\frac{3}{4} \times \frac{1}{17} + \frac{1}{4} \times \frac{1}{17} = \frac{1}{17}$$

城市知名度只和景观有关，景观在知名度中的权重向量为 1，景观的重要性值为 2/11，所以隧道方案的城市知名度重要性值为 2/11.

***S* 层：社会效益(总)准则的重要性值**

社会效益的三个子准则社会凝聚力、社会安全性、城市知名度的权重向量为(8/11，2/11，1/11)，前面已算出这三个子准则的重要性值分别为 $\frac{1}{17}$，$\frac{1}{17}$，$\frac{2}{11}$，所以码头方案的社会效益准则重要性值为

$$\frac{8}{11}\times\frac{1}{17}+\frac{2}{11}\times\frac{1}{17}+\frac{1}{11}\times\frac{2}{11}=0.0700$$

4. 三个方案的优劣次序

由上面的计算结果可以看出，从社会效益分析，方案 1(建桥)(0.493 9)优于方案 2(挖隧道)(0.436 1)，方案 2(挖隧道)优于方案 3(扩建码头)(0.070 0)，但是方案 1 和方案 2 的重要性差异不大.

第 2 章　层次分析的理论及应用范围的拓展

从第 1 章的示例可以看出，层次分析决策的思路是：将宏观的决策问题分解细化，将定性的主观判断量化，将细化的量化结果综合. 这种细化—量化—综合的思想不仅体现在方法的整体结构上、也体现在方法的具体步骤中. 层次分析理论就是这些思路的概括、提炼和形式化表达，它的主要内容可以概括为三个部分：

1. 建立准则支配关系

研究如何将一个抽象和宏观的决策目标细化成具体的、易于理解的、可以控制的决策(子)目标，用有向图表达这些目标及目标之间的关系，最终得到定性的准则支配关系图.

2. 量化准则支配关系

研究如何对定性准则支配关系图的有向边赋值. 因为准则支配关系图的边可以按照单一准则支配关系子图(从结构)的结构分解，量化了每一个从结构的边等于对图上的所有的有向边赋了值，所以量化准则支配关系的理论就是量化单一准则支配关系的理论.

3. 合成准则支配关系

在量化的准则支配关系图上，通过综合合成才能得出决策结论，综合合成理论研究准则支配关系的合成规则和合成规则的实施方法.

传统层次分析方法的理论着重于第 2 部分，给出了量化单一准则支配关系的严格理论，详尽地讨论了不同的实施方法，但是对第 1 和第 3 部分并没有给出清晰的理论.

本章的内容分 5 节，2.1 节介绍层次分析理论的第 2 部分——量化单一准则支配关系的理论与方法，2.2 节介绍层次分析理论的第 1 和第 3 部分，2.3 节讨论属性值计算方法，2.4 节给出层次分析方法的实施步骤，2.5 节讨论层次分析方法应用范围的拓展.

附录 1 和附录 2 是本章的预备知识.

2.1 量化准则支配关系的理论与方法

在准则支配关系图上，选定一个准则及其所支配的子准则以及支配关系构成的子图(丛)，当这个子图的边都被赋值后，这些边值构成一个向量，将这个向量归一化，称其为这个准则对它所支配子准则的支配关系向量，从被支配子准则的角度观察，这个归一化向量也称为子准则对支配它的准则的权重向量.

在层次分析的理论文献中，大量的内容讨论求解权重向量的方法，论证这些方法的合理性和有效性，这些内容在层次分析的理论中占据重要的地位.求解权重向量的方法用到较为深刻的数学理论，正是由于这些理论的支撑，层次分析方法才能立足并能产生广泛的影响. INFORMS 网站(http://www.informs.org/)介绍 2008 年运筹学影响奖得主 Saaty 教授的贡献时称“他开发了关键的数学理论，这种理论以直观而优美的方式将求方阵特征根和特征向量问题与从两两比较数据导出准则重要程度的比例权重结合，最终利用这些权值对方案进行比较得出优劣顺序.”这个评价主要针对的也是求解权重向量的特征向量方法.

对选定的某个准则，求它支配子准则的权重向量同样需要使用细化—量化—综合的思路.在不掌握其他材料的情况下，只能通过对子准则之间的比较获得信息，这就是将两两比较得到的定性结果，用 1～9 标度表量化后得到比较判断方阵.当一个准则支配 n 个子准则时，两两比较判断方阵有

n^2 个元素(因为两两比较判断方阵对角元素为 1,上、下三角部分的值互反,所以实际有效的信息只有 $(n^2-n)/2$ 个).两两比较判断方阵是大量的局部信息,如何将这些信息综合成权重向量(只需要 n 个数据),这正是理论需要解决的问题.

用两两比较判断方阵求解权重向量,用到正方阵的特殊性质,因此在介绍具体求解方法之前需要先讨论正方阵的性质.

本节先介绍正方阵和正互反方阵的若干性质,然后介绍几种求权重向量的方法,最后比较不同方法的优劣,讨论它们的适用范围.本节介绍的方法是最基本的,也是最常用的方法,受篇幅的限制,对于其他方法,不一一介绍.

2.1.1　正方阵和正互反方阵的若干性质

1. 正方阵的 Perron 定理

任何一个 n 阶复数方阵,都有 n 个复数特征根(包含重根),n 个复数特征根中模最大者的模称为方阵的谱半径.

定理 2.1(Perron 定理)　正方阵的谱半径是它的唯一模最大的单重特征根,对应这个特征根,存在唯一的归一化的正特征向量.

定理的证明见附录 1.

定理的结论说明:

(1) 正方阵的谱半径是它的特征根;

(2) 谱半径不是重根,而且也没有模等于谱半径而又不是谱半径的特征根;

(3) 存在属于谱半径的正特征向量,在归一化限制下,这个向量是唯一的.

称正方阵的谱半径为其**主特征根**,属于主特征根的特征向量为**主特征向量**.

2. 正互反方阵的若干性质

在使用 1~9 标度表时,两两比较判断方阵的元素是受到限制的,因为元素只能在 1,2,…,9 和 $\frac{1}{2},\frac{1}{3},\cdots,\frac{1}{9}$ 中取值.为了便于理论探讨,先将元素的取值范围扩大到任意的正实数.

定义 2.1 如果正方阵 $\boldsymbol{A}=(a_{ij})$，$\forall\, i,j$，满足 $a_{ij}=1/a_{ji}$，则称 $\boldsymbol{A}$ 是**正互反方阵**.

显然，两两比较判断方阵是正互反方阵.

定义 2.2 对 n 阶正互反方阵 $\boldsymbol{A}=(a_{ij})$，如果存在

$$\boldsymbol{\omega}^{\mathrm{T}}=(w_1,w_2,\cdots,w_n)>\boldsymbol{0}$$

使得 $a_{ij}=w_i/w_j$，则称方阵 $\boldsymbol{A}$ 是**一致**的.

假设某个准则所支配的子准则编号后为 $1,2,\cdots,n$，真实权重向量为

$$\boldsymbol{\omega}^{\mathrm{T}}=(w_1,w_2,\cdots,w_n)$$

显然，在判断没有误差的情况下，比较第 i 个与第 j 个子准则的重要性，得到的结果应为 w_i/w_j，比较第 j 个与第 i 个子准则的重要性，得到的结果为 w_j/w_i，两两比较判断方阵是一个一致的正互反方阵.

定理 2.2 设 $\boldsymbol{A}=(a_{ij})$为 n 阶正互反方阵，则下面三个条件是等价的：

(1) 存在 $\boldsymbol{\omega}^{\mathrm{T}}=(w_1,w_2,\cdots,w_n)>0$，使得 $a_{ij}=w_i/w_j$；

(2) $\boldsymbol{A}$ 的秩 $\mathrm{rank}(\boldsymbol{A})=1$；

(3) $\boldsymbol{A}$ 只有一个非 0 的特征根 n.

证明 (1)⇒(2) 由 $a_{ij}=w_i/w_j$ 知，$\boldsymbol{A}$ 的第 $i(i=2,3,\cdots,n)$行和第 1 行之间只差一个比例常数 w_1/w_i，所以 $\mathrm{rank}(\boldsymbol{A})=1$.

(2)⇒(1) 取任意一个正数 v_1，利用公式 $v_i=v_1/a_{1i}$，求出 $n-1$ 个正数 $v_2,\cdots,v_n$. 这样 $\boldsymbol{A}$ 的第 1 行可以改写为$(v_1/v_1,v_1/v_2,\cdots,v_1/v_n)$.

由于 $\mathrm{rank}(\boldsymbol{A})=1$，所以各行与第 1 行只能差一个比例常数，又由于对角线元素为 1，所以第 i 行与第 1 行的比例常数只能为 v_1/v_i. 因此可知 $a_{ij}=v_i/v_j$，$\forall\, i,j$. 并且$(v_1,v_2,\cdots,v_n)$就是属于特征根 n 的特征向量.

(1)⇒(3) 显然对于一致的正互反方阵 $\boldsymbol{A}=(a_{ij})$，有一个非 0 的特征根 n，且属于特征根 n 的正特征向量为

$$\boldsymbol{\omega}^{\mathrm{T}}=(w_1,w_2,\cdots,w_n)$$

由于 $\boldsymbol{A}$ 的秩为 1，得知它的若尔当(Jordan)标准型的主对角块只能有一个非 0 数字 n，所以不可能存在其他非 0 特征根.

(3)⇒(1) 对任意一个正方阵 $\boldsymbol{A}$，设它的主特征根为 λ，主特征向量为 $\boldsymbol{\omega}^{\mathrm{T}}=(w_1,w_2,\cdots,w_n)>\boldsymbol{0}$. 则

$$\lambda \boldsymbol{\omega} = \boldsymbol{A\omega}$$

展开得到

$$\lambda w_i = \sum_{j=1}^{n} a_{ij} w_j \quad (i = 1,2,\cdots,n) \tag{2.1}$$

在式(2.1)中两边同除以 w_i，得到

$$\lambda = \sum_{j=1}^{n} a_{ij} \frac{w_j}{w_i} \quad (i = 1,2,\cdots,n) \tag{2.2}$$

对式(2.2)中的下标 i 求和，利用性质 $a_{ii}=1$，得到

$$n\lambda - n = \sum_{i,j=1,i\neq j}^{n} a_{ij} \frac{w_j}{w_i} \tag{2.3}$$

由于在正互反方阵中 $a_{ij}=1/a_{ji}$，式(2.3)又可改写为

$$n\lambda - n = \sum_{1\leqslant i<j\leqslant n} \left(a_{ij} \frac{w_j}{w_i} + a_{ji} \frac{w_i}{w_j} \right) \tag{2.4}$$

对于任意的正数 a，不等式 $a+1/a\geqslant 2$ 成立，而且等式成立的充要条件是 $a=1$. 所以式(2.4)的右端项有极小值 n^2-n，即

$$n\lambda - n = \sum_{1\leqslant i<j\leqslant n} \left(a_{ij} \frac{w_j}{w_i} + a_{ji} \frac{w_i}{w_j} \right) \geqslant n^2 - n \tag{2.5}$$

且当 $a_{ij}\dfrac{w_j}{w_i}=1$ 时达到极小值.

由已知条件 $\lambda=n$，所以式(2.4)能达到极小值，从而得出 $a_{ij}=w_i/w_j$. 定理证毕.

由定理 2.2 的证明过程立刻得到：

推论 2.1　n 阶正互反方阵 $\boldsymbol{A}$ 的主特征根大于或等于 n，且等于 n 的充要条件是 $\boldsymbol{A}$ 是一致的.

定理 2.2 的结论说明：在计算一个准则的子准则权重向量的过程中，如果得到的两两比较方阵 $\boldsymbol{A}=(a_{ij})$是一致的，那么它的秩为 1，只有一个非 0 的特征根 n，以及存在属于特征根 n 的正特征向量 $\boldsymbol{\omega}$，即

$$\boldsymbol{A\omega} = n\boldsymbol{\omega}$$

$\boldsymbol{\omega}$ 归一化后就是权重向量.

但是，一般情况下，误差总会存在，两两比较判断方阵 $\boldsymbol{A}=(a_{ij})$不可能是一致的正互反方阵. 因此，需要讨论从一般的正互反方阵求解权重向量的方法.

2.1.2 特征向量方法

在层次分析方法中,用正互反方阵的归一化主特征向量表示权重向量是最常用,也是最重要的方法.这里先讨论其理论基础,再给出求解算法,并指出此方法与第1章中使用的和法之间的关系.

1. 权重向量的存在性和唯一性

如果两两比较得出的正互反方阵 $\boldsymbol{A}=(a_{ij})$ 不能满足一致性条件,是否仍可以用 $\boldsymbol{A}$ 的特征向量作为权重向量? Perron 定理保证了用正互反方阵 $\boldsymbol{A}$ 的归一化主特征向量作为权重向量,则权重向量存在且唯一.

2. 求解正方阵主特征根和主特征向量的方法——幂法

计算方阵特征根和特征向量的方法有很多,自然可以任选一种求解正方阵的主特征根和主特征向量.考虑到正方阵的特殊性,有更好的求解方法.

定理 2.3 给定正方阵 $\boldsymbol{A}$,设 $\boldsymbol{v}$ 是属于其主特征根的主特征向量,则对任意的非0实向量 $\boldsymbol{x}$,有

$$\lim_{k\to\infty}\frac{\boldsymbol{A}^k\boldsymbol{x}}{\boldsymbol{x}^{\mathrm{T}}\boldsymbol{A}^k\boldsymbol{x}}=c\boldsymbol{v}$$

其中 c 是一个常数.

证明 根据 Perron 定理,正方阵 $\boldsymbol{A}$ 存在主特征根 λ 和主特征向量 $\boldsymbol{v}>\boldsymbol{0}$, $\boldsymbol{A}\boldsymbol{v}=\lambda\boldsymbol{v}$.

由相似变换下的若尔当标准型理论可知,存在非异方阵 $\boldsymbol{P}$,使得

$$\boldsymbol{A}=\boldsymbol{P}\begin{pmatrix}\lambda & \boldsymbol{0}\\ \boldsymbol{0} & \boldsymbol{J}\end{pmatrix}\boldsymbol{P}^{-1}\tag{2.6}$$

其中,非异方阵 $\boldsymbol{P}$ 的第1个列向量为 $\boldsymbol{v}$,不妨记为 $\boldsymbol{P}=(\boldsymbol{v},\boldsymbol{P}')$.

由于 λ 是正方阵 $\boldsymbol{A}$ 的谱半径,所以在式(2.6)中,方阵 $\boldsymbol{J}$ 的谱半径严格小于 λ,即 $\frac{1}{\lambda}\boldsymbol{J}$ 的谱半径严格小于1,由附录1的引理1,当 k 充分大时, $\left(\frac{1}{\lambda}\boldsymbol{J}\right)^k\to\boldsymbol{0}$.

记随 k 趋于 ∞ 时趋于0的无穷小量为 $o(1)$.则当 k 充分大时,方阵 $\left(\frac{1}{\lambda}\boldsymbol{J}\right)^k$ 中的所有元素都为 $o(1)$.在不发生混淆的情况下,将所有元素为

$o(1)$的矩阵记为 $\boldsymbol{o}(1)$，而不清楚地标出它的阶数.

对 $\forall\, \boldsymbol{x}\in\mathbb{R}^n, \boldsymbol{x}\neq\boldsymbol{0}$，当 k 充分大时

$$\boldsymbol{A}^k\boldsymbol{x} = \lambda^k\boldsymbol{P}\begin{pmatrix}\boldsymbol{1} & \boldsymbol{0}\\ \boldsymbol{0} & \boldsymbol{o}(1)\end{pmatrix}\boldsymbol{P}^{-1}(x_1,x_2,\cdots,x_n)^{\mathrm{T}}$$

记

$$\boldsymbol{P}^{-1}(x_1,x_2,\cdots,x_n)^{\mathrm{T}} = (x_1',x_2',\cdots,x_n')^{\mathrm{T}}$$

则

$$\begin{aligned}\boldsymbol{A}^k\boldsymbol{x} &= \lambda^k(\boldsymbol{v},\boldsymbol{P}')\begin{pmatrix}\boldsymbol{1} & \boldsymbol{0}\\ \boldsymbol{0} & \boldsymbol{o}(1)\end{pmatrix}(x_1',x_2',\cdots,x_n')^{\mathrm{T}}\\ &= \lambda^k(\boldsymbol{v},\boldsymbol{o}(1))(x_1',x_2',\cdots,x_n')^{\mathrm{T}}\\ &= \lambda^k(x_1'\boldsymbol{v}+\boldsymbol{o}(1)) \qquad (2.7)\end{aligned}$$

$$\begin{aligned}\boldsymbol{x}^{\mathrm{T}}\boldsymbol{A}^k\boldsymbol{x} &= \lambda^k(x_1,x_2,\cdots,x_n)(x_1'\boldsymbol{v}+\boldsymbol{o}(1))\\ &= \lambda^k x_1'(\boldsymbol{x}\cdot\boldsymbol{v}+\boldsymbol{o}(1)) \qquad (2.8)\end{aligned}$$

所以存在常数 $c=\dfrac{1}{\boldsymbol{x}\cdot\boldsymbol{v}}$，使得

$$\frac{\boldsymbol{A}^k\boldsymbol{x}}{\boldsymbol{x}^{\mathrm{T}}\boldsymbol{A}^k\boldsymbol{x}} = \frac{\lambda^k(x_1'\boldsymbol{v}+\boldsymbol{o}(1))}{\lambda^k x_1'(\boldsymbol{x}\cdot\boldsymbol{v}+o(1))} = c\boldsymbol{v}+\boldsymbol{o}(1)$$

所以

$$\lim_{k\to\infty}\frac{\boldsymbol{A}^k\boldsymbol{x}}{\boldsymbol{x}^{\mathrm{T}}\boldsymbol{A}^k\boldsymbol{x}} = c\boldsymbol{v}$$

定理证毕.

特别地，取 $(x_1,x_2,\cdots,x_n)^{\mathrm{T}}=(1,1,\cdots,1)^{\mathrm{T}}$，记分量全为 1 的向量 $(1,1,\cdots,1)^{\mathrm{T}}=\boldsymbol{e}^{\mathrm{T}}$.

对任意正整数 k，由于 $\boldsymbol{e}^{\mathrm{T}}\cdot\dfrac{\boldsymbol{A}^k\boldsymbol{e}}{\boldsymbol{e}^{\mathrm{T}}\boldsymbol{A}^k\boldsymbol{e}}=1$ 总成立，所以向量$\dfrac{\boldsymbol{A}^k\boldsymbol{e}}{\boldsymbol{e}^{\mathrm{T}}\boldsymbol{A}^k\boldsymbol{e}}$总是一个归一化的正向量，由定理 2.3，可知 $\lim\dfrac{\boldsymbol{A}^k\boldsymbol{e}}{\boldsymbol{e}^{\mathrm{T}}\boldsymbol{A}^k\boldsymbol{e}}$是属于主特征根的归一化的主特征向量，因此可立刻得出如下推论：

推论 2.2　在定理 2.3 中，如果取向量 $\boldsymbol{x}=\boldsymbol{e}$，则

$$\lim_{k\to\infty}\frac{\boldsymbol{A}^k\boldsymbol{e}}{\boldsymbol{e}^{\mathrm{T}}\boldsymbol{A}^k\boldsymbol{e}} = \boldsymbol{\omega}$$

其中 $\boldsymbol{\omega}$ 是属于主特征根的归一化的主特征向量.

3. 幂法的算法

可以利用推论 2.2 的结果求出正方阵的归一化主特征向量，这种利用正方阵特点和使用正方阵幂极限求主特征向量的方法称为**幂法**.

在使用幂法时，如果初值 $\boldsymbol{x}=\boldsymbol{e}$，当算法只做一次迭代时，即取 $k=1$，得到的结果为

$$w_i = \sum_{j=1}^{n} a_{ij} \Big/ \sum_{i=1}^{n}\sum_{j=1}^{n} a_{ij} \quad (i = 1,2,\cdots,n)$$

这就是第 1 章 1.3.2 小节中求权重向量的和法. 因此和法可以看成是求特征向量方法的一种近似方法.

对一致的正互反方阵而言，和法得到的结果就是权重向量.

可以通过迭代实施幂法的计算.

记 k 为迭代次数.

取初值 $\boldsymbol{x}(0)=\boldsymbol{e}$，令 $\boldsymbol{x}(k)=\boldsymbol{A}^k\boldsymbol{e}$，则有迭代关系

$$\boldsymbol{x}(k+1) = \boldsymbol{A}\boldsymbol{x}(k) \tag{2.9}$$

若 λ 是 $\boldsymbol{A}$ 的主特征根，$\boldsymbol{v}$ 是属于 λ 的主特征向量. 由定理 2.3 的证明过程及式(2.7)可知，当 k 充分大时

$$\boldsymbol{A}^k\boldsymbol{e} = c\lambda^k(\boldsymbol{v} + o(1))$$

其中 c 是一个常数. 所以

$$\boldsymbol{x}(k) = \boldsymbol{A}^k\boldsymbol{e} = c\lambda^k(\boldsymbol{v} + o(1))$$

即当 k 充分大后，如果忽略高阶无穷小，$\boldsymbol{x}(k)$的方向就是主特征向量 $\boldsymbol{v}$ 的方向.

如果将式(2.9)的简单迭代关系改造成复合迭代关系，仍取初值 $\boldsymbol{x}(0)=\boldsymbol{e}$，得到

$$\begin{aligned} \boldsymbol{y}(k) &= \boldsymbol{x}(k)/\max_{1\leqslant i\leqslant n}(|x_i(k)|) \\ \boldsymbol{x}(k+1) &= \boldsymbol{A}\boldsymbol{y}(k) \end{aligned} \tag{2.10}$$

则当 k 充分大后，由新迭代关系(2.10)得到的 $\boldsymbol{y}(k)$的方向仍然与特征向量 $\boldsymbol{v}$ 的方向一致.

由 $\boldsymbol{y}(k)$的表达式，在∞-范数的定义下(关于范数的定义及不同定义的等价性见附录 1)，向量序列 $\boldsymbol{y}(k)$是一个模恒为 1 的向量序列. 所以在∞-范数模的定义下，有$\lim\limits_{k\to\infty}\boldsymbol{y}(k)=\boldsymbol{v}$.

由 $\boldsymbol{x}(k+1)=\boldsymbol{A}\boldsymbol{y}(k)$知$\lim\limits_{k\to\infty}\boldsymbol{x}(k+1)$存在，且

$$\lim_{k\to\infty}\boldsymbol{x}(k+1)=\boldsymbol{A}\boldsymbol{v}=\lambda\boldsymbol{v}$$

对等式

$$\boldsymbol{y}(k)=\boldsymbol{x}(k)/\max_{1\leqslant i\leqslant n}(|x_i(k)|)$$

两端取极限,得

$$\lim_{k\to\infty}\max_{1\leqslant i\leqslant n}(|x_i(k)|)=\lambda$$

由此可以构造出算法 2.1.

算法 2.1　求正方阵主特征根和主特征向量的幂法算法.

步骤 1(初始化)

$0\to k$, $\boldsymbol{e}\to\boldsymbol{x}(1)$, $\boldsymbol{x}(1)\to\boldsymbol{y}(1)$,读入允许误差 ε.

步骤 2(迭代计算)

$$k+1\to k$$

$$\boldsymbol{y}(k)=\boldsymbol{x}(k)/\max_{1\leqslant i\leqslant n}(|x_i(k)|)$$

$$\boldsymbol{x}(k+1)=\boldsymbol{A}\boldsymbol{y}(k)$$

步骤 3(算法终止判断)

如果 $\left|\max_{1\leqslant i\leqslant n}(|x_i(k)|)-\max_{1\leqslant i\leqslant n}(|x_i(k+1)|)\right|<\varepsilon$,则转步骤 4,否则转步骤 2.

步骤 4(获得最终结果)

$$\max_{1\leqslant i\leqslant n}(|x_i(k+1)|)\to\lambda$$

$$x(k+1)\Big/\sum_{i=1}^{n}|x_i(k+1)|\to\omega$$

4. 左、右特征向量

设 λ 是方阵 $\boldsymbol{A}$ 的特征根,$\boldsymbol{\omega}$ 是属于 λ 的特征向量.

当定义特征向量是列向量时,向量与方阵相乘时处在方阵的右侧,即

$$\boldsymbol{A}\boldsymbol{\omega}=\lambda\boldsymbol{\omega}$$

所以也称 $\boldsymbol{\omega}$ 其为右特征向量.

如果定义特征向量为行向量,向量与方阵相乘时处在方阵的左侧,即

$$\boldsymbol{\omega}^{\mathrm{T}}\boldsymbol{A}=\lambda\boldsymbol{\omega}^{\mathrm{T}}$$

则称 $\boldsymbol{\omega}^{\mathrm{T}}$ 为方阵 $\boldsymbol{A}$ 的左特征向量.

因为 $(\boldsymbol{A}^{\mathrm{T}}\boldsymbol{\omega})^{\mathrm{T}}=\boldsymbol{\omega}^{\mathrm{T}}\boldsymbol{A}$,所以 $\boldsymbol{A}$ 的转置方阵 $\boldsymbol{A}^{\mathrm{T}}$ 的(右)特征向量就是 $\boldsymbol{A}$ 的左特征向量.

考虑正互反方阵 $\boldsymbol{A}$ 及其转置方阵 $\boldsymbol{A}^{\mathrm{T}}$. 由于 $\boldsymbol{A}$ 的元素 a_{ij} 表示准则 i 与准则 j 的比较结果，而 a_{ji} 表示准则 j 与准则 i 的比较结果，所以方阵 $\boldsymbol{A}^{\mathrm{T}}$ 应与 $\boldsymbol{A}$ 具备同样的性质. $\boldsymbol{A}^{\mathrm{T}}$ 所表达的意义应该与 $\boldsymbol{A}$ 一样，只是准则比较的次序不同罢了.

当 $\boldsymbol{A}$ 为一致时，$\boldsymbol{A}$ 只有一个非 0 特征根 n，如果

$$\boldsymbol{\omega}^{\mathrm{T}} = (w_1, w_2, \cdots, w_n)$$

是 $\boldsymbol{A}$ 的属于 n 的右特征列向量，则向量

$$\boldsymbol{v} = (1/w_1, 1/w_2, \cdots, 1/w_n)$$

是 $\boldsymbol{A}$ 的属于 n 的左特征行向量.

称形式如 $\boldsymbol{\omega}$ 和 $\boldsymbol{v}$ 的两个向量为**互反向量**.

通常情况下，如果正互反方阵 $\boldsymbol{A}$ 不满足一致性条件，则不能保证 $\boldsymbol{A}$ 的左、右特征向量是互反的.

在实际应用中，为了充分利用信息，可以分别求出方阵 $\boldsymbol{A}$ 的右主特征向量和左主特征向量，将左主特征向量的各个分量取倒数，得到一个“倒数向量”. 将右主特征向量和“倒数向量”分别归一化，然后再将两个向量的各个分量分别求平均，构建一个新的向量，用这个新向量作为权重向量. 显然当正互反方阵 $\boldsymbol{A}$ 是一致方阵时，这样处理并不会产生更多的信息.

5. 正互反方阵一致性的度量

1 阶的正互反方阵就是常数 1；2 阶正互反方阵除对角元素为 1 外，其余的两个元素互为倒数. 容易证明，1 阶和 2 阶的正互反方阵总是一致的.

对于一个准则支配的 n 个子准则，通过比较得到一个 n 阶正互反方阵 $\boldsymbol{A}=(a_{ij})$，不论它是否满足一致性条件，都能求出唯一的归一化主特征向量，但是从应用的角度分析，用这个向量作为子准则的权重，并非在任何情况下都是十分合理的. 在什么情况下才是合理的，这和正互反方阵的一致程度有关，因此需要研究度量正互反方阵一致性的方法和标准.

这里介绍两种度量方法，一种是方阵元素误差求均值的方法，它将正互反方阵的元素当成一个一致正互反方阵元素的扰动值，求出每一个元素相对于一致正互反方阵元素的误差，将这些误差的平均值作为度量一致性的指标，用随机数和统计方法确定一致性指标的临界值，这种方法已经被普遍采用；另一种是锥检验方法，它利用正互反方阵列向量的几何结构特点，构造一个以主特征向量为中心的圆锥，以圆锥的顶角作为度量一致性的指标.

(1) 方阵元素误差均值方法

① 不一致性的度量公式

设正互反方阵 $\boldsymbol{A}$ 的主特征根为 λ，主特征向量为 $\boldsymbol{\omega}^{\mathrm{T}}=(w_1,w_2,\cdots,w_n)$，则 $\lambda\boldsymbol{\omega}=\boldsymbol{A\omega}$.

完全照搬定理 2.2 证明的推导过程，将 $\lambda\boldsymbol{\omega}=\boldsymbol{A\omega}$ 展开、求和，整理得到

$$n\lambda-n=\sum_{1\leqslant i<j\leqslant n}\left(a_{ij}\frac{w_j}{w_i}+a_{ji}\frac{w_i}{w_j}\right)$$

即

$$\lambda=\left[\sum_{1\leqslant i<j\leqslant n}\left(a_{ij}\frac{w_j}{w_i}+a_{ji}\frac{w_i}{w_j}\right)+n\right]/n \tag{2.11}$$

可以将 $\boldsymbol{A}$ 理解成是一致的正互反方阵经过扰动的结果，即

$$a_{ij}=(w_i/w_j)\times\varepsilon_{ij}\quad(\forall\, i,j) \tag{2.12}$$

$$\varepsilon_{ij}=1/\varepsilon_{ji},\quad \varepsilon_{ij}>0\quad(\forall\, i,j)$$

将式(2.12)代入式(2.11)，整理得到

$$\lambda=\left[\sum_{1\leqslant i<j\leqslant n}(\varepsilon_{ij}+1/\varepsilon_{ij})+n\right]/n \tag{2.13}$$

因为 $\varepsilon_{ij}+1/\varepsilon_{ij}$ 达到极小值 2 的充要条件是 $\varepsilon_{ij}=1$，所以 $\sum\limits_{1\leqslant i<j\leqslant n}(\varepsilon_{ij}+1/\varepsilon_{ij})$ 达到极小值 n^2-n 的充要条件是 $\varepsilon_{ij}=1,\forall\, i,j$.

根据推论 2.1，n 阶正互反方阵 $\boldsymbol{A}$ 的主特征根大于或等于 n，等于 n 的充要条件是 $\boldsymbol{A}$ 是一致的，即对 $\forall\, i,j,\varepsilon_{ij}=1$. 所以 $\lambda-n$ 的大小反映出 $\boldsymbol{A}$ 的一致程度，且

$$\lambda-n=\left[\sum_{1\leqslant i<j\leqslant n}(\varepsilon_{ij}+1/\varepsilon_{ij})-(n^2-n)\right]/n$$

令 $\sum\limits_{1\leqslant i<j\leqslant n}(\varepsilon_{ij}+1/\varepsilon_{ij})$ 是 $\boldsymbol{A}$ 去除对角元素后剩余的 n^2-n 个元素产生的误差积累值，而 $\sum\limits_{1\leqslant i<j\leqslant n}(\varepsilon_{ij}+1/\varepsilon_{ij})$ 的下确界为 n^2-n，所以 $\lambda-n$ 表达式的分子部分 $\sum\limits_{1\leqslant i<j\leqslant n}(\varepsilon_{ij}+1/\varepsilon_{ij})-(n^2-n)$ 是由于 $\boldsymbol{A}$ 的不一致性产生的、下确界为 0 的总误差. 而总误差是除对角线元素外、剩余的 n^2-n 个元素共同产生的. 令

$$\frac{\lambda-n}{n-1}=\frac{\sum\limits_{1\leqslant i<j\leqslant n}(\varepsilon_{ij}+1/\varepsilon_{ij})-(n^2-n)}{n(n-1)} \tag{2.14}$$

式(2.14)相当于总误差除以产生总误差元素的数目 n^2-n 后的算术平均.

因此用公式

$$C.I. = \frac{\lambda_{max} - n}{n - 1} \tag{2.15}$$

度量 $\boldsymbol{A}$ 的一致性程度是合理的.式中 λ_{max} 是 $\boldsymbol{A}$ 的主特征根.称 $C.I.$ (Consistency Index)为一致性指标.显然 $C.I.=0$ 的充要条件是 $\boldsymbol{A}$ 是一致的,$C.I.$ 值越大,一致性越差.

由于 $\boldsymbol{A}$ 的所有特征根之和满足

$$\mathrm{tr}(\boldsymbol{A}) = \sum_i \lambda_i = n$$

因此在式(2.15)中,$C.I.$ 表达式的分子是去除最大特征根后、其余 $n-1$ 个特征根和的负数(由于 $\lambda_{max} \geqslant n$,所以值是正的).所以 $C.I.$ 的表达式(2.15)可以解释为去除最大特征根后、其余 $n-1$ 个特征根和的负数的平均值.

② 不一致性的度量标准

有了度量一致性的公式,还需给出执行标准,即 $C.I.$ 超过多大就认为判断矩阵的一致性太差而不能接受了.度量标准和决策者的主观愿望有关.如果想要求严格一些,标准值就应定得小一些;反之,标准值可以定得大一些.用式(2.15)度量一致性,度量标准还与方阵的阶数有关.

下面给出两种标准,一种是基于随机平均一致性指标的比例标准,另一种是基于数理统计的统计检验标准.

(i) 用随机平均和比例得到的标准

在使用中普遍接受和采用的标准是用随机平均一致性指标 $R.I.$ 和一个主观确定的比例值相乘得到的值,这个标准称为随机平均一致性的比例标准.

先给出:

算法 2.2 计算随机平均一致性指标 $R.I.$ 的算法.

步骤 0(初始化)

输入样本总量 N;输入方阵阶数 n;

$0 \to S, 1 \to k$.

步骤 1(随机抽样构造 n 阶正互反方阵)

从两两比较可能得到的值 $1,2,\cdots,9$ 和 $1/2,1/3,\cdots,1/9$ 中,随机地抽取一组值,构造 n 阶正互反方阵的上三角部分,取下三角部分元素为上三角部分元素的倒数，对角元素为 1，得到一个完整的 n 阶正互反方阵.

步骤 2（对抽样得到的一组数据，计算一次一致性指标）

计算 n 阶正互反方阵的主特征根 $\lambda_{\max}$，一致性指标 $\frac{\lambda_{\max}-n}{n-1}$.

$\frac{\lambda_{\max}-n}{n-1}+S \to S$.

步骤 3（求平均）

如果 $k=N$（使用的样本总数达到事先指定的数量 N），则 $[S/N \to R.I.$；终止]，否则 $k+1 \to k$，转步骤 1.

$R.I.$ 是一个依赖样本数量 N 和正互反方阵阶数 n 的平均值，一致性的度量标准应当远远小于这个平均值. Saaty 教授提议用 $0.1\times R.I.$ 作为判别标准. 在应用中，如果计算得出的 n 阶正互反方阵的 $C.I.$ 值小于这个判别标准值，则认为正互反方阵通过一致性检查，否则认为正互反方阵不能通过一致性检查，需要进行调整.

表 2.1 的第 3 列给出了样本数量 $N=1\,000$ 的随机平均一致性比例标准数据[7].

(ii) 用数理统计假设检验得到的标准

设正互反方阵 $\boldsymbol{A}$ 的主特征根为 λ，主特征向量为 $\boldsymbol{\omega}^{\mathrm{T}}=(w_1,w_2,\cdots,w_n)$，可以认为 a_{ij} 是 w_i/w_j 的近似值，随机地落在 w_i/w_j 附近. 在理想的情况下，a_{ij} 的值与 w_i/w_j 完全一样，即 $\frac{a_{ij}}{w_i/w_j}=1$.

引进新的变量 δ_{ij}，令

$$\delta_{ij}=\frac{a_{ij}}{w_i/w_j}-1$$

可以认为 δ_{ij} 是一个均值为 0 的随机变量.

等式 $\delta_{ij}=\frac{a_{ij}}{w_i/w_j}-1$ 可以改写为 $a_{ij}=(\delta_{ij}+1)w_i/w_j$，这个式子可以理解为，$\delta_{ij}$ 的随机性取值产生的 a_{ij} 导致了 $\boldsymbol{A}$ 的不一致.

将 $a_{ij}=(\delta_{ij}+1)w_i/w_j$ 代入式(2.11)，整理后得到

$$\frac{\lambda-n}{n-1}=\frac{\sum\limits_{1\leqslant i<j\leqslant n}[1+\delta_{ij}+1/(1+\delta_{ij})]-n(n-1)}{n(n-1)}$$

$$= \frac{\sum_{1 \leqslant i < j \leqslant n} \delta_{ij}^2/(1+\delta_{ij})}{n(n-1)}$$

近似地

$$\frac{\lambda - n}{n-1} \approx \frac{\sum_{1 \leqslant i < j \leqslant n} \delta_{ij}^2}{n(n-1)}$$

如果 δ_{ij} 都是均值为 0、方差为 σ 的随机变量，当 $\sigma \leqslant 1/2$ 时，认为 δ_{ij} 近似等于 1，接受方阵 $\boldsymbol{A}$ 是一致的假设条件，则可以用数理统计的假设检验方法给出方阵 $\boldsymbol{A}$ 的一致性检验标准.

表 2.1 $C.I.$ 临界标准值表

方阵阶数	统计标准	$0.1 \times R.I.$
3	0.049	0.052
4	0.092	0.089
5	0.122	0.111
6	0.142	0.125
7	0.161	0.135
8	0.169	0.140
9	0.178	0.145
10	0.185	0.149
11	0.191	0.151
12	0.196	0.154
13	0.200	0.156
14	0.204	0.157
15	0.208	0.158

如果 δ_{ij} 都是均值为 0、方差为 $\sigma = 1/2$ 的相互独立的随机变量，由统计学知识可知，$\sum_{1 \leqslant i < j \leqslant n} (\delta_{ij}/\sigma)^2$ 就服从自由度为 $n(n-1)$ 的 χ^2 分布. 在给出置信水平后，查 χ^2 分布表，得到临界值. 当实际抽样值小于临界值时，则接受 δ_{ij} 是均值为 0、方差为 $\sigma = 1/2$ 的假设，认为满足一致性，否则认为不满足一致性.

表 2.1 的第 2 列是查 χ^2 分布表得到的置信水平为 90% 的临界标准值[9].

(2) 锥检验方法

用方阵元素误差均值法度量正互反方阵的一致性，充分利用了正互反方阵元素的特点，表达式也简洁明了，但是度量公式依赖于方阵的阶数，所反映的几何直观不够清晰，锥检验方法可以克服这个缺点，可给出不依赖于方阵阶数的标准和几何解释.

由定理 2.2 ，当正互反方阵 $\boldsymbol{A}$ 一致时，它的各列成比例，列向量方向就是主特征向量方向，即 $\boldsymbol{A}$ 的各列向量与主特征向量重叠在一条射线上. 当正互反方阵 $\boldsymbol{A}$ 不一致时，$\boldsymbol{A}$ 的各列向量在第 1 象限张成一个棱锥.

由正互反方阵 $\boldsymbol{A}$ 的主特征根 λ 与主特征向量 $\boldsymbol{\omega}^{\mathrm{T}}=(w_1,w_2,\cdots,w_n)$ 的关系

$$\lambda\boldsymbol{\omega} = \boldsymbol{A}\boldsymbol{\omega}$$

可知

$$\boldsymbol{\omega} = \sum_{i=1}^{n} \frac{\omega_i}{\lambda}\boldsymbol{a}_i$$

主特征向量可以表成 $\boldsymbol{A}$ 的 n 个列向量 $\boldsymbol{a}_1,\cdots,\boldsymbol{a}_i,\cdots,\boldsymbol{a}_n$ 正系数线性组合，即主特征向量处在由 n 个向量 $\boldsymbol{a}_1,\cdots,\boldsymbol{a}_i,\cdots,\boldsymbol{a}_n$ 构成的棱锥之内，因此可以用 $\boldsymbol{A}$ 的与主特征向量的夹角最大的那个列向量的夹角余弦值

$$\min_{1\leqslant i\leqslant n} \frac{\boldsymbol{\omega}\cdot\boldsymbol{a}_i}{\|\boldsymbol{\omega}\|\ \|\boldsymbol{a}_i\|}$$

度量 $\boldsymbol{A}$ 的不一致性.

给定一个角度 θ（检验标准值），当 $\boldsymbol{A}$ 的 n 个列向量 $\boldsymbol{a}_1,\cdots,\boldsymbol{a}_i,\cdots,\boldsymbol{a}_n$ 都落在以主特征向量为中心轴且中心轴夹角为 θ 的圆锥内，即

$$\min_{1\leqslant i\leqslant n} \frac{\boldsymbol{\omega}\cdot\boldsymbol{a}_i}{\|\boldsymbol{\omega}\|\ \|\boldsymbol{a}_i\|} \geqslant \cos\theta$$

时，认为 $\boldsymbol{A}$ 的不一致性可以接受，否则认为不一致性太差，需要进行调整. 显然这个不一致性的标准值不依赖于 $\boldsymbol{A}$ 的阶数 n.

目前这一方法尚未普及应用，作者建议可以将标准定为 $\theta=18.2^{\circ}$ 或 $\cos\theta=0.95$.

2.1.3　对数最小二乘方法

假设从正互反方阵 $\boldsymbol{A}=(a_{ij})$ 求出最终的权重向量为 $\boldsymbol{\omega}^{\mathrm{T}}=(w_1,w_2,\cdots,w_n)$. $[\log(a_{ij}\times w_j/w_i)]^2$ 度量用 w_i/w_j 替代 a_{ij} 产生的差异. 当 $\boldsymbol{A}$ 一致时，对 $\forall\, i,j$，

$$a_{ij} = w_i/w_j,\quad 即\quad 1 = a_{ij}\times w_j/w_i$$

也就是说，在理想的状态下 $[\log(a_{ij}\times w_j/w_i)]^2$ 可以达到极小值 0. 所以可以使得

$$\sum_{i=1}^{n}\sum_{j=1}^{n}[\log(a_{ij}\times w_j/w_i)]^2 \tag{2.16}$$

取极小值而获得权重向量 $\boldsymbol{\omega}^{\mathrm{T}}-(w_1,w_2,\cdots,w_n)$.

为使式(2.16)达到极小值,将式(2.16)对 w_k 求偏导数,求解

$$\frac{\partial}{\partial w_k}\sum_{i=1}^{n}\sum_{j=1}^{n}[\log(a_{ij}\times w_j/w_i)]^2=0\quad(k=1,2,\cdots,n)\tag{2.17}$$

为了便于理解推导过程,把式(2.16)展开,写成方阵的形式

$$\begin{pmatrix} [\log(a_{11}\times w_1/w_1)]^2 & \cdots & +[\log(a_{1k}\times w_k/w_1)]^2 & \cdots & +[\log(a_{1n}\times w_n/w_1)]^2 \\ \vdots & \vdots & \vdots & \vdots & \vdots \\ +[\log(a_{k1}\times w_1/w_k)]^2 & \cdots & +[\log(a_{kk}\times w_k/w_k)]^2 & \cdots & +[\log(a_{kn}\times w_n/w_k)]^2 \\ \vdots & \vdots & \vdots & \vdots & \vdots \\ +[\log(a_{n1}\times w_1/w_n)]^2 & \cdots & +[\log(a_{nk}\times w_k/w_n)]^2 & \cdots & +[\log(a_{nn}\times w_n/w_n)]^2 \end{pmatrix}$$

考虑式(2.17)的第 k 个表达式,它只与式(2.16)写成方阵后的第 k 行和第 k 列有关,注意到 $\log(a_{kk}\times w_k/w_k)=0$,再添加一项 $\log(a_{kk}\times w_k/w_k)$不会影响求和值,所以式(2.17)的第 k 个表达式为

$$2\sum_{i=1}^{n}(\log a_{ik}+\log w_k-\log w_i)\left(\frac{1}{w_k}\right)+2\sum_{j=1}^{n}(\log a_{kj}-\log w_k+\log w_j)\left(-\frac{1}{w_k}\right)=0$$

注意到 $w_k>0$,整理后得到

$$2n\log w_k=\sum_{j=1}^{n}\log a_{kj}-\sum_{i=1}^{n}\log a_{ik}+2\log\left(\prod_{i=1}^{n}w_i\right)$$

再利用互反方阵特性,$a_{ik}=1/a_{ki}$,有

$$\log w_k^n=\sum_{i=1}^{n}\log a_{ki}+\log\left(\prod_{i=1}^{n}w_i\right)$$

两边去掉对数,再整理后得到

$$w_k=\left(\prod_{i=1}^{n}w_i\prod_{i=1}^{n}a_{ki}\right)^{1/n}$$

权重向量的每一个分量都含一个相同的比例常数 $\alpha=\left(\prod_{i=1}^{n}w_i\right)^{1/n}$,将权重向量归一化,得到

$$w_k=\left(\prod_{i=1}^{n}a_{ki}\right)^{1/n}\Big/\sum_{i=1}^{n}\left(\prod_{j=1}^{n}a_{ij}\right)^{1/n}\quad(k=1,2,\cdots,n)\tag{2.18}$$

从式(2.18),可以得到:

推论 2.3 对数最小二乘方法就是第 1 章介绍的根法,即利用判断矩阵第 k 行元素的几何平均值估计第 k 个子准则权重的一种方法.

容易证明,对于一致的正互反方阵,最小二乘方法与特征根方法得到的权重向量是一样的.

2.1.4 梯度特征向量方法

1. 基本观点

1984 年,游伯龙基于以下三点理由提出一种计算权重向量的方法,称为梯度特征向量方法,这三点理由是:

(1) 在正互反方阵中,对角线元素为 1,上三角的元素与下三角的元素互反,所以只有上三角或下三角的元素提供信息,其他元素并没有提供更多的信息,而且假定 $a_{ij}=1/a_{ji}$ 也带有很大的主观性.因此不如就只用其一半(例如上三角元素),这样可能更客观.

(2) 在子准则较多的情况下,一次估计出所有子准则之间的重要性比值是比较困难的.限于决策者的客观条件,对某些判断可能把握较大,而对另外一些判断把握较小.在求子准则权重时,决策者总是希望能把判断的把握程度反映出来,把握程度大的先判断,把握程度小的后判断.

(3) 当比较判断方阵的一致性很差时,用幂法计算主特征向量收敛速度较慢,希望寻找一种比较简单的计算方法.

2. 梯度特征向量法的公式推导

假设判断矩阵 $\boldsymbol{A}=(a_{ij})$ 的上三角元素是有把握的,$\boldsymbol{\omega}^{\mathrm{T}}=(w_1,w_2,\cdots,w_n)$ 是待定的权重向量.构造新的辅助矩阵 $\underline{\boldsymbol{A}}=(\underline{a_{ij}})$,它的上三角元素与 $\boldsymbol{A}$ 的上三角元素一样,而下三角元素表达成待求权重的比值,即

$$\underline{a_{ij}}=\begin{cases}a_{ij}, & i\leqslant j\\ w_i/w_j, & i>j\end{cases}\quad(\forall\, i,j)$$

求方阵 $\underline{\boldsymbol{A}}$ 的最大模正特征根 λ,以及属于 λ 的特征向量 $\boldsymbol{\omega}$,$\underline{\boldsymbol{A}}\boldsymbol{\omega}=\lambda\boldsymbol{\omega}$ 即

$$\begin{pmatrix}1 & a_{12} & a_{13} & \cdots & a_{1n}\\ \dfrac{w_2}{w_1} & 1 & a_{23} & \cdots & a_{2n}\\ \dfrac{w_3}{w_1} & \dfrac{w_3}{w_2} & 1 & \cdots & a_{3n}\\ \vdots & \vdots & \vdots & & \vdots\\ \dfrac{w_n}{w_1} & \dfrac{w_n}{w_2} & \dfrac{w_n}{w_3} & \cdots & 1\end{pmatrix}\begin{pmatrix}w_1\\ w_2\\ w_3\\ \vdots\\ w_n\end{pmatrix}=\lambda\begin{pmatrix}w_1\\ w_2\\ w_3\\ \vdots\\ w_n\end{pmatrix}\tag{2.19}$$

展开后的方程为

$$iw_i + \sum_{j=i+1}^{n} a_{ij} w_j = \lambda w_i \quad (i = 1,2,\cdots,n-1)$$

$$nw_n = \lambda w_n$$

所以式(2.19)等价于

$$\begin{pmatrix} 1 & a_{12} & a_{13} & \cdots & a_{1n} \\ 0 & 2 & a_{23} & \cdots & a_{2n} \\ 0 & 0 & 3 & \cdots & a_{3n} \\ \vdots & \vdots & \vdots & & \vdots \\ 0 & 0 & 0 & \cdots & n \end{pmatrix} \begin{pmatrix} w_1 \\ w_2 \\ w_3 \\ \vdots \\ w_n \end{pmatrix} = \lambda \begin{pmatrix} w_1 \\ w_2 \\ w_3 \\ \vdots \\ w_n \end{pmatrix} \tag{2.20}$$

因此可以解出

$$\lambda = n$$

同时按 i $(i = n-1, n-2, \cdots, 1)$从大到小依次解出

$$w_i = \frac{1}{(n-i)} \sum_{j=i+1}^{n} a_{ij} w_j \tag{2.21}$$

将其归一化即可得出权重向量.

同样地,如果构造新辅助矩阵时它的下三角元素不变,将上三角元素表示成待求权重的比值,则类似可得到

$$\lambda = n$$

$$w_i = \frac{1}{(i-1)} \sum_{j=1}^{i-1} a_{ij} w_j \quad (i = 2,3,\cdots,n) \tag{2.22}$$

容易证明,当比较判断方阵一致时,梯度特征向量法推导的结果与特征根方法推导的是一样的.

由于权重向量关心的只是比例,所以尽管式(2.21)中的 w_n 和式(2.22)中的 w_1 可以任意选取,但是向量归一化后的结果都是一样的.

从迭代计算表达式可以看出,比较判断值 a_{ij} 在计算过程所起的作用不是均等的,先使用的值比后使用的值起到更大的作用,在表达式(2.21)中,$a_{n-1,n}$ 起的作用最大.利用这个特点可以根据决策者对判断结果的把握程度调整子准则的编号,使计算的结果更可靠.

3. 数值算例

梯度特征向量方法的特点是计算结果严重依赖子准则的次序,这既是优点,也是缺点.使用得当可以使计算结果更可靠,但是使用不当,可能造成更大的误差.这也可以说明在层次分析方法中决策者的主观认知对决策结

果的影响之大.

例 2.1 求权重向量的数值算例.

设三个子准则为 1,2,3,它们的两两比较判断方阵为

$$A = \begin{pmatrix} 1 & 1 & 5 \\ 1 & 1 & 1/8 \\ 1/5 & 8 & 1 \end{pmatrix}$$

利用特征向量方法求出 A 的主特征根 $\lambda = 4.712$,一致性检验系数为 0.856,归一化后的权重向量为

$$(0.506\,0, 0.147\,9, 0.346\,1)^{\mathrm{T}}$$

用梯度特征向量方法求解,结果如下:

当子准则的次序为(1,2,3)时,求出的权重向量为

$$(0.694\,9, 0.033\,9, 0.271\,2)^{\mathrm{T}}$$

当子准则的次序为(2,1,3)时,求出的权重向量为

$$(0.299\,3, 0.583\,9, 0.116\,8)^{\mathrm{T}}$$

当子准则的次序为(3,2,1)时,求出的权重向量为

$$(0.672\,2, 0.163\,9, 0.163\,9)^{\mathrm{T}}$$

4. 改进的梯度特征向量方法

在推导梯度特征向量方法时,假设了比较判断方阵的上(或下)三角元素是有把握的,但是没有量化把握程度.如果进一步细化,量化把握程度,仍然设 $\boldsymbol{\omega}^{\mathrm{T}} = (w_1, w_2, \cdots, w_n)$ 是待定的排序权重向量,构造新的辅助矩阵 $\bar{A} = (\bar{a}_{ij})$,它的上三角元素包含测量值和置信度,下三角元素表达成待求权重的比值,即对 $\forall\, i, j$,

$$\bar{a}_{ij} = \begin{cases} \mu_{ij} a_{ij} + (1 - \mu_{ij}) \dfrac{w_i}{w_j} & (j > i) \\ 1 & (j = i) \\ \dfrac{w_i}{w_j} & (j < i) \end{cases}$$

其中,μ_{ij} 是已知常数,满足

$$0 \leqslant \mu_{ij} \leqslant 1 \quad (\forall\, i, j)$$

$$\begin{cases} \displaystyle\sum_{i+1 \leqslant j \leqslant n} \mu_{ij} = 1 & (i = 1, 2, \cdots, n) \\ \mu_{ii} = 1 \\ \mu_{ij} = 0 & (j < i) \end{cases}$$

其中，μ_{ij}表示对a_{ij}的置信(把握)程度；元素$\bar{a}_{ij}$代表的意义是：对上三角元素，当a_{ij}的置信(把握)程度为μ_{ij}时，只取a_{ij}的μ_{ij}部分值$\mu_{ij}a_{ij}$，其余的$1-\mu_{ij}$部分用$(1-\mu_{ij})\frac{w_i}{w_j}$代替；对下三角元素完全用$\frac{w_i}{w_j}$.

求方阵$\bar{\boldsymbol{A}}$的最大特征根λ，以及属于λ的特征向量ω.

为节省篇幅不再写出推导过程，仅给出结果：

$$\lambda = n$$

$$w_{n-1} = a_{n-1,n}w_n \quad (w_n \text{ 为任意大于 0 的实数})$$

$$w_i = \sum_{j=i+1}^{n}\mu_{ij}a_{ij}w_j \quad (i = n-1, n-2, \cdots, 1) \tag{2.23}$$

将$w_1, w_2, \cdots, w_n$归一化即可得出权重向量.

2.1.5 特征向量方法的特点

当比较判断方阵一致时，用上面方法中的任何一种方法算出的权重向量都是一样的. 在实际应用中，如果比较判断方阵不一致，哪种方法更值得推荐？答案是：如果考虑"**比值积累**"，则特征向量方法更好些.

先介绍"比值积累"的概念.

设一个准则支配着n个子准则，不妨记被支配的子准则为$1,2,\cdots,n$. 将子准则$1,2,\cdots,n$看成节点，任意两个子准则之间都有有向边，每一个子准则都有自己指向自己的环，则得到一个n个节点的、每一个节点都带环的完全图，称为子准则**比较关系图**.

对任意的子准则i与j，定义子准则i与j的比值a_{ij}为有向边(j,i)的值，则两两比较得到的n阶正互反方阵$\boldsymbol{A}=(a_{ij})$是比较关系图的邻接方阵(关于有向图和邻接方阵的概念参见附录 2).

例 2.2 三个子准则的比较关系图.

假设有一个准则，它支配着三个子准则，那么有一个含三个节点的、每个节点都带环的完全图与之对应(图 2.1).

在这个节点带环的完全图上，有向边的值就是子准则两两比较得到的值.

现在在n个子准则的比较关系图上讨论问题.

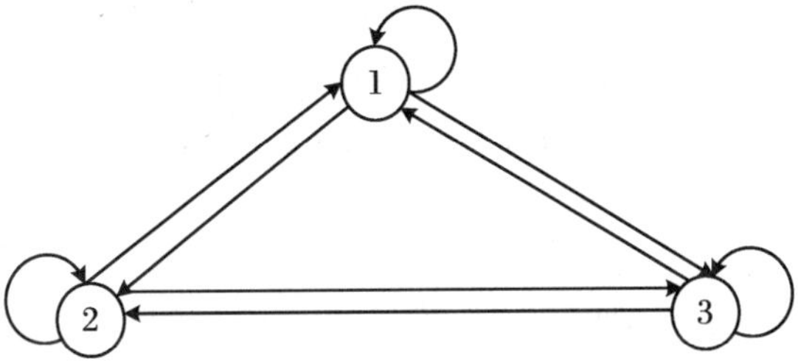

图 2.1　三个子准则的比较关系图

在比较关系图上,有向边(j,i)的值 a_{ij} 是子准则 i 与 j 的比值,称为子准则 i 与 j 的**直接比值**.

由于比较关系图是完全图,所以对任意的节点 j 和 i,总能找出一条从 j 出发到 i 的有向路 p.在路 p 上,所有边的值的乘积称为 j 对 i 沿有向路 p 的(**间接**)**比值**;当路 p 的边数等于 1 时就是**直接比值**;当路 p 的边数等于 k $(k>1)$时就是 j 对 i 沿有向路 p 的 k **间接比值**.

假设有一条边数为 2 的路 $p=(j,i',i)$,j 对 i 沿有向路 p 的 2 间接比值就是将中间点 i' 当成参照点,先比较 j 与 i',再比较 i' 与 j 而得到 j 对 i 的比值.对任意的正整数 k,一条含 k 条边的有向路 p,可以类似解释沿有向路 p 的 k 间接比值含义.

从正互反方阵的构造可以立刻得出:

定理 2.4　如果正互反方阵 $\boldsymbol{A}=(a_{ij})$一致,则在比较关系图上,对任意一个节点 i,从 i 出发到 j 的有向路的间接比值和直接比值都是一样的.特别地,从 i 出发又回到 i 的有向路的间接比值都是 1.

同通常矩阵的乘法一样,考虑正互反方阵 $\boldsymbol{A}=(a_{ij})$的幂.

记 $\boldsymbol{A}^k=(a_{ij}^{(k)})$.

利用正互反方阵 $\boldsymbol{A}=(a_{ij})$对角线元素全为 1 的特性,可以得出,对任意大于 1 的正整数 k,有

$$a_{ij}^{(k+1)} = \sum_{s=1}^{n} a_{is}^{(k)} a_{sj}^{(1)} = a_{ij}^{(k)} + \sum_{s=1,s\neq j}^{n} a_{is}^{(k)} a_{sj}^{(1)}$$

$a_{ij}^{(k+1)}$ 不仅包含了 $a_{ij}^{(k)}$ 的内容,而且还包含了从 j 出发到 i 的、边数为 $k+1$ 的、所有有向路的间接比值之和,即 $a_{ij}^{(k+1)}$ 包含了 $a_{ij}^{(k)}$ 和 j 对 i 的 $k+1$ 间接比值.

所以 $a_{ij}^{(k)}$"积累"了 j 对 i 的直接比值,2 间接比值,……,以及 k 间接比

值.因此,在子准则的比较关系值上,$\boldsymbol{A}^{k+1}$“积累”了比 $\boldsymbol{A}^k$ 更多的信息.

既然 k 越大包含的信息就越多,所以需要考虑 $\boldsymbol{A}^k$ 的极限情况.

由附录 1 的 1.5 小节中的正方阵的幂极限和主特征向量的关系,得知定理 2.5 成立.

定理 2.5 如果 λ 是正互反方阵 $\boldsymbol{A}$ 的主特征根,则 $\lim\limits_{k\to\infty}\frac{1}{\lambda^k}\boldsymbol{A}^k$ 存在,且极限的任意一列都是 $\boldsymbol{A}$ 的属于主特征根的特征向量.

$\lim\limits_{k\to\infty}\frac{1}{\lambda^k}\boldsymbol{A}^k=\boldsymbol{B}$ 可以理解为直接比值和所有间接比值累积的结果. $\boldsymbol{B}$ 各列的趋同说明,任取 $\boldsymbol{B}=(b_{ij})$ 的第 s 列中的两个值 b_{us} 和 b_{vs},比值 b_{us}/b_{vs} 与列号 s 无关.

所以两两比较判断方阵 $\boldsymbol{A}$ 的归一化的主特征向量所提取的不仅仅是直接比较的信息,也提取了无限多间接比较的信息.这正是偏爱特征向量方法的原因.

当 $\boldsymbol{A}$ 一致时,$\boldsymbol{A}^k$ 并没有提供比 $\boldsymbol{A}$ 更多的信息.

2.2 建立准则支配关系与合成准则支配关系

在第 1 章中,用有向图表达准则和准则支配关系,给出了用结构分析和因果分析方法建立决策准则支配关系图的方法.结构分析和因果分析仅仅是建立准则支配关系图的方法,但是建立准则支配关系图的方法与得到的准则支配关系图结构之间没有任何关系.用结构分析或因果分析方法都不能保证得到的准则支配关系图一定是层次结构的.而层次分析法又要求准则支配关系图必须满足层次结构的要求,所以在使用层次分析方法时,构造出准则支配关系图后还应当进行检查,确认是否满足层次结构的条件.

因此,在层次分析方法的理论中,建立决策准则支配关系的部分既应包含如何构建准则支配关系图的内容,也应包含检查支配关系图是否满足层次结构条件的内容.

关于建立准则支配关系的内容已经在第 1 章论述,不再重复,所以在

2.2.1 小节只讨论层次分析准则支配关系图应当满足的条件和检验方法.

2.2.2 和 2.2.3 小节讨论层次结构准则支配关系的综合合成.

2.2.1　决策准则支配关系图满足层次结构的条件及检验方法

使用层次分析方法进行决策,本质上是将方案按照重要性排序,而计算方案的重要性则需要借助于决策准则支配关系图层次结构的特性.现在讨论准则支配关系图满足层次结构的条件.

回顾第 1 章的示例,可以从感性上对决策层次结构的准则支配关系图有这样的认识:有一个总准则;准则是分层的,只有相邻的层间准则才可能出现支配关系;方案由属性刻画,属性值完全由方案决定.

将这些感性认识抽象概括,得出层次结构的决策准则支配关系图应当满足的假设条件:

条件 2.1　有且只有一个总准则;

条件 2.2　必须有刻画方案的属性,且属性值完全由方案决定;

条件 2.3　准则必须是分层的,只有相邻层的准则之间才可能有方向一致的支配关系,属性必须在同一个层中.

将上述条件称为层次结构条件.

为了便于操作,需要将这些条件用严格的图论语言表达.

在有向图上,出度为 0 的点称为**叶点**,入度为 0 的点称为**根点**.在层次分析的准则支配关系图上,总准则是决策者追求的总目标,不被别的准则所支配.用图论的语言表述,在准则支配关系图上,总准则点的入度为 0,是一个**根点**.

由于属性值完全由方案决定,方案不是决策准则.用图论的语言说,属性点的出度为 0,属于**叶点**.

根据决策准则支配关系图的建立过程可知,对任何一个叶点,必须存在一条以根为起始点且以这个点为终点的有向路.

因此,可以用图论的语言将层次结构的条件表述为:

条件 2.4　有且只有一个根点;

条件 2.5　必须有叶点;

条件 2.6　从根点到任何一个叶点都有一条边数相同的有向路.

在有向图上,如果能找出这样的点 i',从此点出发,经过若干条边后又回到 i',则称这个闭合的回路为**圈**.不含圈的路是**简单路**.

显然,层次结构的准则支配关系图不含圈.

在使用层次分析方法时,当建立了决策准则支配关系图后,这个图是否满足层次结构的要求?如果问题简单,靠直观判断就能确定;如果问题规模较大,就应当进行检查.如果发现不能满足上述假设条件,应当查找原因并进行修正重建准则支配关系图,或者放弃使用层次分析方法.

可以借鉴附录2中图遍历的广度优先算法,构造出检验准则支配关系图是否满足假设条件的算法.

借助一个先进先出(First In First Out,FIFO)的队结构表达算法.

将附录2中的广度优先的遍历算法稍做改动:$b(v)$是对节点 v 的标号,记录根点到达点 v 的边数最少的路的边数,这个数字也是准则点 v 所在的层数(注意,总是假定总准则处在第0层).

在算法中,使用 L 存放队结构中的节点.当前正处理的点为 v,u 是一个存放工作节点的临时单元,以 v 为端点的丛中的边集合为 $E(v)=\{e\mid e=(v,u)\}$.

算法2.3 BFS检验算法(广度优先探索的检验算法).

步骤0(初始化)

将队 L 清空;总准则点→v;对图中所有的点 s,$0\to b(s)$.

步骤1(入队处理)

如果 $E(v)\neq\varnothing$,则对所有 $e=(v,u)\in E(v)$,依次执行:

[如果点 $b(u)=0$,则

[$b(v)+1\to b(u)$;将 u 入队];

否则

[如果 $b(u)>0$ 且 $b(v)+1>b(u)$,则发现不是层次结构,终止]].

步骤2(出队处理)

如果队 L 非空,则[将队首元素→v,队首元素出队],转步骤1,否则终止.

当算法发现存在 $e=(v,u)$,$b(v)+1>b(u)$而终止时,称为异常终止.当算法异常终止时,得到了一个"异常"的节点 u,这个点不满足假设条件,从而得出准则支配关系图不是层次结构的结论.

否则,当算法正常终止时,将得到准则所在的层数.

即便是算法正常终止,也不能保证准则支配关系图是一个符合假设条件的层次结构.需要检查所有叶点是否都处在同一层(即检查叶节点的 b 值是否一样),如果答案是肯定的,则准则支配关系图符合层次结构假设条件;否则,存在叶点,它与其他叶点不在一层,说明准则支配关系图不满足层次结构的假设条件.

不论是哪种情况,如果检查出支配关系图不能满足层次结构的假设条件,都需要重新审查准则支配关系,并进行修改,直至满足层次结构的假设条件.

如果不加以说明,在使用层次分析方法时总是假设决策准则支配关系图已经满足了层次结构条件.

例 2.3　不是层次结构的准则支配关系图例(Ⅰ).

假设有如图 2.2 所示的决策准则支配关系图,准则框内的数字是其编号,4,5,6 是属性节点.

使用算法 2.3 进行检查.当对准则 2 进行检查时,会发现节点 3 能得到两个标号,先从准则 1 得到的是 1,又从准则 2 得到的为 2,这就产生了矛盾,需要对点 3 的异常情况进行处理.

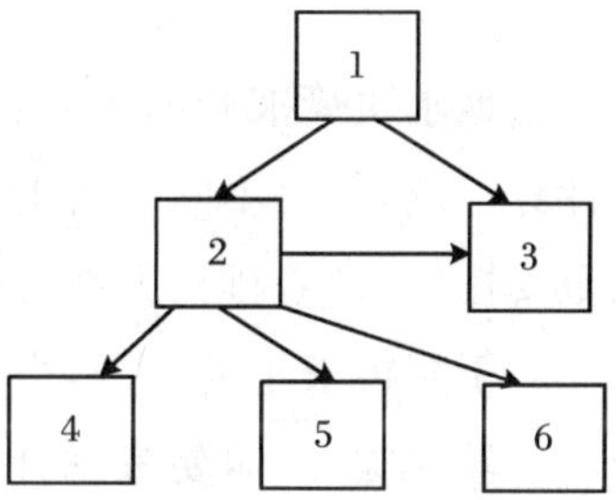

图 2.2　不是层次结构的准则支配关系图(Ⅰ).

例 2.4　不是层次结构的准则支配关系图例(Ⅱ).

假设有如图 2.3 所示的决策准则支配关系图,准则框内的数字是点的编号,4,5,6 是属性节点.准则 3 不支配属性节点 4,5,6.

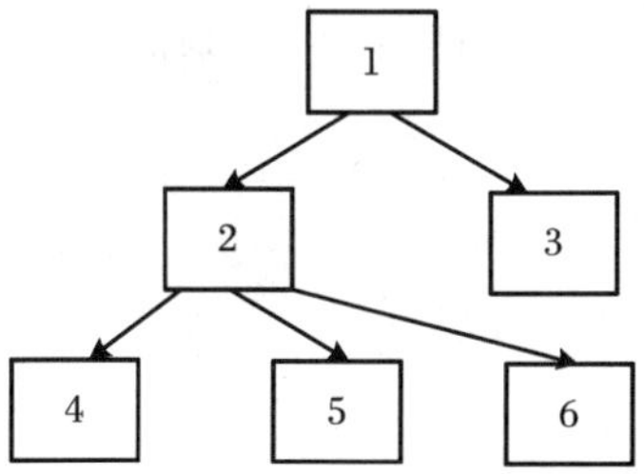

图 2.3　不是层次结构的准则支配关系图(Ⅱ)

使用算法 2.3 进行检查,正常终止.但是叶点 3 处在第 1 层(注意,已经假定了总准则处在第 0 层),而其他的叶点 4,5,6 处在第 2 层，准则 3 出现异常. 如何修改调整准则支配关系图？究竟是应当删除准则 3，还是增加准则 3 对属性节点的支配关系，还是准则 3 是属性叶节点？问题能不能直接使用现有的层次分析方法？这时需要根据实际情况进行判断.

2.2.2 合成层次结构支配关系的计算方法

在决策准则支配关系被量化并得到决策方案的属性值之后，需要将这些值按照一定的规则综合合成，根据合成数据得出决策方案的优劣次序.

综合合成的规则在第 1 章的公式(1.4)中已经列出，不再重复，本节只讨论如何根据公式(1.4)计算每个方案的总准则重要性值.

计算总准则重要性值的过程可以自下而上地进行(如第 1 章中示例的计算过程). 这样的计算过程十分容易理解，它只要求从属性值开始，向上一层一层地求决策准则的重要性值，直至得出总准则的重要性值. 每一个方案都计算一遍，得出不同方案的总准则重要性值. 最后，依据各个方案的总准则重要性值大小，排出方案之间的优劣次序.

对于规模很小的问题，自下而上的合成计算过程明白而清楚，但是当问题规模较大时，则需要考虑计算效率，特别是将计算过程抽象为算法，需要借助于计算机进行编程计算时，就更需要研究算法的效率了.

仔细观察会发现，自下而上的合成计算过程有许多的重复，因此，本节讨论高效的、便于编程实现的算法.

回顾第 1 章 1.5.3 小节计算示例结果的过程.

为了叙述方便，把第 1 章图 1.4 的准则编号，变成图 2.4. 图中准则前面的数字就是其编号，有向边旁边的数字就是有向边的值(由比较判断方阵计算出的子准则权重).

将准则 i 到准则 j 的边的值记为 $l(i,j)$.

对一个选定的方案，记准则 i 的重要性值为 u_i，显然，属性节点 1,2 和 3 的重要性值分别为属性值 u_1，u_2 和 u_3.

按照第 1 章式(1.4)的和合成模型，准则 4 的重要性值为

$$u_4 = u_1 \times l(4,1) + u_2 \times l(4,2)$$

它是两部分的和：一部分是属性 1 的值与准则 4 到属性 1 的边(4,1)的值之

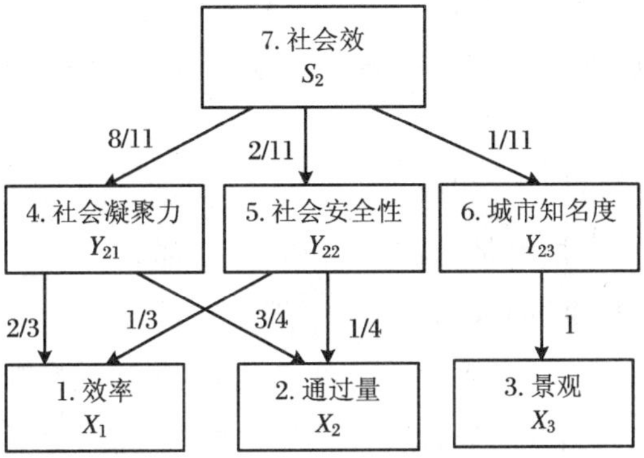

图 2.4

积;另一部分是属性 2 的值与准则 4 到属性 2 的边(4,2)的值之积.

类似地,准则 5 的重要性值为

$$u_5 = u_1 \times l(5,1) + u_2 \times l(5,2)$$

它也是两部分的和:一部分是属性 1 的值与准则 5 到属性 1 的边(5,1)的值之积;另一部分是属性 2 的值与准则 5 到属性 2 的边(5,2)的值之积.

准则 6 的重要性值为

$$u_6 = u_3 \times l(6,3)$$

它是属性 3 的值与准则 6 到属性 3 的边(6,3)的值之积.

总准则 7 的重要性值为

$$\begin{aligned} u_7 &= u_4 \times l(7,4) + u_5 \times l(7,5) + u_6 \times l(7,6) \\ &= [u_1 \times l(4,1) + u_2 \times l(4,2)] \times l(7,4) + [u_1 \times l(5,1) \\ &\quad + u_2 \times l(5,2)] \times l(7,5) + u_3 \times l(6,3) \times l(7,6) \\ &= u_1 \times [l(4,1) \times l(7,4) + l(5,1) \times l(7,5)] + u_2 \\ &\quad \times [l(4,2) \times l(7,4) + l(5,2) \times l(7,5)] + u_3 \times l(6,3) \times l(7,6) \end{aligned}$$

总准则 7 到属性 1 有两条路,在每条路上,将边的值相乘后再把各条路上的积相加,得到

$$l(4,1) \times l(7,4) + l(5,1) \times l(7,5)$$

称其为属性 1 在总准则中的"权重".

同样地,总准则 7 到属性 2 也有两条路,在每条路上,将边的值相乘后再把各条路上的积相加,得到

$$l(4,2) \times l(7,4) + l(5,2) \times l(7,5)$$

称其为属性 2 在总准则中的“权重”.

总准则 7 到属性 3 只有一条路,这条路上的边相乘后得到

$$l(6,3) \times l(7,6)$$

称其为属性 3 在总准则中的“权重”.

总准则 7 的重要性值是三部分的和:这三部分分别是属性 1,2,3 的属性值分别与它们“权重”的乘积.

对不同的方案而言,尽管属性值在变化,但是属性在总准则中的“权重”不变.所以如果先算出各个属性在总准则中的“权重”,之后再计算各个方案的重要性值,就可以避免重复的计算.下面按照这个思路抽象并给出形式化的表述.

定义 2.3 在边被赋值的决策准则支配关系图上,**有向路的长度**是这条路上所有边的值的乘积,只有一条边的路的长度就是这条边的值.

在一条路上,用边的值的乘积定义长度可能与习惯略有不同,因为在常识中总是把“路的长度”理解成“边的长度”之“和”.其实作为一种逻辑关系,“积”或“和”的运算并没有本质的区别.作为运算,它们都满足交换律和结合律.

定义 2.4 在决策准则支配关系图上,选定一个准则,从这个准则出发到达某个属性 i 的所有可能路的长度之和称为**属性 i 在这个准则中的权重**.

定理 2.6 假设有一个含 m 个属性节点 $X_1, X_2, \cdots, X_m$ 的层次结构问题,选定某个方案,属性 $X_1, X_2, \cdots, X_m$ 的值分别是 $a_1, a_2, \cdots, a_m$,用第 1 章式(1.4)的和合成模型算出的方案重要性值是 g,则 g 等于方案属性值的加权和,其中权值就是属性在总准则中的权重.

证明 对决策准则支配关系图的层数 l 进行归纳.

首先证明,当决策准则支配关系图的层数为 2 时,结论是正确的.

当决策准则支配关系图只有两层时,这两层只能是总准则和属性层(见图 2.5).

假设总准则 G 支配子准则(属性)$X_1, X_2, \cdots, X_m$,它们在总准则中的权重分别为 $w_1, w_2, \cdots, w_m$,选定某个方案,这个方案对应于属性 $X_1, X_2, \cdots, X_m$ 的值分别为 $a_1, a_2, \cdots, a_m$,用第 1 章式(1.4)的和合成模型算出这个方案的总准则 G 的重要性值 g 为

$$g = w_1 a_1 + w_2 a_2 + \cdots + w_m a_m = \sum_{j=1}^{m} w_j a_j$$

其中，w_j 是从总准则 G 到达属性 X_j 的路的长度，所以对层数 $l=2$ 结论正确.

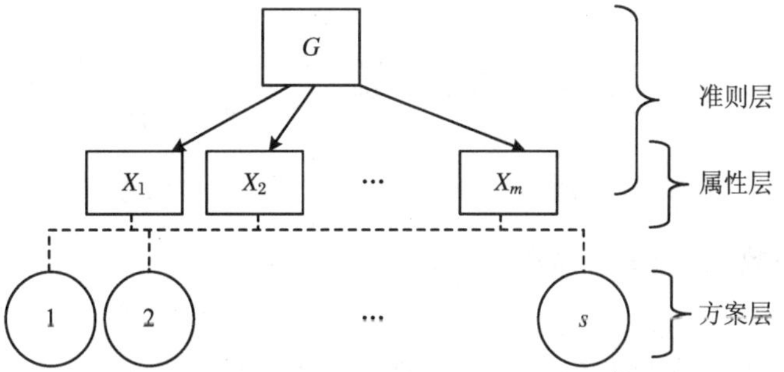

图 2.5　决策准则只有两层的决策准则支配关系图

现要证明：如果层数为 l 时结论正确，层数为 $l+1$ 时结论亦正确.

假设有如图 2.6 的 $l+1$ 层的层次结构.

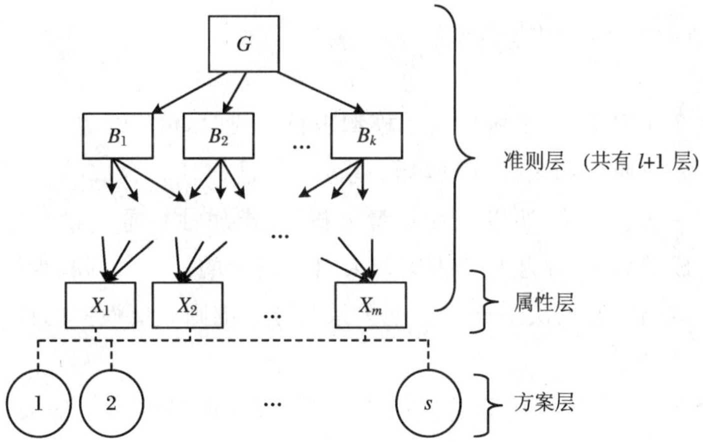

图 2.6　一般的决策准则支配关系图

在图 2.6 中，总准则 G 所支配的子准则为 $B_1, B_2, \cdots, B_k$. 对每一个子准则 B_i，以子准则 B_i 为根的子图对应了一个 l 层的层次结构.

根据归纳假设，对选定的某个属性值为 $a_1, a_2, \cdots, a_m$ 的方案，B_i 的重要性值为

$$b_i = \sum_{s=1}^{m} w_{is} a_s$$

其中，w_{is} 为子准 B_i 到达属性点 X_s 的所有可能的路的长度之和.

假设总准则 G 所支配的子准则 $B_1, B_2, \cdots, B_k$ 的权重向量为

$$\boldsymbol{\beta} = (\beta_1, \beta_2, \cdots, \beta_k)$$

根据第 1 章式(1.4)的和合成规则，这个方案的总准则 G 的重要性值 g 为

$$g = \sum_{i=1}^{k} \beta_i b_i = \sum_{i=1}^{k} \beta_i \Big(\sum_{s=1}^{m} w_{is} a_s \Big) = \sum_{s=1}^{m} \Big(\sum_{i=1}^{k} \beta_i w_{is} \Big) a_s$$

显然，$\sum_{i=1}^{k} \beta_i w_{is}$ 是从总准则 G 到属性点 s 的所有可能的路的长度之和.

所以层数为 $l+1$ 时命题亦正确.

定理证毕.

从定义 2.4 和定理 2.6 可以立即得出如下推论：

推论 2.4 所有层次结构的准则支配关系都可以从逻辑上简化为总准则和属性层两层. 记简化后属性 $X_1, X_2, \cdots, X_m$ 在总准则 G 中的权重分别为 $w_1, w_2, \cdots, w_m$，属性值分别为 $a_1, a_2, \cdots, a_m$，则根据式(1.4)和合成模型算出的总准则重要性 g 可以表示成向量 $\boldsymbol{\omega} = (w_1, w_2, \cdots, w_m)$ 和向量 $\boldsymbol{a} = (a_1, a_2, \cdots, a_m)$ 的内积

$$g = \boldsymbol{\omega} \cdot \boldsymbol{a}$$

推论 2.4 说明，在采用加权和模型进行合成时，可以分别计算属性在总准则中的权重向量和属性向量，然后求内积. 这样计算合成结果，属性的权重只要算一次就够了. 所以从计算量分析，先求属性权重向量，之后再对每个方案合成的算法，比起每个方案都要自下而上的计算过程减少了许多.

按照本书定义的决策准则支配关系及方案准则重要性值的计算方法可以得出：

推论 2.5 在用层次分析方法决策时，属性值与准则支配关系之间是独立无关的.

属性是对方案的量化，准则支配关系图是评价方案的工具，当知道方案的属性值后，可以通过准则支配关系图计算出决策准则的重要性值，但是，方案的属性值与准则支配关系图的结构无关.

2.2.3 用矩阵乘法计算权重的方法

2.2.2 小节指出先求属性在总准则中的权重有许多优点，但是直接使

用定义计算属性权重有许多不便,本节讨论用矩阵乘法计算它的方法.

1. 自上而下计算属性权重的方法

从 2.2.2 小节定理 2.6 证明的归纳过程中可以看出,计算属性的权重可以自上而下地实施.将图 2.4 抽去实际背景,变成图 2.7.使用图 2.7 的数据解释自上而下计算属性权重的过程.

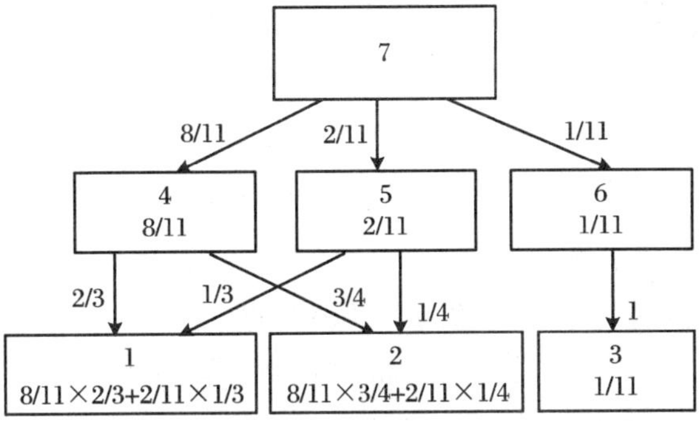

图 2.7　自上而下计算属性权重的过程

在图 2.7 中,要求属性在总准则 7 中的权重,但是总准则 7 距离属性层"太远",于是便把总准则 7 的影响"下放"给它的子准则,分别得到准则 4,5,6 在总准则 7 中的权重分别为 8/11,2/11,1/11.

进而把准则 4,5,6 当成"总准则",把它们的影响继续向下"下放".

"下放"到准则 1 有两条途径:一条由准则 4 而来,值为准则 4 的权重乘以边(4,1)的值,为 $8/11\times2/3$;另一条由准则 5 而来,值为准则 5 的权重乘以边(5,1)的值,为 $2/11\times1/3$.二者相加为准则 1 的权重,为 $8/11\times2/3+2/11\times1/3$.

由同样的计算过程得出准则 2 的权重为 $8/11\times3/4+2/11\times1/4$,准则 3 的权重为 1/11.

对于一个具体的决策问题,可以通过手工计算,逐层"下放",最终得出属性在总准则中的权重.

对用层次分析工具解决具体的决策问题而言,这样的认识和处理也许就足够了.但是为了揭示更深层的关系,为了能将层次分析方法的应用范围拓展和容易对算法实施编程,就需要再引进新的概念.

2. 准则支配关系图的似邻接方阵

为了便于处理,对一个节点编号为 $1,2,\cdots,n$ 的、边被赋值的有向图,定义一个与它一一对应的 n 阶方阵.

定义 2.5 设 $N(V,E,c)$ 是含 n 个节点的有向网络图,它的**似邻接方阵** $\boldsymbol{A}=(a_{ij})$ 是一个 n 阶方阵,定义如下:

当 $i\neq j$ $(\forall i\in V, j\in V)$ 时,$a_{ij}=c(j,i)$,当且仅当 $(j,i)\in E$,其余 $a_{ij}=0$;

当 i 点的出度不为 0 时,$a_{ii}=c(i,i)$,当且仅当 $(i,i)\in E$;

当 i 点的出度为 0 时,$a_{ii}=1$.

在通常定义的有向图邻接方阵(不是似邻接方阵)中,对角元素的取值与节点是否有环相关.如果图中没有环,则 $a_{ii}=0$ $(i=1,2,\cdots,n)$.可是在似邻接方阵的定义中有所不同:对于那些无环的、出度数不为 0 的点,对角元素仍然为 0,但是对于出度数为 0 的那些点,要求对角元素为 1.

与通常定义的邻接方阵一样,同一个有向图,节点不同的编号对应不同的似邻接方阵,但是它们之间仅差一个置换变换.

如果一个有向图,它的节点按照某种编号得出的似邻接方阵是 $\boldsymbol{A}$,将图中节点 i 和 j 的编号互换,新的似邻接方阵 $\boldsymbol{A}^*$ 相当于将 $\boldsymbol{A}$ 的第 i 和第 j 行互换,然后再将第 i 和第 j 列互换.即

$$\boldsymbol{A}^* = \boldsymbol{P}(i,j)\boldsymbol{A}\boldsymbol{P}(i,j)^{-1}$$

其中,$\boldsymbol{P}(i,j)$ 是将单位方阵 $\boldsymbol{I}$ 的第 i 和第 j 行互换后得到的方阵.

设方阵 $\boldsymbol{A}=(a_{ij})$,$\boldsymbol{B}=(b_{ij})$ 都是 n 个节点的有向图的似邻接方阵.

似邻接方阵的乘法和通常方阵乘法的定义一样,即如果设方阵 $\boldsymbol{C}=(c_{ij})$,且

$$\boldsymbol{C} = \boldsymbol{A}\times\boldsymbol{B}$$

则

$$c_{ij} = \sum_{t=1}^{n} a_{it}\times b_{tj}$$

根据定义 2.5,给定一个层次结构的决策准则支配关系图,它的似邻接方阵 $\boldsymbol{A}=(a_{ij})$ 为:

当 $i\neq j$ $(\forall i\in V, j\in V, a_{ij})$ 是有向边 (j,i) 的值,当且仅当准则 j 支配准则 i,其余 $a_{ij}=0$;

当 $i=j$,且 i 不是属性节点时,$a_{ii}=0$;

当 $i=j$,且 i 是属性节点时,$a_{ii}=1$.

当 i 是属性节点时，$a_{ii}=1$ 可以这样理解：由于它的值只能由方案确定，因此有一条长度为 0 的路对其产生影响，影响值定义为 1.

由定义 2.5 可以得到：

推论 2.6（决策准则支配关系图似邻接方阵的基本性质）　决策准则支配关系图的似邻接方阵元素非负，列和为 1.

有一个细节需要注意，在似邻接方阵 $\boldsymbol{A}=(a_{ij})$ 中，a_{ij} 是有向边 (j,i) 的值，而不是有向边 (i,j) 的值，这与直观的印象不太一致.

3. 准则支配关系的传递

在准则支配关系图上，如果准则 i 支配准则 j，准则 j 支配准则 s，则显然准则 s 的值会影响到准则 i 的值. 下面讨论如何描述并量化这种关系.

定义 2.6　在准则支配关系图上，如果存在准则 i 到准则 j 的边，则称准则 i **直接支配**准则 j；如果存在由准则 i 到准则 j 的边数为 l $(l>1)$ 的路，则称准则 i 对准则 j 存在 l **重间接支配关系**.

在层次结构的准则支配关系图上，对任意的两个准则 i 和 j，准则 i 到准则 j 的路所含的边数由 i,j 所处的层次决定.

根据定义，似邻接方阵中各个元素的值就是准则和它支配的子准则之间直接支配关系（量化）值，所以直接支配关系的量化问题已由似邻接方阵解决.

间接支配关系也可以通过似邻接方阵量化，为了表达间接支配关系的支配程度，需要给出支配关系量化的定义.

定义 2.7　如果准则 i（直接或间接）支配准则 j，则 i **支配** j **的值**就是 i 到 j 的所有可能的路的长度之和.

如果准则 i 到准则 j 的路上有圈，则从 i 到 j 的路究竟在圈上绕了几次是说不清楚的. 幸好层次结构的准则支配关系图不存在圈，因此在准则支配关系图上的路都是简单路，每一条路的长度都是唯一的（关于圈、简单路的概念参见附录 1）. 因此有：

推论 2.7　在层次结构的准则支配关系中，对任意的两个准则 i 和 j，准则 i 对准则 j 的支配值可以通过计算 i 到 j 的所有路的长度求和获得.

根据定义 2.7 及定理 2.6 证明过程中的推导可知，**在层次分析中，总准则对某个属性的支配关系值就是这个属性在总准则中的权重**.

下面分析如何从直观的几何概念转化为可以执行的代数计算，通过代数计算求属性在总准则中的权重.

记 $\boldsymbol{A}=(a_{ji})$,考虑 $\boldsymbol{A}$ 的 k 次幂 $\boldsymbol{A}^k=(a_{ji}^{(k)})$.

在准则支配关系图上,定义准则 i 到准则 j 的边数恰好为 k 的**简单有向路的集合** $P_{ji}^{(k)}$;有向路 p 的长度记为 $d(p)$.

当 k 不大于 $\boldsymbol{A}$ 的阶数时,对 k 进行归纳,讨论 $\boldsymbol{A}^k$ 的含义.

(1) 初始状态

当 $k=1$, $\boldsymbol{A}^1=(a_{ji}^{(1)})=(a_{ji})$. a_{ji} 表达的是准则之间的直接支配关系值.

当 $k=2$, $\boldsymbol{A}^2=(a_{ji}^{(2)})$.

根据矩阵乘法的定义,$a_{ji}^{(2)}=\sum_{s=1}^{n}a_{js}a_{si}$.

分两种情况讨论:

(a) j 是非属性节点.

在求和 $\sum_{s=1}^{n}a_{js}a_{si}$ 所遍历的点 $s=1,2,\cdots,n$ 中,任取其中之一 s,如果 $a_{js}=0$ 或者 $a_{si}=0$,则一定有 $a_{js}a_{si}=0$,所以可以认为这样的项不出现在求和号中.因此 $a_{ji}^{(2)}$ 表达的是准则 i 到准则 j 的所有边数恰好为 2 的路的长度之和.

用严格的形式化语言描述,即 $a_{ji}^{(2)}=\sum_{p\in P_{ji}^{(2)}}d(p)$

(b) j 是属性节点.

$$\begin{aligned}a_{ji}^{(2)}&=\sum_{s=1}^{n}a_{js}a_{si}=a_{jj}a_{ji}+\sum_{1\leqslant s\leqslant n,s\neq j}a_{js}a_{si}\\&=a_{ji}+\sum_{p\in P_{ji}^{(2)}}d(p)\end{aligned}$$

可以看出,$a_{ji}^{(2)}$ 是两部分之和,一部分为准则 i 对准则 j 的直接支配关系值,另一部分是准则 i 到准则 j 的所有边数恰为 2 的路的长度之和.

(2) 归纳假设

假设 $a_{ji}^{(k)}$ 满足:

(a) 如果 j 是非属性节点,$a_{ji}^{(k)}$ 是准则 i 到准则 j 的所有边数为 k 的路的长度之和,即

$$a_{ji}^{(k)}=\sum_{p\in P_{ji}^{(k)}}d(p)$$

(b) 如果 j 是属性节点，$a_{ji}^{(k)}$ 是 k 部分之和，这 k 部分分别是：

准则 i 对准则 j 的直接支配关系值(准则 i 到准则 j 的边数为 1 的路的长度)；

准则 i 到准则 j 的所有边数为 2 的路的长度之和；

……；

准则 i 到准则 j 的所有边数为 k 的路的长度之和.

(3) 归纳推理

现在考查 $\boldsymbol{A}^{k+1}=(a_{ji}^{(k+1)})$ 的元素 $a_{ji}^{(k+1)}$.

也分两种情况：

(a) j 是非属性节点.

对任意的节点 s，如果 s 是属性节点，则没有 s 到 j 的路；如果 s 不是属性节点，则由归纳假设 $a_{js}^{(k)}=\sum_{p\in P_{js}^{(k)}}d(p)$，得

$$a_{ji}^{(k+1)}=\sum_{s=1}^{n}a_{js}^{(k)}a_{si}=\sum_{1\leqslant s\leqslant n,s\text{不是属性节点}}\sum_{p\in P_{js}^{(k)}}d(p)a_{si}=\sum_{p\in P_{ji}^{(k+1)}}d(p)$$

即 $a_{ji}^{(k+1)}$ 是准则 i 到准则 j 的所有边数为 $k+1$ 的路的长度之和.

(b) j 是属性节点.

同样地，对任意的节点 s，如果 s 是属性节点，则没有 s 到 j 的路；如果 s 不是属性节点，则由归纳假设 $a_{js}^{(k)}=\sum_{p\in P_{js}^{(k)}}d(p)$，得

$$\begin{aligned}a_{ji}^{(k+1)}&=\sum_{s=1}^{n}a_{js}^{(k)}a_{si}\\&=a_{jj}a_{ji}^{(k)}+\sum_{1\leqslant s\leqslant n,s\text{不是属性节点}}\sum_{p\in P_{js}^{(k)}}d(p)a_{si}\\&=a_{ji}^{(k)}+\sum_{p\in P_{ji}^{(k+1)}}d(p)\end{aligned}\tag{2.24}$$

利用归纳假设：

当 j 是属性节点时，$a_{ji}^{(k)}$ 是 k 部分之和，这 k 部分分别是；

准则 i 对准则 j 的直接支配关系值(准则 i 到准则 j 的边数为 1 的路的长度)；

准则 i 到准则 j 的所有边数为 2 的路的长度之和；

……；

准则 i 到准则 j 的所有边数为 k 的路的长度之和.

当 j 不是属性节点时，$a_{ji}^{(k)}$ 是准则 i 到准则 j 的所有边数为 k 的路的长度之和.

所以式(2.24)是 $k+1$ 部分之和，这 $k+1$ 部分分别是：

准则 i 对准则 j 的直接支配关系值(准则 i 到准则 j 的边数为 1 的路的长度)；

准则 i 到准则 j 的所有边数为 2 的路的长度之和；

……；

准则 i 到准则 j 的所有边数为 k 的路的长度之和；

准则 i 到准则 j 的所有边数为 $k+1$ 的路的长度之和.

这就证明了如下定理：

定理 2.7 当正整数 k 不大于 $\boldsymbol{A}$ 的阶数时，层次结构的决策准则支配关系图的似邻接方阵 $\boldsymbol{A}$ 的 k 次幂 $\boldsymbol{A}^k=(a_{ji}^{(k)})$ 有如下的性质：

(i) 如果 j 是非属性节点，则 $a_{ji}^{(k)}$ 是准则 i 到准则 j 的所有边数为 k 的路的长度之和.

(ii) 如果 j 是属性节点，则 $a_{ji}^{(k)}$ 由 k 部分的和构成，这 k 部分分别是：

准则 i 对准则 j 的直接支配关系值(准则 i 到准则 j 的边数为 1 的路的长度)；

准则 i 到准则 j 的所有边数为 2 的路的长度之和；

……；

准则 i 到准则 j 的所有边数为 k 的路的长度之和.

在层次结构的有向图上，设层次结构的层数为 $l+1$，则有向路所含的边数至多为 l. 由此可以得到：

推论 2.8 设有一个层次结构决策准则支配关系图，其层数为 $l+1$，它的似邻接方阵为 $\boldsymbol{A}$，如果 j 是属性节点，则 $a_{ji}^{(l)}$ 是准则 i 对属性 j 的支配关系值.

在似邻接方阵 $\boldsymbol{A}$ 的 l 次幂 $\boldsymbol{A}^l$ 中，不但得到了属性在总准则中的权重，同时如果将任何一个准则看成“总准则”，也得到了属性在这个“总准则”中的权重.

从归纳推导过程还可以发现，$\boldsymbol{A}^k$ 随着幂次的增加，准则间接支配值的计算范围在扩大，但是，到达属性节点后便停留在那里不再变化.

4. 用矩阵乘法计算属性权重(准则支配关系值)的算法

似邻接方阵的表达与准则支配关系图中节点的编号有关.上一小节计算似邻接方阵幂乘的结果并未限定准则节点编号的方式.下面给出一种更容易理解和操作的编号方式,在这种具体的编号方式下,讨论算法的实施.

将节点按照如下的原则编号:根节点的编号为 1,距离根节点层数越近的点编号越小.将节点按照层次分组,同一层次的节点放在同一组中.设层次结构的层数为 $l+1$,节点被分成 $l+1$ 组,不妨记为 $A_1, A_2, \cdots, A_{l+1}$,第 1 组的 A_1 只含一个根节点 1.

只有 A_i 中的点到 A_{i+1} 中的点有边.因此,如果按照节点的分组将方阵 $\boldsymbol{A}$ 分块,则分块后的似邻接方阵可以写成如式(2.25)所示的下三角方阵:在对角线上,除最后一块为单位方阵外其余全为 0.其中,$\boldsymbol{A}_i$ 是第 i 层的点到第 $i+1$ 层点之间有支配关系的边的值排列出的矩阵,$\boldsymbol{A}_i$ 的行数是第 $i+1$ 层点的数目,$\boldsymbol{A}_i$ 的列数是第 i 层点的数目.

$$\boldsymbol{A} = \begin{pmatrix} \boldsymbol{0} & \boldsymbol{0} & \cdots & \boldsymbol{0} & \boldsymbol{0} \\ \boldsymbol{A}_1 & \boldsymbol{0} & \cdots & \boldsymbol{0} & \boldsymbol{0} \\ \boldsymbol{0} & \boldsymbol{A}_2 & \cdots & \boldsymbol{0} & \boldsymbol{0} \\ \vdots & \vdots & & \vdots & \vdots \\ \boldsymbol{0} & \boldsymbol{0} & \cdots & \boldsymbol{A}_l & \boldsymbol{I} \end{pmatrix} \tag{2.25}$$

考虑 $\boldsymbol{A}$ 的 l 次幂,则有

$$\boldsymbol{A}^l = \begin{pmatrix} \boldsymbol{0} & \boldsymbol{0} & \cdots & \boldsymbol{0} & \boldsymbol{0} \\ \boldsymbol{0} & \boldsymbol{0} & \cdots & \boldsymbol{0} & \boldsymbol{0} \\ \boldsymbol{0} & \boldsymbol{0} & \cdots & \boldsymbol{0} & \boldsymbol{0} \\ \vdots & \vdots & & \vdots & \vdots \\ \boldsymbol{A}_l\boldsymbol{A}_{l-1}\cdots\boldsymbol{A}_1 & \boldsymbol{A}_l\cdots\boldsymbol{A}_2 & \cdots & \boldsymbol{A}_l & \boldsymbol{I} \end{pmatrix} \tag{2.26}$$

设决策问题有 m 个属性.$\boldsymbol{A}^l$ 中分块后第 $l+1$ 行给出了属性在各准则中的权重.特别地,$\boldsymbol{A}^l$ 中分块表达的第 $l+1$ 行、第 1 列 $\boldsymbol{A}_l\boldsymbol{A}_{l-1}\cdots\boldsymbol{A}_1$ 是一个 $1\times m$ 的列向量,它的第 i 个分量就是第 i 个属性在总准则中的权重.

所以在层次结构的决策准则支配关系图上,将节点适当编号,引进似邻接方阵之后,求取属性在总准则中的权重只须计算分块矩阵的乘法.

算法 2.4　在层次结构的准则支配关系图上求属性总准则权重的算法.

步骤 1(初始化)

(a) 在层次结构的决策准则支配关系图上将点进行编号(根点编号为1,越靠近根点的点编号越小);

(b) 按照节点编号构造似邻接方阵,将其节点按照编号大小和层次分块,同一层次的节点放在同一块中,不妨记为 $\boldsymbol{A}_1,\boldsymbol{A}_2,\cdots,\boldsymbol{A}_l$.

步骤 2(计算)

计算矩阵乘法 $\boldsymbol{A}_l\boldsymbol{A}_{l-1}\cdots\boldsymbol{A}_1$.

仍假设 $l+1$ 是层次结构的层数.从层次结构决策准则支配关系图的构造过程可知,在对节点适当编号后,层次结构决策问题的似邻接方阵是形如式(2.25)所示的斜对角方阵,由式(2.26)立刻得出,这类方阵满足:

对任意正整数 s,当 $s\geqslant l$ 时,$\boldsymbol{A}^{s+1}=\boldsymbol{A}^s$,所以$\lim\limits_{s\to\infty}\boldsymbol{A}^s=\boldsymbol{A}^l$.

对同一个决策准则支配关系图,如果 $\boldsymbol{A}$ 和 $\boldsymbol{A}'$ 是两种不同节点编号得到的似邻接方阵,则有

$$\boldsymbol{A}'=\boldsymbol{PAP}^{-1}$$

其中,$\boldsymbol{P}$ 是若干置换方阵的乘积.

对任意正整数 k,$\boldsymbol{A}'^k=\boldsymbol{PA}^k\boldsymbol{P}^{-1}$.

因此可知,决策准则支配关系图的节点编号不影响似邻接方阵幂乘积的性质,所以有:

推论 2.9 层次结构决策问题似邻接方阵幂乘积的极限存在,且

$$\lim_{s\to\infty}\boldsymbol{A}^s=\boldsymbol{A}^l$$

推论 2.10 在层次结构的决策问题中,一个属性在总准则中的权重是似邻接方阵幂乘积极限方阵的一个元素,这个元素对应的行为属性编号,对应的列为总准则编号.

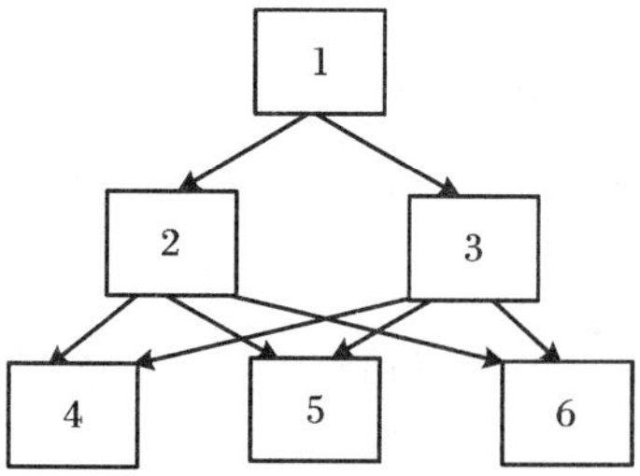

图 2.8 三层结构示例

例 2.5 用矩阵乘法计算层次结构属性权重.

假设有如图 2.8 所示的三层准则支配关系结构,方框内的数字是准则的编号,4,5,6 是属性节点.

假设 b_1,b_2分别是总准则 1 对准则 2 和 3 的支配关系值,a_{11},a_{12},a_{13}分别是准

则 2 对是属性 4,5,6 的支配关系值,a_{21},a_{22},a_{23}分别是准则 3 对属性 4,5,6 的支配关系值,则准则支配关系图的似邻接方阵为

$$A=\begin{pmatrix} 0 & 0 & 0 & 0 & 0 & 0 \\ b_1 & 0 & 0 & 0 & 0 & 0 \\ b_2 & 0 & 0 & 0 & 0 & 0 \\ 0 & a_{11} & a_{21} & 1 & 0 & 0 \\ 0 & a_{12} & a_{22} & 0 & 1 & 0 \\ 0 & a_{13} & a_{23} & 0 & 0 & 1 \end{pmatrix}$$

其中,总准则 1 的支配关系对应第 1 列,准则 2 的支配关系对应第 2 列,准则 3 的支配关系对应第 3 列,而属性 4,5,6 的支配关系分别对应第 4,5,6 列.

图 2.8 所示的层次结构只有三层,所以计算支配关系值只需考虑 A^2:

$$A^2=\begin{pmatrix} 0 & 0 & 0 & 0 & 0 & 0 \\ 0 & 0 & 0 & 0 & 0 & 0 \\ 0 & 0 & 0 & 0 & 0 & 0 \\ c_1 & a_{11} & a_{21} & 1 & 0 & 0 \\ c_2 & a_{12} & a_{22} & 0 & 1 & 0 \\ c_3 & a_{13} & a_{23} & 0 & 0 & 1 \end{pmatrix}$$

从 A^2 的元素可知,第 1 列第 4,5,6 行分别对应属性在总准则 1 中的权重,它们的值分别为 c_1,c_2,c_3.

显然,向量$(c_1,c_2,c_3)^{\mathrm{T}}$ 由矩阵乘法得出

$$\begin{pmatrix} c_1 \\ c_2 \\ c_3 \end{pmatrix}=\begin{pmatrix} a_{11} & a_{21} \\ a_{12} & a_{22} \\ a_{13} & a_{23} \end{pmatrix}\begin{pmatrix} b_1 \\ b_2 \end{pmatrix}$$

从例 2.5 可以体会到,对准则支配关系似邻接方阵实施幂乘的过程就是将总准则的影响逐步“下放”的过程,直至到达属性层,这样便得到所要的结果.

2.3 计算属性值方法的进一步讨论

计算方案属性的过程就是量化方案的过程，使用的方法已经在第 1 章 1.4 节中作了简单的介绍，下面将对其进行较为详细的讨论.

计算属性是一个属性一个属性地分别处理的，将所有的属性处理完毕后，就得到所有方案的所有属性值.

2.3.1 相对测量法计算属性值的特点

相对测量法是层次分析中使用最为广泛的方法，也是易于理解和执行的方法.

当选定一个属性后，用相对测量法计算属性值和计算单一准则的各个子准则权重的方法一样，只不过需将选定的属性当成准则，方案当成准则支配的子准则，通过两两比较建立正互反方阵. 然后，算出正互反方阵的主特征向量，其分量作为方案的属性值. 当然，也可以不用特征根方法，而选用其他量化单一准则支配关系的方法得到方案的属性值.

在第 1 章中，获取图 1.3 示例决策问题的三个属性值时，已经使用过相对测量方法.

选定一个属性，假设有 n 个方案，用特征根方法计算属性的相对测量值的过程如下：对 n 个方案两两比较建立 n 阶正互反方阵 $\boldsymbol{A}$，求出 $\boldsymbol{A}$ 的主特征根 λ 和归一化主特征向量 $\boldsymbol{\omega}^{\mathrm{T}}=(w_1, w_2, \cdots, w_n)$，则方案的属性分别为 $w_1, w_2, \cdots, w_n$.

结果的准确性和正互反方阵 $\boldsymbol{A}$ 的一致性有关，当正互反方阵应满足一致性条件时，得到的属性值没有误差；一致性越差，得出属性值的误差也越大. 因此在使用中也需要对正互反方阵进行一致性检验.

相对测量法测得的属性值只是一个相对值，换言之，在这个结果中，只有比值有意义.

现在讨论方案集合发生变化时用相对测量法算出的属性值保持不变的条件.

不妨假设增加一个方案,由 n 个方案变为 $n+1$ 个方案.假设方案集合变为 $n+1$ 个方案后的 $n+1$ 阶正互反方阵为 $\boldsymbol{A}^*$,其主特征根为 λ^*,主特征向量为 $\boldsymbol{\omega}^{*\mathrm{T}}=(w_1^*,w_2^*,\cdots,w_{n+1}^*)$,则 $\boldsymbol{A}^*$ 的结构是由 $\boldsymbol{A}$ 镶一个互反的一维向量:

$$\boldsymbol{A}^*=\begin{pmatrix} & & & \alpha_1\\ & \boldsymbol{A} & & \vdots\\ & & & \alpha_n\\ 1/\alpha_1 & \cdots & 1/\alpha_n & 1\end{pmatrix}$$

如果 $\boldsymbol{A}^*$ 是一致的(这时 $\boldsymbol{A}$ 当然也是一致的),那么它的秩为 1,容易证明,对 $\forall\, 1\leqslant i,j\leqslant n$,有

$$\frac{w_i}{w_j}=\frac{w_i^*}{w_j^*}$$

因此有:

推论 2.11　在用相对测量法获得方案属性时,如果两两比较正互反方阵一致,则方案集合的扩大或缩小不会改变属性值之间的比例.

2.3.2　直接度量法及属性值的变换

直接度量法将属性值看成方案的函数,给出方案就可以得到属性.

对选拔优秀学生的决策问题,如果将学生各学科的成绩作为属性,当给出某个具体学生后就得到了相应的成绩.

如果决策问题是论证购买计算机设备,可以将计算机的存储量、计算速度作为属性,当给出某个具体型号的计算机设备后就得到相应的属性值.

直接度量法比较适用于那些可观察、可测量的属性,如温度、距离、时间、速度、容量等.但是,直接度量法有时也用于主观的判断,比如体操比赛时裁判员依靠印象给运动员打分.

因为约定方案属性值为正数,而且越大越好,所以当使用直接度量得到属性值不能满足这个假设时需要作一个变换.

对于某个确定的属性 x,将方案的优劣程度 y 当成一个依赖于属性值 x

的函数 $y=f(x)$，在简化的情况下 $y=f(x)$ 大致可以分成如下的四种形式：

(1) $y=f(x)$ 单调递增

如图 2.9 所示，如果 $y=f(x)$ 的定义范围 $x>0$，则可直接使用属性值，否则可以通过平移变换，使属性值满足大于 0 的要求.

(2) $y=f(x)$ 单调递减

如图 2.10 所示，设原属性值为 x，不直接用 x，而是选择一个适当的常数 c，使 $c-x>0$，作为方案新的属性值. 也可以用 x 的倒数 $1/x$ 作为方案新的属性值.

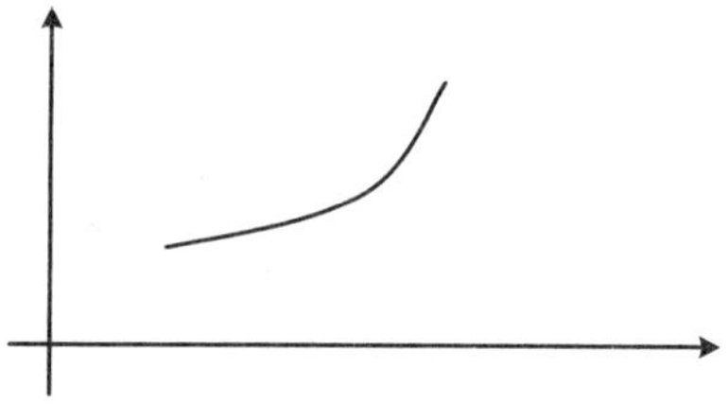

图 2.9 单调递增函数

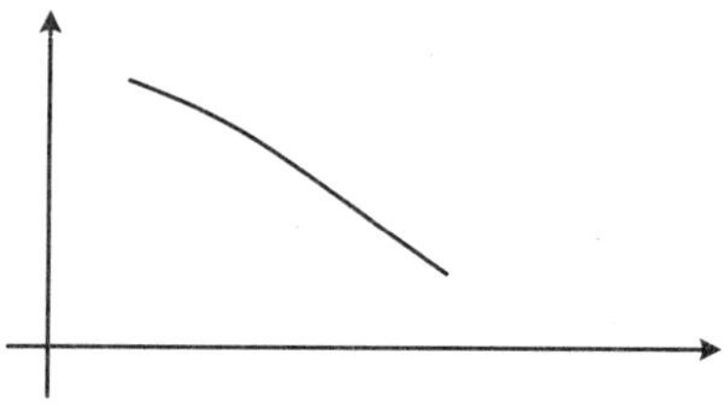

图 2.10 单调递减函数

(3) $y=f(x)$ 有一个极小值

如图 2.11 所示，假设 $y=f(x)$ 在 x_0 达到极小值，用 x 和 x_0 差的绝对值 $|x-x_0|$ 作为新的属性值.

(4) $y=f(x)$ 有一个极大值

如图 2.12 所示，假设 $y=f(x)$ 在 x_0 达到极大值，选择一个适当的常数 c，用 $c-|x-x_0|$ 作为新的属性值.

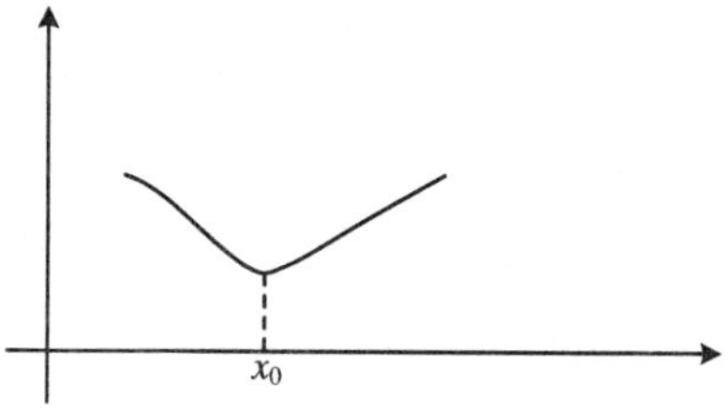

图 2.11 有一个极小值的函数

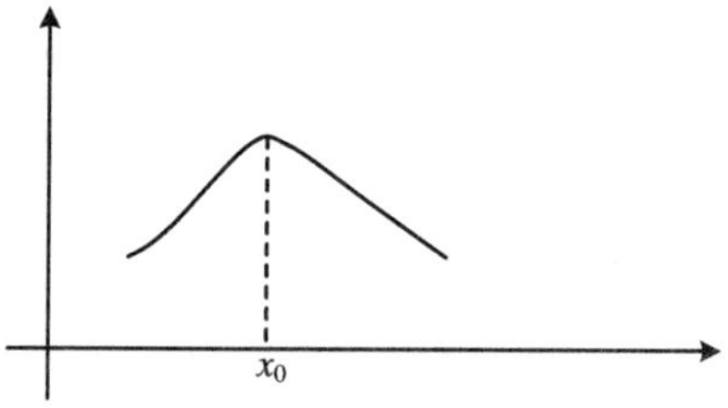

图 2.12 有一个极大值的函数

这些变换不是唯一的，还可以构造出其他满足条件的变换. 同时根据 $y=f(x)$ 的具体形状（如当 $y=f(x)$ 在 x_0 达到极值，$y=f(x)$ 在 x_0 左、右的变化率不同）做一些细微的调整，这里不再讨论具体细节.

2.4　层次分析方法的实施步骤

现在可以综合利用上文已有的分析结果，给出实施层次分析方法的具体步骤：

步骤 1　分析并分解准则，根据准则的支配关系建立决策准则支配关系图（包括检查和修改支配关系图，使其满足层次结构的假设条件）；

步骤 2　按照层次支配关系对准则进行编号（根点编号为 1，越靠近根点的点的编号越小），在决策准则支配关系图上，对每一个单一准则支配关系进行量化，获得决策准则支配关系图似邻接方阵

$$\boldsymbol{A} = \begin{pmatrix} \boldsymbol{0} & \boldsymbol{0} & \cdots & \boldsymbol{0} & \boldsymbol{0} \\ \boldsymbol{A}_1 & \boldsymbol{0} & \cdots & \boldsymbol{0} & \boldsymbol{0} \\ \boldsymbol{0} & \boldsymbol{A}_2 & \cdots & \boldsymbol{0} & \boldsymbol{0} \\ \vdots & \vdots & & \vdots & \vdots \\ \boldsymbol{0} & \boldsymbol{0} & \cdots & \boldsymbol{A}_l & \boldsymbol{I} \end{pmatrix}$$

步骤 3　利用矩阵乘法计算 $\boldsymbol{A}_l\boldsymbol{A}_{l-1}\cdots\boldsymbol{A}_1$，得到属性在总准则中的权重向量值

$$\begin{aligned} \boldsymbol{\omega} &= (w_1, w_2, \cdots, w_m)^{\mathrm{T}} \\ &= \boldsymbol{A}_l\boldsymbol{A}_{l-1}\cdots\boldsymbol{A}_1 \end{aligned}$$

步骤 4　获取方案属性向量值 $(a_1, a_2, \cdots, a_m)$；

步骤 5　对每一个方案，算出方案的总准则重要性值

$$w_1a_1 + w_2a_2 + \cdots + w_ma_m = \sum_{l=1}^{m} w_la_l$$

比较不同方案的总准则重要性值，得到方案的优劣次序.

2.5 层次分析方法应用范围的拓展

2.5.1 决策准则支配关系图的分类

如果按照结构的复杂程度对有向图分类，一个连通的有向图则可以划分为以下四种类型：路结构、树形结构、无圈结构和一般的网络结构.

与一般的连通有向图一样，决策准则支配关系图也可以分成四类(见图2.13)：**路结构**、**树形结构**、**无圈结构**和**一般的网络结构**. 下面将分析这些结构.

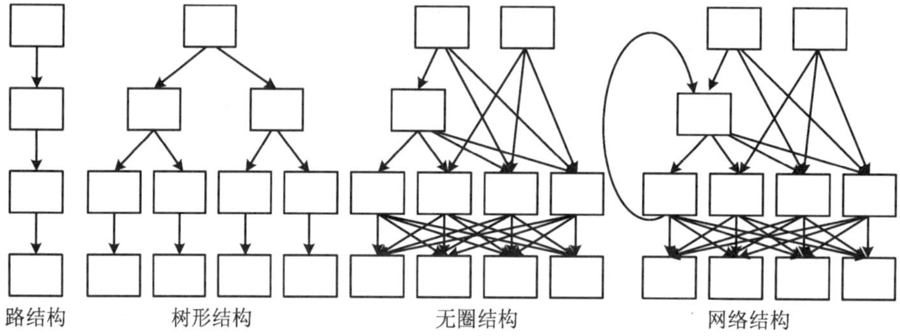

图 2.13 决策准则支配关系图结构示例

1. 路结构

指决策准则支配关系图是一个非闭合的有向路. 对于路结构的准则支配关系图，每一个准则只能支配一个子准则，同时一个子准则也只能被一个准则支配.

这种结构是最简单的结构，这种结构所代表的决策问题只能含一个属性，决策准则之间都是等价的. 这种结构尽管没有实用价值，但是在理论讨论中不可缺少. 在第1章的示例中，以"城市知名度"为根的子图("城市知名度"、"景观"属性以及它们的支配关系构成的子图)就是路.

路结构只有一个根点和一个叶点.

2．树形结构

指决策准则支配关系图是一个有向树.这种结构比路结构稍微复杂一些,每一个准则可以支配多个子准则,但是限制一个准则至多被一个父准则支配.

树形结构只有一个根点(这个根点就是总准则),树形结构可以有若干叶点(至少有一个叶点).

3．无圈结构

指不含圈的决策准则支配关系图.这种结构又比树形结构复杂一些,每一个准则可以有多个子准则,同时,每一个准则也可以有多个父准则,但是在图中不存在有向圈.

无圈结构必须有根点(至少有一个根点)和叶点(至少有一个叶点).

4．网络结构

如果不对决策准则支配关系图添加任何限制,那么它就是网络结构.网络结构是最一般的结构:可能含圈,也可能没有圈;可能没有根点,也可能有多个根点;可能没有叶点,也可能有多个叶点.

在上面的四种结构中,后面的结构是前面结构的推广,前面的结构是后面结构的特例.

容易看出层次分析使用的层次结构图仅仅是无圈结构图的一个特例:即只有一个根点和若干叶点,决策准则可以明显地分层,只有相邻层的准则之间才可能有方向一致的支配关系.

2.5.2 无圈决策准则支配关系分析

在层次分析方法中,将决策准则支配关系图局限在层次结构的范围之内.下面将讨论如何将层次分析方法拓展到准则支配关系图是一般无圈结构的情形.无圈结构可能有多个根,为了便于叙述方便和易于理解,先讨论单根的无圈结构.在下文中,如果不加说明,无圈结构指的都是单根的无圈结构.

1．无圈结构决策准则支配关系图的似邻接方阵

无圈决策准则支配关系图的边,仍然可以分解成一个个"丛"的边集合,每个"丛"是一个准则和这个准则支配子准则构成的子图.对每一个"丛"仍

然可以用上文介绍的方法量化它的边.当决策准则支配关系图是无圈结构时,它的似邻接方阵 $\boldsymbol{A}=(a_{ji})$ 同样满足:

当 $i\neq j\ (\forall\, i,j\in V)$ 时,a_{ij} 是有向边 (j,i) 的值,当且仅当准则 j 支配准则 i,其余 $a_{ij}=0$;

当 $i=j$,且 i 不是属性节点时,$a_{ii}=0$;

当 $i=j$,且 i 是属性节点时,$a_{ii}=1$.

显然,无圈结构的似邻接方阵也满足推论 2.6 的结论,即决策准则支配关系图的似邻接方阵元素非负,列和为 1.

2. 无圈结构与层次结构的等价性

直观来看,层次结构是无圈结构的特例,实际上无圈结构并不比层次结构复杂.从决策的角度分析问题,无圈结构的准则支配关系图可以通过等价的改造变成层次结构.

例 2.6 单根的无圈结构示例.

考查图 2.14 示意的含六个准则的决策准则支配关系图,其中点 1 是总准则,点 4,5,6 是属性.

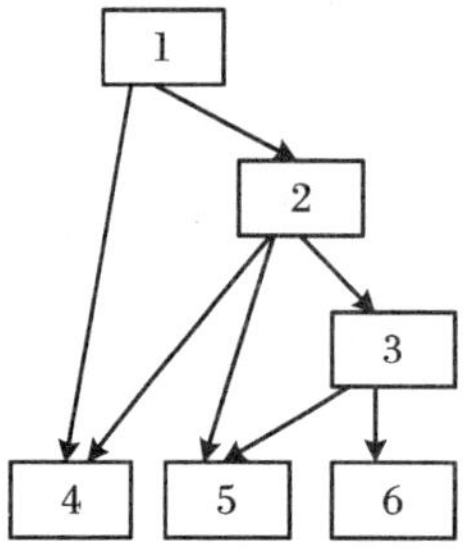

图 2.14 单根的无圈结构图示例

对属性节点 4 而言,从路(1,4)过来只要经过一条边,但是从路(1,2,4)过来要经过两条边,所以不好说点 4 处在第几层上.

对属性节点 6 而言,从根 1 到点 6 只有一条路,这条路含三条边.在这个准则支配关系图上,从根点到叶点的边数最多的路的边数为 3.

将图 2.14 按照如下的步骤进行改造:

在边(1,4)上添加两个虚准则 7 和 8,边(1,4)变成一条路(1,7,8,4),其中让边(1,7)的值继承边(1,4)的值,将边(7,8)和边(8,1)的值都赋为 1.

在边(2,4)上添加一个虚准则 9,边(2,4)变成一条路(2,9,4),其中让边(2,9)的值继承边(2,4)的值,将边(9,4)的值赋为 1.

在边(2,5)上添加一个虚准则 10,边(2,5)变成一条路(2,10,5),其中让边(2,10)的值继承边(2,5)的值,将边(10,5)的值赋为 1.

图 2.14 改造后变成图 2.15.在图 2.15 中,椭圆节点是新加的虚准则点.

图 2.15 已经是层次结构.这样的改造并不从本质上改变原决策准则之间的支配关系,不仅总准则到属性的路的条数没有变化,而且每一条路的长度也没有发生变化.

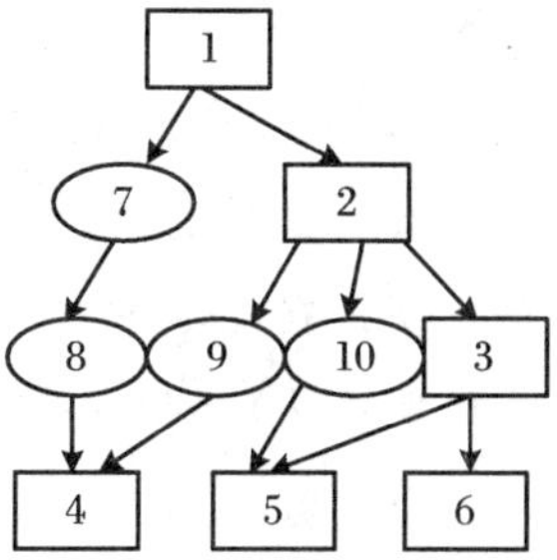

图 2.15　图 2.14 改造后的层次结构

可见,适当地添加一些虚准则可以将一个无圈的决策准则支配关系图改造成层次结构.

一般的改造过程可以分两步进行:第 1 步,将图上的点按照从根点到达它的边数最多的路的边数进行分类,按照类别定义其层数;第 2 步,在标出层数的图上添加一些虚准则点,使其成为标准的层次结构.

在执行第 1 步时可以采用附录 2 中对图节点遍历的广度优先算法.算法需要稍做改动:用 $b(v)$ 记录根点到达 v 点的边数最多的路的边数.这个数目随着算法的执行在不断地更新,算法终止时的数字就是根点到达 v 点的边数最多的路的边数.

设算法中使用 L 存放队结构中的节点,算法当前正处理的点为 v,u 是一个存放工作节点的临时单元.记 v 为端点的丛中的边集合 $E(v)=\{e\mid e=(v,u)\}$.

算法 2.5　将单根无圈有向图改造成层次结构的算法.

步骤 1(基于 BFS 的单根无圈图的节点分类算法)

(a) (初始化)

将队 L 清空;对所有的点 s,$0\to b(s)$;总准则点 $\to v$.

(b) (入队处理)

如果 $E(v)\neq\varnothing$,则对所有 $e=(v,u)\in E(v)$ 依次执行:

[如果点 $b(u)=0$,则

[$b(v)+1\to b(u)$;将 u 入队];

否则

[如果点 $b(u)>0$ 且 $b(v)+1>b(u)$,则 $b(v)+1\to b(u)$]].

(c) (出队处理)

如果队 L 非空,则[将队首元素 $\to v$,队首元素出队,转步骤 1(b)],否则转步骤 1(d).

(d) (分类处理)

记 $d=\max\limits_{v\in V}b(v)$，标记所有叶节点为 d 类，其余的点 v 为 $b(v)$ 类；

步骤 2(在标出层数的图上添点改造算法)

依次检查所有有向边：

[(设正在处理的边为 $e=(a,b)$，即起点为 a，终点为 b)：

如果 $l(b)>l(a)+1$，则在边 e 上添加 $l(b)-l(a)-1$ 个点，将边 e 拆分为含边数为 $l(b)-l(a)$ 的路；

标记路上的各个边与 e 有相同的方向，标记最靠近 a 的那条边的值为 e 的值，标记其余边的值为 1.]

由于假设了有向图不含圈，在算法的步骤 1，图上每个边只能被探测一次.算法执行完步骤 1 后，每一个点 v 得到一个唯一的分类数 $b(v)$，$b(v)$ 就是从根点到达 v 点的路中边数最多路所含的边数.

整个算法执行完毕后，图被改造成了层次结构，属性节点都处在同一层.

考察原来图上的任意一条路 $(v_0,v_1,\cdots,v_k)$：

如果对所有 $i=0,1,2,\cdots,k-1$ 都有 $l(v_{i+1})=l(v_i)+1$，则这条路没有变化；

如若不然，这条路根据步骤 2 进行了改造，改造后路的长度值没有变化，但是路所含的边数与原图上到达点 v_k 的边数最多的路一样多了.

在改造后的图上，对每一个准则而言，总准则到它的路的条数也没有变化.

这种改造的过程只是在某些边上添加了一些点，将一条边变成了一个路结构，并不影响原来决策问题的结构和计算结果.

这就证明了如下的定理：

定理 2.8 任何一个单根的、无圈结构的决策准则支配关系图都可以等价地改造成层次结构图，用改造后的层次结构图决策与原图决策的结果是一样的.

由定理 2.8 的结论，可以立即将推论 2.4 的结论推广到一般的无圈结构.

推论 2.12 所有单根无圈结构的准则支配关系都可以从逻辑上简化为总准则和属性层两层.记简化后属性 $X_1,X_2,\cdots,X_m$ 在总准则 G 中的权重分别为 $w_1,w_2,\cdots,w_m$，属性值分别为 $a_1,a_2,\cdots,a_m$，则根据式(1.4)和合成模型算出的总准则重要性 g 可以表示成向量 $\boldsymbol{\omega}=(w_1, w_2, \cdots, w_m)$ 和向量 $\boldsymbol{a}=(a_1, a_2, \cdots, a_m)$ 的内积

$$g=\boldsymbol{\omega}\cdot\boldsymbol{a}$$

3. 在无圈结构的准则支配关系图上合成准则支配关系

对无圈结构决策准则支配关系图，可以用上一小节给出的方法，将其化成一个等价的层次结构，然后使用层次分析的方法进行合成，求出属性的权重.但是，实际使用时并不需要走此弯路，也可以直接用似邻接方阵的乘法得出支配关系的合成结果.

仍然沿用上文对路的长度、支配关系（直接或间接的）、支配关系值的定义.

设有一个无圈结构的决策准则支配关系图，它的似邻接方阵为 $\boldsymbol{A}=(a_{ji})$，$\boldsymbol{A}$ 的 k 次幂为 $\boldsymbol{A}^k=(a_{ji}^{(k)})$.

注意到在 2.2.3 小节的 3 中讨论决策准则支配关系图似邻接方阵的幂乘时，只是利用了"无圈"的特点（即保证图中的有向路都是简单路），并没有用到"层次"的特点，所以其结论同样适用于无圈决策准则支配关系图似邻接方阵.因此，仿照定理 2.7 和推论 2.7 的结论，对无圈的准则支配关系图，仍然有：

定理 2.9 当 k 不大于 $\boldsymbol{A}$ 的阶数时，单根无圈准则支配关系图似邻接方阵 $\boldsymbol{A}$ 的 k 次幂 $\boldsymbol{A}^k=(a_{ji}^{(k)})$ 有如下的性质：

如果 j 是非属性节点，则 $a_{ji}^{(k)}$ 是准则 i 到准则 j 的所有边数为 k 的路的长度之和.

如果 j 是属性节点，则 $a_{ji}^{(k)}$ 由 k 部分的和构成，这 k 部分分别是：

准则 i 对准则 j 的直接支配关系值（准则 i 到准则 j 的边数为 1 的路的长度）；

准则 i 到准则 j 的所有边数为 2 的路的长度之和；

……；

准则 i 到准则 j 的所有边数为 k 的路的长度之和.

推论 2.13 在无圈的准则支配关系图上，如果 j 是属性节点，当 k 不大于 $\boldsymbol{A}$ 的阶数时，$a_{ji}^{(k)}$ 是将准则 i 当成总准则时属性 j 的权重.

因为决策准则支配关系图无圈，所以图中路所含的边数有限.为叙述方便，记图中边数最多的路的边数为 l.

考虑 $k>l$ 的结果：

如果 j 是非属性节点，那么，因为没有边数超过 k 的路，所以 $a_{ji}^{(k)}=0$；

如果 j 是属性节点，则 $a_{ji}^{(k)}$ 是准则 i 对属性 j 的支配值，这个值将保持不变.

设 A 的阶数为 n，显然应有 $n\geqslant l$. 因此得出：

定理 2.10 单根无圈结构决策问题似邻接方阵乘积的极限存在，且

$$\lim_{s\to\infty} \boldsymbol{A}^s = \boldsymbol{A}^n$$

假设有一个决策问题，它的准则支配关系图 G 是无圈结构，G 的似邻接方阵为 $\boldsymbol{A}$，G 改造成层次结构后记为 G'，G' 的似邻接方阵为 $\widetilde{\boldsymbol{A}}$.

假定改造过程中添加的点只是在原节点编号的基础上增加编号而不改变原来的编号.

为叙述方便，设图 G 中边数最多的路的边数为 l.

现在比较支配关系图 G 对应的 $a_{ji}^{(k)}$ 和支配关系图 G' 对应的 $\widetilde{a}_{ji}^{(k)}$.

在图 G 上，当 $k>l$ 时，考虑似邻接方阵 $\boldsymbol{A}$ 的 k 次幂的元素 $a_{ji}^{(k)}$：

如果 j 是非属性节点，那么，因为没有准则 i 到准则 j 的边数为 k 的路，所以 $a_{ji}^{(k)}=0$；

如果 j 是属性节点，则 $a_{ji}^{(k)}$ 是准则 i 对属性 j 的支配值.

在层次结构的支配关系图 G' 上，边数最多的路的边数亦为 l. 考虑似邻接方阵 $\widetilde{\boldsymbol{A}}$ 的 k 次幂的元素 $\widetilde{a}_{ji}^{(k)}$，同样得到：

如果 j 是非属性节点，那么，因为没有准则 i 到准则 j 的边数为 k 的路，所以 $\widetilde{a}_{ji}^{(k)}=0$；

如果 j 是属性节点，则 $\widetilde{a}_{ji}^{(k)}$ 是准则 i 对属性 j 的支配值.

所以，当 $k>l$ 时，如果在 $\widetilde{\boldsymbol{A}}^k$ 中删除新增节点对应的行和列，则它就是 $\boldsymbol{A}^k$.

因此，如果知道了决策准则支配关系图是无圈的，则可以直接使用似邻接方阵的乘法计算属性的权重，而不必去考虑它是否是层次结构. 在 $\boldsymbol{A}^n$ 中，属性节点对应行、总准则（根节点）对应列的值就是这个属性的权值，而非属性节点对应行的值全是 0. 这就证明了：

定理 2.11 设 n 阶方阵 $\boldsymbol{A}$ 为单根无圈结构决策准则支配关系图的似邻接方阵，则属性在准则中的权重是方阵 $\boldsymbol{A}^n$ 的一个元素，这个元素对应的行为属性编号，对应的列为准则编号，$\boldsymbol{A}^n$ 中对应于非属性的

行全为 0.

4. 数值算例

考虑图 2.14 的示例.该图的似邻接方阵为

$$
\boldsymbol{A}=\begin{pmatrix}
0 & 0 & 0 & 0 & 0 & 0\\
a_{21} & 0 & 0 & 0 & 0 & 0\\
0 & a_{32} & 0 & 0 & 0 & 0\\
a_{41} & a_{42} & 0 & 1 & 0 & 0\\
0 & a_{52} & a_{53} & 0 & 1 & 0\\
0 & 0 & a_{63} & 0 & 0 & 1
\end{pmatrix}
$$

其中取 0 值的元素标的值就是 0,非 0 元素用数字或字符标出.字符的下标代表了支配关系,如 a_{21} 代表子准则 1 支配子准则 2,支配值是 a_{21};a_{32} 代表子准则 2 支配子准则 3,支配值是 a_{32},等等.

对

$$
\boldsymbol{A}^2=\begin{pmatrix}
0 & 0 & 0 & 0 & 0 & 0\\
0 & 0 & 0 & 0 & 0 & 0\\
a_{32}a_{21} & 0 & 0 & 0 & 0 & 0\\
a_{42}a_{21}+a_{41} & a_{42} & 0 & 1 & 0 & 0\\
a_{52}a_{21} & a_{53}a_{32}+a_{52} & a_{53} & 0 & 1 & 0\\
0 & a_{63}a_{32} & a_{63} & 0 & 0 & 1
\end{pmatrix}
$$

考察其中元素的含义.

先看 $\boldsymbol{A}^2$ 第 1 列的各个元素:

第 1,2,6 行元素为 0,说明从节点 1 到节点 1,2,6 都没有边数为 2 的有向路;

第 3 行元素为 $a_{32}a_{21}$,说明从节点 1 到节点 3 只有一条边数为 2 的有向路,其长度为 $a_{32}a_{21}$;

第 4 行元素为 $a_{42}a_{21}+a_{41}$,说明从节点 1 到节点 4 有一条边数为 2 的有向路,长度为 $a_{42}a_{21}$,有一条边数为 1 的有向路,且长度为 a_{41},由于点 4 是属性节点,所以第 4 行的元素是所有边数小于或等于 2 的路的长度之和,即 $a_{42}a_{21}+a_{41}$;

第 5 行元素为 $a_{52}a_{21}$,说明从节点 1 到节点 5 只有一条边数为 2 的有向路,其长度为 $a_{52}a_{21}$.

其余各列不一一叙述.

对

$$A^3=\begin{pmatrix} 0 & 0 & 0 & 0 & 0 & 0 \\ 0 & 0 & 0 & 0 & 0 & 0 \\ 0 & 0 & 0 & 0 & 0 & 0 \\ a_{42}a_{21}+a_{41} & a_{42} & 0 & 1 & 0 & 0 \\ a_{53}a_{32}a_{21}+a_{52}a_{21} & a_{53}a_{32}+a_{52} & a_{53} & 0 & 1 & 0 \\ a_{63}a_{32}a_{21} & a_{63}a_{32} & a_{63} & 0 & 0 & 1 \end{pmatrix}$$

考察 $\boldsymbol{A}^3$ 的元素的含义.

先看 $\boldsymbol{A}^3$ 第 1 列的各个元素:

第 1,2,3 行元素为 0,说明从节点 1 到节点 1,2 和 3 没有边数为 3 的有向路;

第 4 行元素为 $a_{42}a_{21}+a_{41}$,说明从节点 1 到节点 4 有一条边数为 2 的有向路,其长度为 $a_{42}a_{21}$,有一条边数为 1 的有向路,其长度为 a_{41},由于 4 点是属性节点,所以第 4 行的元素是所有边数小于或等于 3 的路的长度之和,即 $a_{42}a_{21}+a_{41}$;

第 5 行元素为 $a_{53}a_{32}a_{21}+a_{52}a_{21}$,说明从节点 1 到节点 5 有一条边数为 3 的有向路,其长度为 $a_{53}a_{32}a_{21}$,有一条边数为 2 的有向路,其长度为 $a_{52}a_{21}$,由于点 5 是属性节点,所以第 5 行的元素是所有边数小于或等于 3 的路的长度之和,即 $a_{53}a_{32}a_{21}+a_{52}a_{21}$;

第 6 行元素为 $a_{63}a_{32}a_{21}$,说明从节点 1 到节点 6 只有一条边数为 3 的有向路,其长度为 $a_{63}a_{32}a_{21}$.

其余各列不一一叙述.

在图 2.14 中,边数最多的有向路所含边的数目为 3,所以 $\boldsymbol{A}^3$ 已经包含了所有准则支配关系的信息.

在 $\boldsymbol{A}^3$ 中,对总准则 1,得到属性 4,5,6 的权值分别为 $a_{42}a_{21}+a_{41}$, $a_{53}a_{32}a_{21}+a_{52}a_{21}$, $a_{63}a_{32}a_{21}$.

按照算法 2.4,将无圈结构图 2.14 改造成层次结构图 2.15.其中图2.14 中的边(1,4),(2,4),(2,5)的值分别由改造后图 2.15 中的边(1,7),(2,9),(2,10)替代,改造后新加的边(7,8),(8,4),(9,4),(10,5)的值都是 1.

图 2.15 的似邻接方阵为 $\widetilde{\boldsymbol{A}}$:

$$\widetilde{\boldsymbol{A}} = \begin{pmatrix} 0 & 0 & 0 & 0 & 0 & 0 & 0 & 0 & 0 & 0 \\ a_{21} & 0 & 0 & 0 & 0 & 0 & 0 & 0 & 0 & 0 \\ 0 & a_{32} & 0 & 0 & 0 & 0 & 0 & 0 & 0 & 0 \\ 0 & 0 & 0 & 1 & 0 & 0 & 0 & 1 & 1 & 0 \\ 0 & 0 & a_{53} & 0 & 1 & 0 & 0 & 0 & 0 & 1 \\ 0 & 0 & a_{63} & 0 & 0 & 1 & 0 & 0 & 0 & 0 \\ a_{41} & 0 & 0 & 0 & 0 & 0 & 0 & 0 & 0 & 0 \\ 0 & 0 & 0 & 0 & 0 & 0 & 1 & 0 & 0 & 0 \\ 0 & a_{42} & 0 & 0 & 0 & 0 & 0 & 0 & 0 & 0 \\ 0 & a_{52} & 0 & 0 & 0 & 0 & 0 & 0 & 0 & 0 \end{pmatrix}$$

$$\widetilde{\boldsymbol{A}}^2 = \begin{pmatrix} 0 & 0 & 0 & 0 & 0 & 0 & 0 & 0 & 0 & 0 \\ 0 & 0 & 0 & 0 & 0 & 0 & 0 & 0 & 0 & 0 \\ a_{32}a_{21} & 0 & 0 & 0 & 0 & 0 & 0 & 0 & 0 & 0 \\ 0 & a_{42} & 0 & 1 & 0 & 0 & 1 & 1 & 1 & 0 \\ 0 & a_{52} + a_{53}a_{32} & a_{53} & 0 & 1 & 0 & 0 & 0 & 0 & 1 \\ 0 & a_{63}a_{32} & a_{63} & 0 & 0 & 1 & 0 & 0 & 0 & 0 \\ 0 & 0 & 0 & 0 & 0 & 0 & 0 & 0 & 0 & 0 \\ a_{41} & 0 & 0 & 0 & 0 & 0 & 1 & 0 & 0 & 0 \\ a_{42}a_{21} & 0 & 0 & 0 & 0 & 0 & 0 & 0 & 0 & 0 \\ a_{52}a_{21} & 0 & 0 & 0 & 0 & 0 & 0 & 0 & 0 & 0 \end{pmatrix}$$

$$\widetilde{\boldsymbol{A}}^3 = \begin{pmatrix} 0 & 0 & 0 & 0 & 0 & 0 & 0 & 0 & 0 & 0 \\ 0 & 0 & 0 & 0 & 0 & 0 & 0 & 0 & 0 & 0 \\ 0 & 0 & 0 & 0 & 0 & 0 & 0 & 0 & 0 & 0 \\ a_{41} + a_{42}a_{21} & a_{42} & 0 & 1 & 0 & 0 & 1 & 1 & 1 & 0 \\ a_{52}a_{21} + a_{53}a_{32}a_{21} & a_{52} + a_{53}a_{32} & a_{53} & 0 & 1 & 0 & 0 & 0 & 0 & 1 \\ a_{63}a_{32}a_{21} & a_{63}a_{32} & a_{63} & 0 & 0 & 1 & 0 & 0 & 0 & 0 \\ 0 & 0 & 0 & 0 & 0 & 0 & 0 & 0 & 0 & 0 \\ 0 & 0 & 0 & 0 & 0 & 0 & 1 & 0 & 0 & 0 \\ 0 & 0 & 0 & 0 & 0 & 0 & 0 & 0 & 0 & 0 \\ 0 & 0 & 0 & 0 & 0 & 0 & 0 & 0 & 0 & 0 \end{pmatrix}$$

$\tilde{\boldsymbol{A}}^2$ 和 $\tilde{\boldsymbol{A}}^3$ 的元素所代表的意义不再一一解释.

尽管 $\tilde{\boldsymbol{A}}^2$ 和 $\boldsymbol{A}^2$ 差异较大，但是 $\tilde{\boldsymbol{A}}^3$ 的前 6 行、6 列和 $\boldsymbol{A}^3$ 的完全一样了.

同时容易验证，$\boldsymbol{A}^4=\boldsymbol{A}^3$，$\tilde{\boldsymbol{A}}^4=\tilde{\boldsymbol{A}}^3$，即 $\lim\limits_{s\to\infty}\boldsymbol{A}^s=\boldsymbol{A}^3$，$\lim\limits_{s\to\infty}\tilde{\boldsymbol{A}}^s=\tilde{\boldsymbol{A}}^3$.

5. 多根无圈结构总准则重要性值的计算

多根的决策准则支配关系图相当于有多个总准则，它们有一些共同的子准则.从逻辑结构分析，在一个多根的无圈结构中，可以从每一个总准则出发，找出以这个总准则为根的子图.多根的无圈结构就是这些单根无圈结构的叠加.在每一个单根的子图上，可以用上文所述的方法合成得到总准则对属性的重要性值向量.

由于不同准则可以共享相同被支配子准则的数据，所以在求总准则的重要性值时不必按照总准则分成一个个的单根问题求解.注意到定理 2.11 的结论可以推广到多根的无圈结构，所以，可以利用决策准则支配关系图似邻接方阵乘积直接求出所有准则(当然包括总准则)的重要性值向量.

同样，定理 2.10 及 2.11 的结论也适用于多根无圈结构决策问题，设 n 阶方阵 $\boldsymbol{A}$ 为无圈结构决策准则支配关系图的似邻接方阵，则 $\boldsymbol{A}$ 幂乘积的极限存在，且

$$\lim_{s\to\infty}\boldsymbol{A}^s=\boldsymbol{A}^n$$

推论 2.14 设 n 阶方阵 $\boldsymbol{A}$ 为无圈结构决策准则支配关系图的似邻接方阵，记 $\lim\limits_{s\to\infty}\boldsymbol{A}^s=\boldsymbol{A}^*=(a_{ij}^*)$，则：

当 i 是属性节点，j 是非属性节点时，a_{ij}^* 是属性 i 在准则 j 中的权重；

当 i 是非属性节点时，$\boldsymbol{A}^*$ 的第 i 列是 $\mathbf{0}$ 向量.

在无圈结构的决策准则支配关系图上，将节点重新编号，要求属性节点的编号值都大于非属性节点的编号值，按照新的编号，准则支配关系图似邻接方阵可以表达成

$$\boldsymbol{A}=\begin{pmatrix}\bar{\boldsymbol{A}} & \mathbf{0}\\ \boldsymbol{B} & \boldsymbol{I}\end{pmatrix}$$

其中，属性节点对应分块的单位矩阵，非属性节点对应分块的 $\bar{\boldsymbol{A}}$.按照这种编号方式，有

$$\lim_{s\to\infty}\boldsymbol{A}^s=\boldsymbol{A}^n=\begin{pmatrix}\mathbf{0} & \mathbf{0}\\ \boldsymbol{B}^* & \boldsymbol{I}\end{pmatrix}$$

2.5.3　扩展的层次分析方法

从上面的分析可以看出，层次分析方法可以推广以用于解决更为一般的、决策准则支配关系无反馈的决策问题.

扩展的层次分析方法已经不限于决策准则支配关系仅仅是层次结构的决策问题，保留“层次分析”一词似乎不妥，但是它由一般层次分析方法发展而来，所以仍称其为“扩展的层次分析方法”.

1. 扩展层次分析方法准则支配关系图应当满足的条件

回顾 2.2.1 小节层次结构需要满足的条件：

条件 2.1：有且只有一个总准则；

条件 2.2：必须有刻画方案的属性，且属性值完全由方案决定；

条件 2.3：准则必须是分层的，只有相邻层的准则之间才可能有方向一致的支配关系，属性必须在同一个层中.

显然这些条件对扩展层次分析方法太严了. 因为扩展的层次分析方法可以处理多根问题，不要求是层次结构，因此条件 2.1 和 2.3 都没有必要. 只要决策准则支配关系图中不存在圈，自然包含叶节点(属性节点)，因此使用扩展层次分析方法只要求：

条件 2.7　在决策准则支配关系图上不存在圈.

可以利用附录 2 中算法 3 检验一个准则支配关系图是否满足条件 2.7. 因为准则支配关系图可能是多根的，因此需要对其进行改造，引进一个虚拟的“总根点”，再在“总根点”和各个根点之间添加“虚拟边”，在扩充改造后的图上，从“总根点”执行算法即可.

2. 扩展层次分析方法步骤

步骤 1　分析并分解准则，根据准则的支配关系建立决策准则支配关系图(包括检查和修改支配关系图，使其满足假设条件)；

步骤 2　在决策准则支配关系图上，对每一个单一准则支配关系进行量化，对决策准则支配关系图的边赋值，获得标准的决策准则支配关系图似邻接方阵 $\boldsymbol{A}$；

步骤 3　设 $\boldsymbol{A}$ 为 n 阶方阵，决策问题有 m 个属性，利用矩阵乘法计算 $\boldsymbol{A}^n$，将 $\boldsymbol{A}^n$ 的第 j 列对应属性节点编号的分量取出，不妨记为

$$\boldsymbol{\omega}(j) = (w(j)_1, w(j)_2, \cdots, w(j)_m)$$

其中，$\boldsymbol{\omega}(j)$就是属性在准则 j 中的权重向量；

步骤 4　获取方案属性向量值，设第 i 个方案的属性值为

$$(a(i)_1, a(i)_2, \cdots, a(i)_m)$$

步骤 5　对不同的方案，算出第 i 个方案对应第 j 个准则的重要性值

$$\begin{aligned} y_{ij} &= w(j)_1 a(i)_1 + w(j)_2 a(i)_2 + \cdots + w(j)_m a(i)_m \\ &= \sum_{r=1}^{m} w(j)_r a(i)_r \end{aligned}$$

步骤 6　如果是多个总准则的决策问题，则处理多方案在多总准则下的优先次序：

假设决策问题有 s 个决策方案、t 个总准则，第 i 个方案对应第 j 个总准则的重要性值是 y_{ij}，这样得到表 2.2 所示的矩阵.

表 2.2

	总准则 1	…	总准则 j	…	总准则 t
方案 1	y_{11}	…	y_{1j}	…	y_{1t}
…	…	…	…	…	
方案 i	y_{i1}	…	y_{ij}	…	y_{it}
…	…	…	…	…	…
方案 s	y_{s1}	…	y_{sj}	…	y_{st}

对多“总准则”的决策问题，可以把“总准则”看成“指标”，将决策问题变成多指标的决策问题进行处理（具体方法可参照附录 3）.

方法的各个步骤之间都是独立进行的，不同的决策者可以根据自己的经验和偏好采用不同的方法，组建出自己乐意使用的具体方法.

应用（扩展）层次分析方法决策的过程是决策者主观世界对客观方案认识和分析选择的过程. 权重向量 $\boldsymbol{\omega} = (w_1, w_2, \cdots, w_m)$反映的是决策准则之间的支配关系，它侧重于决策者的主观认识. 属性向量 $\boldsymbol{a} = (a_1, a_2, \cdots, a_m)$是量化的决策方案，尽管量化方法也和决策者的主观认知密切相关，但它相对客观一些. 最终的决策结论取决于权重向量和属性向量的有机结合.

3. 关于属性的单位问题

在使用层次分析或者扩展的层次分析方法时，有一点需要特别引起注

意:在利用权重向量和属性向量的内积合成总准则的重要性值时,原则上不需要对属性获取的方法添加任何的限制.可以用相对测量法获得属性值,也可以用直接测量法获得属性值,而且可以混合使用,有些属性用相对测量法,有些属性用直接测量法.但是,从内积的表达式容易发现,属性值绝对值的大小会影响总排序结果.如果度量属性的单位很小,则得到的属性值会很大;相反,如果度量属性的单位很大,则得到的属性值会很小.这样在权重向量和属性向量的内积中,属性值大的属性所起的作用会大得多,属性值小的属性所起的作用可能会被"湮灭".

假设一个决策问题,有三个属性、两个待评方案,属性的权重向量为(0.3,0.4,0.3),属性值列于表 2.3.

表 2.3　某决策问题的属性值

	属性 1(0.3)	属性 2(0.4)	属性 3(0.3)	总排序值
方案 1	100	0.1	0.5	30.19
方案 2	80	0.9	0.5	24.51

由表 2.3 看出,属性 1 的值在总排序结果中占据了绝对的优势.

因此在使用直接测量法获得属性值时要十分慎重.这可能是传统的层次分析偏爱相对测量的原因.在第 3 章会对这种现象进行分析并给出解决办法.

第3章　层次分析的逆序现象及保序的积合成方法

逆序是使用传统层次分析方法决策时可能出现的一种现象.学术界对逆序现象的合理性一直存在争议.讨论如何避免逆序(即保序)也是层次分析理论研究的一个重要内容.

本书作者在研究层次分析中的逆序现象后,于1988年提出用幂指数积代替加权和合成的积因子方法[2],指出这种方法能够解决逆序问题,关于这个方法的文章于1991年在《亚太运筹》杂志发表[1].1995年本书作者又发现,幂指数积合成还有更好的性质,它不仅可以保序,而且在某种意义上它是唯一的保序方法,即不可能找出别的合成模型使合成结果保序[3,4].对于这方面的研究,在本书的写作过程中,作者又发现并纠正了原结果存在的瑕疵.

层次分析方法的创始者Saaty教授也注意到:在层次分析法中,可以用幂指数积进行合成[7,14].但是他认为积合成只能用于层次分析,不能推广到带反馈的网络分析,缺乏普遍性[7].这是他反对用幂指数积合成的主要理由之一.2004年,文献[5]将幂指数积合成模型推广到一般的网络决策分析.

本章先讨论使用层次分析方法决策时出现的逆序现象,研究逆序产生的根源,给出合成的幂指数积模型,并证明在一定的条件下,积合成模型是唯一解决逆序问题的保序模型.

3.1　逆序的概念

在使用层次分析方法的过程中，由于某些条件的变化，破坏了原来已有的次序，这种现象称为**逆序**．在讨论逆序的文献中，逆序有两种含义，一种指层次单排序的逆序，另一种指和合成排序的逆序．

3.1.1　层次单排序的逆序现象

一个准则支配着若干子准则，根据子准则的重要程度可以将它们排序，由于某些变化引起子准则之间重要程度改变的现象称为**层次单排序的逆序现象**（或单一准则支配的子准则逆序现象）．

例 3.1　层次单排序的逆序现象．

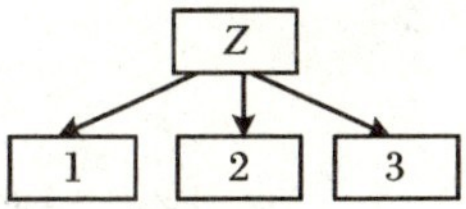

图 3.1

设一个准则 Z 支配三个子准则 1,2,3，如图3.1所示．Z 的三个子准则的两两比较判断方阵为

$$\boldsymbol{A}=\begin{pmatrix}1 & 2 & 5\\ 1/2 & 1 & 8\\ 1/5 & 1/8 & 1\end{pmatrix}$$

计算 $\boldsymbol{A}$ 的主特征向量，得出准则 Z 支配的三个子准则权重（排序）向量为(0.534,0.394,0.073)．

如果在图 3.1 中，除保持准则 Z 支配的子准则 1,2,3 不变外，再增加一个子准则 4，则变为图 3.2．

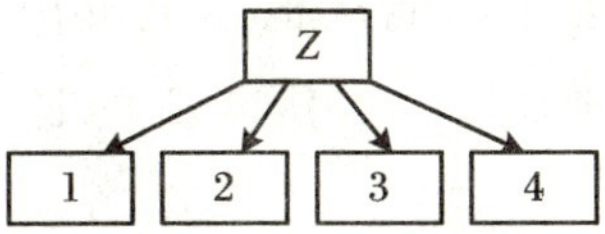

图 3.2

假设准则 Z 支配的四个子准则的两两比较判断方阵变为

$$\boldsymbol{A}^*=\begin{pmatrix}1 & 2 & 5 & 2\\ 1/2 & 1 & 8 & 7\\ 1/5 & 1/8 & 1 & 1\\ 1/2 & 1/7 & 1 & 1\end{pmatrix}$$

尽管前三个子准则的两两比较判断结果没有任何变化，但是由于第 4 个子准则的加入，准则 Z 的四个子准则权重（排序）发生了变化．计算 $\boldsymbol{A}^*$ 的主特征向量，得到的结果变为(0.408，0.424，0.069，0.099)．

在这个结果中，原先三个子准则之间的次序发生了变化．在只有三个子准则时，第 1 个子准则比第 2 个重要；但是当引进第 4 个子准则后，变成第 2 个子准则比第 1 个重要了．这就是层次单排序的逆序现象．

在探讨层次单排序逆序现象的文献中，有些花不少的笔墨讨论增加（或删除）一个子准则后不发生逆序（即保序）的条件[9]．这类逆序只能在两种情况下发生：一是不同的决策者处理相同的决策问题，由于他们对决策问题的不同认识而产生了不同的准则支配关系；二是同一个决策者处理不同的决策问题产生了不同的准则支配关系．不管是哪种情况，子准则排序的两种结果都不应该放到一起进行比较，研究这种逆序现象没有意义．尽管从数学上也可以进行形式上的类比，讨论什么样的数据能够保序，但是这些结论对决策没有实用价值，因此本书不对此类逆序现象进行讨论．

3.1.2 合成排序的逆序现象

决策准则支配关系图不变，度量属性的单位发生变化，或者方案集合的变化也可能引起方案之间优劣次序发生变化，这种现象称为**合成排序的逆序现象**．本文所说的逆序现象仅指这类逆序现象，下文将对其进行详细的讨论．

合成排序出现的逆序现象不仅会给实际应用带来困惑，而且也在理论上产生了混乱．层次分析因此受到批评并引起广泛的关注．Saaty 教授本人对此也不回避[8]．为解决逆序问题，许多学者（包括 Saaty 教授本人）研究了不少方法，不过大多克服逆序的方法并不能从根本上解决问题，往往是顾此失彼，解决了这种情况下的逆序又会引出新的逆序问题．

对逆序的态度，存在两种截然不同的观点：一种认为逆序存在是合理的，可以不去理会；另一种认为逆序存在是不合理的，应当避免．

3.2　层次分析的逆序现象及认识

3.2.1　用直接测量法获得属性值时出现的逆序现象

例 3.2　直接测量属性值出现的逆序现象.

设有一个层次分析问题,准则支配关系图只有两层:一个总准则 G 支配三个子准则 X_1,X_2,X_3,子准则 X_1,X_2,X_3 也是方案的属性.三个子准则 X_1,X_2,X_3 在总准则中的权重都为1/3.假设可供选择的决策方案有三个,为 a,b,c.决策问题如图 3.3 所示.

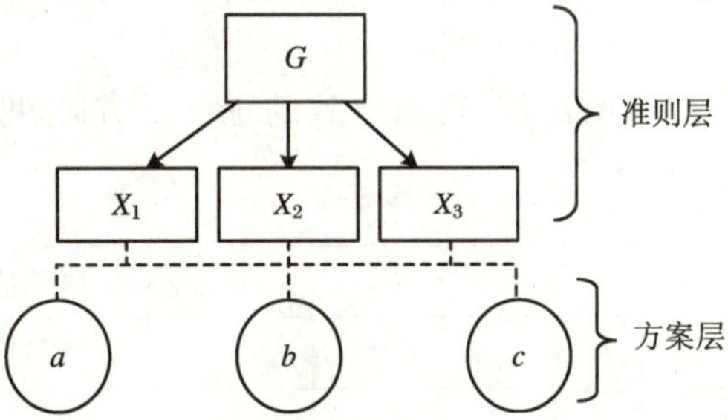

图 3.3

三个属性 X_1,X_2,X_3 的值都通过直接测量获得,结果见表 3.1.

表 3.1

	X_1	X_2	X_3
a	1	9	8
b	9	1	9
c	1	1	1

由表 3.1 知,a,b,c 三个方案的总准则重要性值分别为

$$(1/3)\times 1+(1/3)\times 9+(1/3)\times 8$$
$$(1/3)\times 9+(1/3)\times 1+(1/3)\times 9$$
$$(1/3)\times 1+(1/3)\times 1+(1/3)\times 1$$

三个方案的优劣次序为 $b>a>c$.

如果改变测量属性 X_2 的度量单位,将其缩小到原来的 1/1 000,其他属性值不变,将三个属性 X_1,X_2,X_3 的值列于表 3.2.则 a,b,c 三个方案的总准则重要性值分别为

表 3.2

	X_1	X_2	X_3
a	1	9 000	8
b	9	1 000	9
c	1	1 000	1

$$(1/3)\times 1+(1/3)\times 9\,000+(1/3)\times 8$$
$$(1/3)\times 9+(1/3)\times 1\,000+(1/3)\times 9$$
$$(1/3)\times 1+(1/3)\times 1\,000+(1/3)\times 1$$

三个方案的优劣次序变为 $a>b>c$. a 与 b 的优劣次序发生了变化.

3.2.2 用相对测量法获得属性值时出现的逆序现象

相对测量方法已经在第1章的算例中使用,并在第2章2.3节中作了论述.用相对测量法获得方案属性值就是对选定的属性,将方案进行两两比较,通过构造、计算正互反方阵获得方案的属性值.

例 3.3 相对测量属性值出现的逆序现象.

仍用例3.2决策问题的准则支配关系,但是对属性 X_1, X_2, X_3 改用相对测量法求属性值.

对属性 X_1,通过两两比较,得出一致的正互反方阵和属性值,见表3.3.

表 3.3

	a	b	c	属性值
a	1	1/9	1	1/11
b	9	1	9	9/11
c	1	1/9	1	1/11

对属性 X_2,通过两两比较,得出一致的正互反方阵和属性值,见表3.4.

表 3.4

	a	b	c	属性值
a	1	9	9	9/11
b	1/9	1	1	1/11
c	1/9	1	1	1/11

对属性 X_3,通过两两比较,得出一致的正互反方阵和属性值,见表3.5.

表 3.5

	a	b	c	属性值
a	1	8/9	8	8/18
b	9/8	1	9	9/18
c	1/8	1/9	1	1/18

综合上面的结果，得到三个方案的属性，列于表 3.6.

表 3.6

	X_1	X_2	X_3
a	1/11	9/11	8/18
b	9/11	1/11	9/18
c	1/11	1/11	1/18

因为三个子准则 X_1,X_2,X_3 在总准则中的权重都为 1/3，故 a,b,c 三个方案的总准则重要性值分别为

$(1/3)\times(1/11)+(1/3)\times(9/11)+(1/3)\times(8/18)$

$(1/3)\times(9/11)+(1/3)\times(1/11)+(1/3)\times(9/18)$

$(1/3)\times(1/11)+(1/3)\times(1/11)+(1/3)\times(1/18)$

三个方案的优劣次序为 $b>a>c$.

如果在决策集合中加进一个新的决策方案 d，d 和 b 完全一样，则决策问题变成图 3.4 所示的问题.

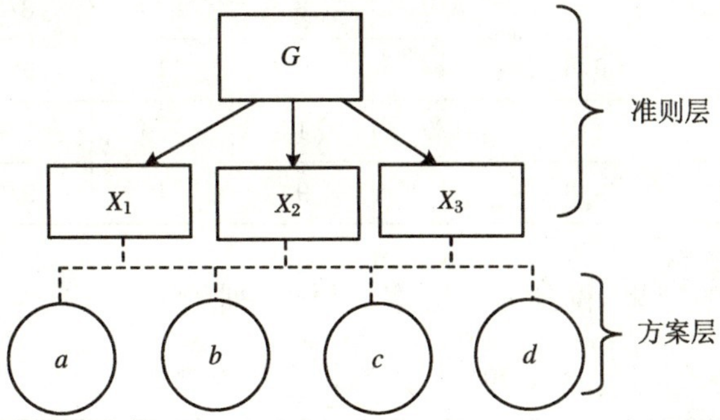

图 3.4

仍用相对测量法求属性值.

对属性 X_1，通过两两比较，得出一致的正互反方阵和属性值，见表 3.7.

表 3.7 属性 X_1 的正互反方阵和属性值

	a	b	c	d	属性值
a	1	1/9	1	1/9	1/20
b	9	1	9	1	9/20
c	1	1/9	1	1/9	1/20
d	9	1	9	1	9/20

对属性 X_2，通过两两比较，得出一致的正互反方阵和属性值，见表3.8.

表 3.8 属性 X_2 的正互反方阵和属性值

	a	b	c	d	属性值
a	1	9	9	9	9/12
b	1/9	1	1	1	1/12
c	1/9	1	1	1	1/12
d	1/9	1	1	1	1/12

对属性 X_3，通过两两比较，得出一致的正互反方阵和属性值，见表3.9.

表 3.9 属性 X_3 的正互反方阵和属性值

	a	b	c	d	属性值
a	1	8/9	8	8/9	8/27
b	9/8	1	9	1	9/27
c	1/8	1/9	1	1/9	1/27
d	9/8	1	9	1	9/27

综合上面的结果，得到三个方案的属性，列于表 3.10.

表 3.10 方案 X_2，X_2，X_3 的属性

	X_1	X_2	X_3
a	1/20	9/12	8/27
b	9/20	1/12	9/27
c	1/20	1/12	1/27
d	9/20	1/12	9/27

这时，四个方案 a,b,c,d 的重要性值分别变为

$$(1/3)\times(1/20)+(1/3)\times(9/12)+(1/3)\times(8/27)$$
$$(1/3)\times(9/20)+(1/3)\times(1/12)+(1/3)\times(9/27)$$
$$(1/3)\times(1/20)+(1/3)\times(1/12)+(1/3)\times(1/27)$$
$$(1/3)\times(9/20)+(1/3)\times(1/12)+(1/3)\times(9/27)$$

四个决策方案的优劣次序变为 $a>b=d>c$. a 和 b 之间的优劣次序出现了逆转.

在传统层次分析方法中，获取属性值最常用的方法是相对测量法. 因此合成排序的逆序现象最早发现于用相对测量法求方案属性、用和合成模型合成的例子中.

比较 3.2.1 和 3.2.2 两小节中给出的逆序例子，可以发现，逆序的出现都是在属性的相对值未变但绝对值发生变化的情况下发生的.

3.2.3 用绝对测量法获得属性值时出现的逆序现象

为了解决 3.2.2 小节例 3.3 中出现的逆序问题，Saaty 提出了“绝对测量”方法.“绝对测量”是针对获得属性值的“相对测量”而言的. 所谓“绝对测量”方法是指在使用层次分析方法的过程中，获取方案属性值用“绝对测量”方法，但综合的过程仍然使用和合成模型.

1. 如何用绝对测量法获得方案属性值

属性的绝对测量方法是指将属性所有可能的取值划分成若干个子集合，对每一个子集合，指定一个值，将这个值作为子集合的代表值，认定它是子集中每一个元素的量化值. 子集合的代表值用相对测量法得到，即通过对子集合之间的两两比较，建立正互反方阵，计算出各个子集合的权重而得出.

下面用例子说明此方法.

例 3.4　用绝对测量法得到方案属性值.

假设按照智力情况(I)和身体素质(H)两个准则(属性)来选拔优秀学生(图 3.5).

在这个决策问题中，总准则(G)支配 I 和 H 两个准则，对 I 和 H 进行两两比较，得到的正互反方阵和权重向量列于表 3.11.

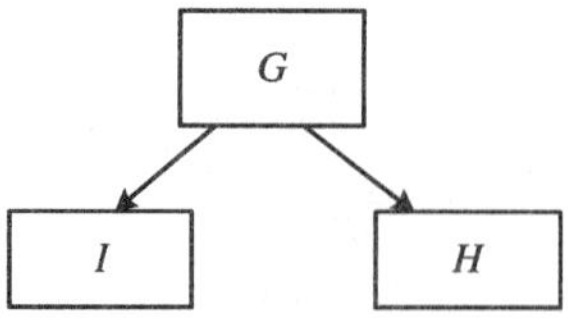

图 3.5

表 3.11

	H	I	
H	1	2/3	0.4
I	3/2	1	0.6

对智力属性，每一个学生都有百分制的考试成绩．为了简化问题，将百分制的成绩分档．

将智力分为两档：高于 70 分的为高（h），否则为低（l）．用两两比较构造 h 和 l 两档的正互反方阵并计算权重向量，结果列于表 3.12．

表 3.12

	h	l	
h	1	2	2/3
l	1/2	1	1/3

绝对测量法认为 2/3 为智力属性的高水平值，1/3 为智力属性的低水平值．绝对测量法规定，任取一个待选拔的学生，他的智力属性值要么是2/3（大于或等于 70 分），要么是 1/3（少于 70 分）．

身体素质分为三档：高（g）、中（a）、低（p）．用两两比较构造 g，a，p 的正互反方阵并计算权重向量，结果列于表 3.13．

表 3.13

	g	a	p	
g	1	2	8	0.615 4
a	1/2	1	4	0.307 7
p	1/8	1/4	1	0.076 9

绝对测量方法规定，0.615 4 为身体素质的高水平值，0.307 7 为身体素质的中水平值，0.076 9 为身体素质的低水平值，任取一个待选拔的学生，他的身体素质属性只能从 0.615 4，0.307 7 或 0.076 9 中选其一．

对一个给定的学生，如果他的智力属性值为 I，他的身体素质属性值为 H，则这个学生的重要程度为 $0.6I+0.4H$．

2. 绝对测量法对增加或减少决策方案保序的原因

如果在使用层次分析方法时，属性全用绝对测量法获得，则不会出现 3.2.2 小节描述的逆序．其原因十分简单，在对所有属性给出绝对测量值后，所有可能的方案已经被分成有限个类别，方案类别的优劣顺序也已经排定，决策只是从这有限个类别中选出若干进行比较，方案的增加或减少与方案的类别无关，当然也不会出现因增加或减少决策方案产生的逆序.

回顾上文的例 3.4，当使用绝对测量法时，任何待选拔的学生，属于两档智力和三档身体素质组合产生的六种类型中的一种，这六种类型已经有一个确定的次序，学生的多少与类型无关.

3. 使用绝对测量法时出现的逆序现象

在使用绝对测量法计算属性值时，事先限定了属性取值范围的划分精度，如果改变精度，那么是否还能保序？答案是否定的.

例 3.5　使用绝对测量法时出现的逆序.

仍考虑例 3.4，用智力(I)和身体素质(H)两个准则选拔学生.

设有两名待选拔的学生：学生甲的身体素质为 g，智力为 44 分；学生乙的身体素质为 a，智力为 88 分.

直接使用例 3.4 绝对测量法得到的数据，智力分成两档、身体素质分成三档(见表 3.12 和 3.13)，对两个学生进行计算，得到：

学生甲总准则重要性值为 $0.4\times0.6154+0.6\times1/3=0.4462$；

学生乙总准则重要性值为 $0.4\times0.3077+0.6\times2/3=0.5231$.

结论是乙比甲好.

假设准则支配关系不变，身体素质属性不变，仅仅把评价智力的等级由两档细化为四档：高于 80 分为高(h)，80～60 分为中上(hm)，60～40 分为中下(lm)，低于 40 分为下(l). 四个档次 h,hm,lm,l 的两两比较判断方阵和权重向量列于表 3.14.

表 3.14

	h	hm	lm	l	
h	1	4/3	2	4	0.4
hm	3/4	1	3/2	3	0.3
lm	1/2	2/3	1	2	0.2
l	1/4	1/3	1/2	1	0.1

显然表 3.14 所示的两两比较正互反方阵是一致的.

在智力的等级细化为四档的情况下，重新对两个学生进行计算，得到：

学生甲总准则重要性值变为 $0.4\times0.6154+0.6\times0.2=0.3662$；

学生乙总准则重要性值变为 $0.4\times0.3077+0.6\times0.4=0.3631$.
结论发生逆转,变成甲比乙好!

由于表3.14所示的两两比较互反方阵是一致的,不论将智力的等级划成两档还是四档,88分和44分的所在档次之间的比值(相对值)并没有发生变化.

可见,在运用绝对测量法时,合理地改变测量的度量单位或提高测量的精度也会引起逆序现象的发生.

3.2.4 对逆序现象的认识及产生逆序的原因分析

在Saaty教授倡导的传统层次分析中,获得属性值的方法只有相对测量法和绝对测量法.他认为相对测量出现逆序是合理的、允许的,而绝对测量是不会出现逆序的.

对于相对测量法出现的逆序现象,有两种意见,持赞成观点而允许逆序出现的意见认为:决策方案集合的变化会影响决策者主观认知的变化.比如同样质量的商品,数量的多少可能会影响购物者对商品的兴趣.因此逆序出现是合理的,应该接受这个结果.Saaty教授持此观点.

另一种意见认为,逆序出现是不合理的,逆序现象说明层次分析方法本身存在逻辑问题.

在日常生活中,大部分的度量方法都使用相对测量的比例原理,测量的结果都是比值.比如度量时间,以"秒"为单位,测得的结果是"秒"的"倍数",而秒是"铯-133原子基态的两个超精细能级间跃迁所对应辐射的9 192 631 770个周期的持续时间";度量长度,以"米"为单位,测量的结果是"米"的"倍数",而米"等于氪-86原子的2P10和5d1能级之间跃迁的辐射在真空中波长的1 650 763.73倍"."秒"和"米"是在世界范围公认的度量单位.有些度量方法的单位只在小范围之内使用.但是,不论哪种情况,度量值本质上都是比例值.具体到决策问题,在方案之间,属性的比值比属性的绝对值更能反映出方案的特点.

在上文给出的逆序例子中,两两比较得到的正互反方阵一致,逆序正是在方案属性的比值保持不变的情况下发生的.

出现逆序现象的根源是什么?究其原因,逆序不是由方案属性的测量方法引起的，也不能归结于比较判断得到的正互反方阵一致性太差，而是和合成模型中的“加权和”规则造成的. 下文的分析将说明这一点.

该不该接受逆序？这取决于决策者的主观认知.

用层次分析方法决策的过程是决策者主观世界对客观方案认识和选择的过程. 准则支配关系的结构和量化反映了决策者的主观偏好，而方案是被评价的对象，方案的属性反映了决策者面对的客观现实（当然也是决策者认知的现实）.

如果认定一个问题的准则支配关系只适用于这个具体的方案集合，则可以容忍逆序现象. 正如持赞成观点的人所述，同样质量的商品，数量的多少可能会影响购物者对商品的兴趣. 这实际上意味着决策者的主观偏好产生了变化，或者说这是两个不同的决策问题.

相反，如果认定决策问题的准则支配关系应该独立于被评价的对象，则逆序现象是不合理的.

3.3　保序的层次分析方法——积合成层次分析方法

在层次分析中只是将和合成模型改成积合成模型，其他全保留不变，这样的层次分析方法称为积合成层次分析方法.

本节先定义积合成模型，再说明用积合成模型求准则重要性值的执行过程，最后给出积合成层次分析方法的一般步骤.

3.3.1　准则重要性值的积合成模型

为了便于比较，先重复和合成模型的定义.

在第 1 章的式(1.4)中定义方案的重要性时使用的是和合成模型，其递归的定义形式如下：

在准则支配关系图上，设准则 B 支配且只支配 t 个子准则 $C_1, C_2, \cdots, C_t$，$(\alpha_1, \alpha_2, \cdots, \alpha_t)$ 是子准则 $C_1, C_2, \cdots, C_t$ 在准则 B 中的权重向量. 对给

定的某个方案，$a_1,a_2,\cdots,a_t$ 分别是这个方案的子准则 $C_1,C_2,\cdots,C_t$ 的重要性值，则这个方案的、准则 B 的**重要性值** b 定义为

$$b = \alpha_1 a_1 + \alpha_2 a_2 + \cdots + \alpha_t a_t$$

对属性子准则而言，它的重要性值定义为方案的属性值.

方案的重要性值就是方案的总准则重要性值.

积合成模型仅仅把和合成模型中的加权和改为幂指数的乘积.其递归的形式在定义 3.1 中给出.

定义 3.1 在准则支配关系图上，设准则 B 支配且只支配 t 个子准则 $C_1,C_2,\cdots,C_t$，$(\alpha_1,\alpha_2,\cdots,\alpha_t)$是子准则 $C_1,C_2,\cdots,C_t$ 在准则 B 中的权重向量.对给定的某个方案，$a_1,a_2\cdots,a_t$ 分别是这个方案的子准则 $C_1,C_2,\cdots,C_t$ 的重要性值，则这个方案的、准则 B 的**重要性值** b 定义为

$$b = a_1^{\alpha_1} \cdot a_2^{\alpha_2} \cdot \cdots \cdot a_t^{\alpha_t} \tag{3.1}$$

与和合成模型一样，在积合成模型中，同样定义属性子准则的重要性值为方案的属性值本身.

方案的重要性值就是方案的总准则重要性值.

式(3.1)称为定义属性重要性值的**积合成模型**.

对式(3.1)取对数，得到

$$\log b = \alpha_1 \times \log a_1 + \alpha_2 \times \log a_2 + \cdots + \alpha_t \times \log a_t \tag{3.2}$$

如果称准则重要性定义式(3.1)为第 1 种定义，准则重要性的对数表达式(3.2)为准则重要性的第 2 种定义，则准则重要性在第 1 种定义下的积合成模型与第 2 种定义下的和合成模型完全相同.

为了讨论的简单，如果不作特别的说明，假设对数 log 是自然对数(实际与底无关).

当得到方案的属性值后，将它们的值统统按比例放大，以保证其取对数的值严格大于 0.这样可以保证所有准则的重要性值的对数都严格大于 0.下面的结果能够保证这样处理不会影响决策的结论.

3.3.2 用积合成模型计算准则的重要性值

将属性值取对数作为新的属性值，通过式(3.2)的和合成模型，计算积合成模型定义的准则重要性值，对积合成模型可以得到类似推论 2.4 的

结论：

定理 3.1　对单根、无圈、属性为 $X_1, X_2, \cdots, X_m$ 的决策问题，它的准则支配关系可以从逻辑上简化为总准则和属性层两层. 记简化后属性 X_1, $X_2, \cdots, X_m$ 在总准则 G 中的权重分别为 $w_1, w_2, \cdots, w_m$，属性值分别为 a_1, $a_2, \cdots, a_m$，则根据合成模型(3.2)算出的总准则重要性 g 的对数 $\log g$ 可以表示成向量($w_1, w_2, \cdots, w_m$)和属性的对数值向量($\log a_1, \log a_2, \cdots$, $\log a_m$)的内积：

$$\log g = \sum_{i=1}^{m} w_i \times \log a_i$$

即总准则 G 的重要性值 g 为

$$g = a_1^{w_1} \cdot a_2^{w_2} \cdot \cdots \cdot a_m^{w_m} = \prod_{t=1}^{m} a_t^{w_t}$$

因为积合成模型只是涉及准则重要性的定义，属性的权重向量没有任何变化，所以在积合成层次分析方法中计算权重向量的方法与和合成层次分析方法完全相同.

g 的表达式说明，在采用积合成模型进行合成的过程中，同样可以分别计算属性的权重向量和属性向量，然后综合. 实施积合成，同样可以用似邻接矩阵幂乘积计算属性的权重.

3.3.3　积合成层次分析方法的一般步骤

在 2.5.3 小节(扩展)层次分析方法的步骤中，将和合成模型替换为积合成模型，其余一切不变，就是积合成层次分析方法.

积合成(扩展)层次分析方法步骤：

步骤 1　分析并分解准则，根据准则的支配关系建立决策准则支配关系图(包括检查和修改支配关系图，使其满足假设条件)；

步骤 2　在决策准则支配关系图上，对每一个单一准则支配关系进行量化，对决策准则支配关系图的边赋值，获得标准的决策准则支配关系图似邻接矩阵 $\boldsymbol{A}$；

步骤 3　设 $\boldsymbol{A}$ 为 n 阶方阵，决策问题有 m 个属性，利用矩阵乘法计算 $\boldsymbol{A}^n$，$\boldsymbol{A}^n$ 的第 j 列对应属性节点编号的分量，不妨记 $\boldsymbol{\omega}(j) = (w_1^{(j)}, w_2^{(j)}, \cdots, w_m^{(j)})$，$\boldsymbol{\omega}(j)$ 就是准则 j 的属性权重向量；

步骤 4 获取方案属性向量值，可设第 i 个方案的属性值为 $(a_1^{(i)}, a_2^{(i)}, \cdots, a_m^{(i)})$；

步骤 5 对不同的方案，算出第 i 个方案对应第 j 个准则的重要性值

$$y_{ij} = \prod_{t=1}^{m} w_t^{(j) a_m^{(i)}}$$

步骤 6 对多总准则的决策问题，处理多方案在多总准则下的优先次序，可以将“总准则”当成“指标”，把决策问题当成多指标的决策问题进行处理(具体方法可参照附录 3).

3.4 积合成层次分析方法的性质

假设决策问题只有一个总准则和 m 个属性，准则支配关系图无圈，$(x_1, x_2, \cdots, x_m)$ 为方案的属性向量，$(w_1, w_2, \cdots, w_m)$ 是属性在总准则中的权重向量，用积合成模型算出方案的总准则重要性值为 $f(x_1, x_2, \cdots, x_m) = x_1^{w_1} x_2^{w_2} \cdots x_m^{w_m}$. 本节的讨论都在这个条件下进行.

对一般的扩展层次分析问题，选其中的任何一个准则作为“总准则”，本节的结论也是正确的，这里不再仔细论述.

3.4.1 积合成层次分析方法的保序特点

对任意两个方案，设其属性向量分别为 $(x_1(1), x_2(1), \cdots, x_m(1))$ 和 $(x_1(2), x_2(2), \cdots, x_m(2))$，则立刻可以得到：

定理 3.2 在积合成层次分析方法中，当属性向量的分量线性变化时，两个方案总准则重要性值的比值保持不变，即对任意的 $k_i > 0$ $(i = 1, 2, \cdots, m)$，

$$\frac{f(k_1 x_1(1), \cdots, k_m x_m(1))}{f(k_1 x_1(2), \cdots, k_m x_m(2))} = \frac{f(x_1(1), \cdots, x_m(1))}{f(x_1(2), \cdots, x_m(2))}$$

如果采用直接测量法获取属性值，则方案的属性值与方案集合无关；如

果采用相对测量法获取属性值，在方案的两两比较正互反方阵一致的情况下，则方案之间的属性值比例与方案集合大小无关（见第2章推论2.11）．因此可以得出：

推论3.1　在积合成层次分析方法中，如果用直接测量法获取属性值或用相对测量法获取属性值，且获取属性值的正互反方阵一致，则决策方案之间的优劣顺序不会因方案增加或减少而变化．

在使用积合成层次分析方法时，决策方案集合变化是否会引起方案优劣顺序的变化呢？不能简单地回答是或否．如果有的属性使用相对测量法，而比较方案得到的正互反方阵一致性太差，则可能会产生逆序．在使用积合成层次分析方法时，如果有的属性用相对测量法获取属性值出现了逆序，那究竟是积合成模型造成还是属性的相对测量的误差造成的？责任不好区分．但是如果使用相对测量法，保证获得属性值时的两两比较正互反方阵一致，则消除了属性值的测量误差，产生逆序的责任便容易辨别．推论3.1的结论保证，积合成层次分析方法在属性的测量值没有误差的情况下不会因决策方案集合变化而引起方案优劣次序的变化．

在积合成层次分析方法的具体使用中，如果用相对测量法获取属性值，只要对（方案两两比较）正互反方阵的一致性进行严格地把关，使其"尽可能一致"，则一般不会因决策方案集合变化而引起方案优劣次序的变化．

根据定理3.2，当线性改变方案属性的度量单位时，决策方案之间的比值不会改变，故有：

推论3.2　在积合成层次分析方法中，度量属性的值线性放大或缩小不会改变决策方案之间的优劣次序．

推论3.2保证，类似例3.2出现的逆序现象在积合成层次分析方法中不会再出现．

在3.3.1小节中曾经提到，为保证所有准则的重要性值的对数都严格大于0，将属性按比例放大，而推论3.2保证，这样的处理对决策结论不会产生影响．

同时，推论3.2也说明，采用积合成模型后解决了2.5.3小节中提到的**关于属性值度量单位大小对方案排序的影响问题**．

3.4.2 积合成层次分析方法是唯一的保序方法的证明

积合成层次分析方法的意义不仅在于它能够保序，更重要的是，在某种意义上只有用积合成模型合成才能够保序.下面将证明这一特点.

1. 属性值、方案重要性值和方案优劣次序之间的关系

根据上一小节的分析，可以得出，对于积合成的层次分析方法，方案的属性值、重要性值和方案优劣次序之间存在如下的关系：

(1) 对于任意两个方案，当属性值改变、但相应的比例不变时，方案重要性值改变，但是方案之间的重要性值比例不变.

(2) 对于任意两个方案，当方案重要性值改变、但方案之间的重要性值比例不变时，方案之间的优劣次序不变.

由(1)和(2)可以推出(3).

(3) 对于任意两个方案，当属性值改变、但相应的比例不变时，方案之间的优劣顺序不变.

这些关系如图 3.6 所示.

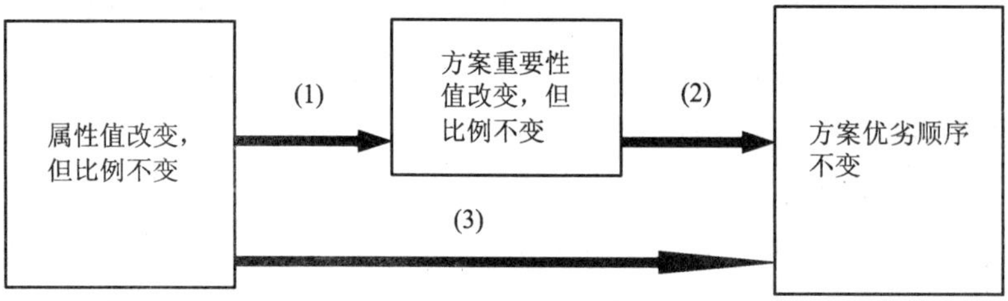

图 3.6

故保持方案重要性值比例不变比保持方案优劣顺序不变的条件要强.

但保持方案的重要性值比例不变已经是一个容易操作且保持方案优劣顺序不变的条件.

2. 保序基本定理成立的条件

在层次分析方法中，属性值成比例改变可能是经常出现的，在使用相对测量法时属性值本来给出的就是比值；在使用直接测量法或绝对测量法时，也常常蕴含可以成比例地放大或缩小度量属性的单位.当度量方案属性的比例发生变化时，积合成层次分析方法已经保证方案的重要性比值不变，从

而保证了优劣次序不变.是否还有其他的方法也具备这种性质？如果将保持方案的优劣次序不变的条件加强，换为保持方案的重要性值比值不变，会出现什么结果呢？

在使用层次分析方法时，把方案的总准则重要性值看是成定义在方案属性向量上一个实函数.对定义于 m 维空间的实函数 f，有：

定理 3.3（保序基本定理） 若定义于 m 维空间的实函数 f 连续，且不恒为零，那么，对 $\forall i, k_i > 0, x_i(1) > 0, x_i(2) > 0$，

$$\frac{f(k_1x_1(1),\cdots,k_mx_m(1))}{f(k_1x_1(2),\cdots,k_mx_m(2))} = \frac{f(x_1(1),\cdots,x_m(1))}{f(x_1(2),\cdots,x_m(2))} \tag{3.3}$$

成立的充要条件是

$$f(x_1,\cdots,x_m) = cx_1^{\alpha_1}\cdots x_m^{\alpha_m} \tag{3.4}$$

其中，$c, \alpha_1, \alpha_2, \cdots, \alpha_m$ 均是常数.

定理的证明放在下面的第5部分.

设方案属的性值向量为 $(x_1, x_2, \cdots, x_m)$，属性重要性向量为 $(w_1, w_2, \cdots, w_m)$，当使用积合成模型时，对选定的评价准则，方案的重要性值为 $x_1^{w_1}x_2^{w_2}\cdots x_m^{w_m}$，但是由保序基本定理可知，当度量方案的属性值成比例变化时方案重要性值保持不变的函数只能是 $f(x_1,\cdots,x_m) = cx_1^{\alpha_1}\cdots x_m^{\alpha_m}$，从保序基本定理的结论还不能断言“方案的属性值成比例变化时方案重要性值保持不变的合成模型一定是积合成模型”.

下面讨论 c 的取值及 $\alpha_1, \alpha_2, \cdots, \alpha_m$ 与 $w_1, w_2, \cdots, w_m$ 的关系.

3. 系数 c 及 $\alpha_1, \alpha_2, \cdots, \alpha_m$ 的确定

当选定评价方案的准则 U 后，方案的重要性值 f_U 是方案属性值向量 $(x_1, x_2, \cdots, x_m)$ 及属性重要性向量 $(w_1, w_2, \cdots, w_m)$ 的函数.对于函数 f_U，有一些与决策常识相吻合，在决策中使用但是不能证明的规则，把这些规则当成讨论问题的先决条件，它们是：

条件 3.1 f_U 的函数形式与准则 U 无关：

任何一个准则都可以用来作为“总准则”评价方案的优劣，但是在不同的评价准则之间，函数结构应当相同，即函数 f_U 的结构不随准则的不同而改变；

条件 3.2 在函数 f_U 中，各个属性的贡献是独立的，地位是平等的：

在函数 f_U 中只能根据方案属性值向量和属性重要性向量计算 f_U，每

个属性值所起的作用仅仅通过它的值和权重反映出来；

条件 3.3 在函数 f_U 中，对两个不同的属性，当属性值相同时，它们的贡献可以合并：

在函数 f_U 中，对两个不同的属性 i,j，当 $x_i = x_j$ 时，不能将它们从属性值区分，如果将它们当成一个属性，对应这个合并后的属性的权只能是 $w_i + w_j$.

由保序基本定理的结论，c 以及 $\alpha_1,\alpha_2,\cdots,\alpha_m$ 只能是 $w_1,w_2,\cdots,w_m$ 的函数.现在通过分析函数 f 的特点来确定 c 的取值以及 $\alpha_1,\alpha_2,\cdots,\alpha_m$ 与 $w_1,w_2,\cdots,w_m$ 之间的关系，进而导出准则支配的合成关系.

(1) 定 c 值

因为 c 和属性值无关，所以 c 也应与 $w_1,w_2,\cdots,w_m$ 无关.当只用一个属性进行决策（属性也是特殊的准则），属性值就是方案的重要性值，从属性的角度理解，属性值为 x，从方案的角度理解，重要性值为 $f(x)=cx^{\alpha}$，所以 $f(x)=cx^{\alpha}=x$，因此得出 c 只能取常数 1.

(2) 定 α_i 的结构

考察某个非属性准则 U，假设它直接支配属性，w_i 是属性 i（$i=1,2,\cdots,m$）在这个准则 U 中的权重.根据条件 3.1，可以用准则 U 评价方案.为符号简单计，记用准则 U 评价方案的重要性值为

$$f_U(x_1,\cdots,x_m) = x_1^{\alpha_1}\cdots x_m^{\alpha_m}$$

根据条件 3.2，各个属性的贡献是独立的，所以 α_i 是只依赖于 w_i 的函数，与其他属性的权重无关.又根据各个属性在 f_U 中地位平等的假设，属性权重 w_i 在指数 α_i 中的作用应当与属性的编号 i 无关，所以 α_i 是一个不依赖于下标 i 的函数，不妨记为 $\alpha(w)$，即

$$f_U(x_1,\cdots,x_m) = x_1^{\alpha(w_1)}\cdots x_m^{\alpha(w_m)}$$

如果准则 U 只支配某个属性 i 而与其他的属性无关时，不妨设 $i=1$，则准则 U 的重要性值就是 x_1，这时 $w_1=1$ 而其余的权重都是 0，所以 $\alpha(0)=0$，$\alpha(1)=1$.

(3) $\alpha(x)=x$ 的条件

由条件 3.3，对两个不同的属性 i,j，当 $x_i=x_j$ 时可以将它们当成一个属性，对应这个合并后的属性，权为 w_i+w_j.

$$f(x_1,\cdots,x_m) = x_1^{\alpha(w_1)}\cdots x_{i-1}^{\alpha(w_{i-1})}x_i^{\alpha(w_i)}x_{i+1}^{\alpha(w_{i+1})}\cdots x_{j-1}^{\alpha(w_{j-1})}x_j^{\alpha(w_j)}x_{j+1}^{\alpha(w_{j+1})}\cdots x_m^{\alpha(w_m)}$$

$$= x_1^{\alpha(w_1)} \cdots x_{i-1}^{\alpha(w_{i-1})} x_{i+1}^{\alpha(w_{i+1})} \cdots x_{j-1}^{\alpha(w_{j-1})} x_j^{\alpha(w_i+w_j)} x_{j+1}^{\alpha(w_{j+1})} \cdots x_m^{\alpha(w_m)} \tag{3.5}$$

如果只要求$0 \leqslant w_i$,不要求$\sum_{i=1}^{m} w_i = 1$,$\alpha(w)$是定义于$[0,\infty]$上的正函数,则从式(3.5)可以推出

$$\alpha(w_i + w_j) = \alpha(w_i) + \alpha(w_j)$$

总能成立,从而可以得出$\alpha(w) = w$.

如果要求$0 \leqslant w_i \leqslant 1$,$\sum_{i=1}^{m} w_i = 1$,$\alpha(w)$是定义于$[0,1]$上的正函数,则必须添加$m \geqslant 3$的条件才能保证$\alpha(w_i + w_j) = \alpha(w_i) + \alpha(w_j)$成立.因为当$m = 2$时,如果$0 < w_1 < 1$,$w_2$只能取$1 - w_1$,而$w_1 + w_2 \equiv 1$,故不可能出现$0 < w_1 + w_2 < 1$.

特别当属性值都相等,即$x_1 = \cdots = x_m = x$时,从

$$f(x_1, \cdots, x_m) = = x_1^{\alpha(w_1)} \cdots x_m^{\alpha(w_m)} = x^{\alpha(w_1) + \cdots + \alpha(w_m)} = x$$

得到

$$\alpha(1) = \alpha(w_1 + \cdots + w_m) = \alpha(w_1) + \cdots + \alpha(w_m) = 1$$

当第i个属性的权重$w_i = 0$,其他的属性值都相等,可以得出$\alpha(0) = 0$.

定理 3.4　设有一定义于$[0,1]$上的连续函数$\alpha(x)$,满足$\alpha(0) = 0$,$\alpha(1) = 1$,且对任意的$0 \leqslant x_1 \leqslant 1$,$0 \leqslant x_2 \leqslant 1$,$0 \leqslant x_1 + x_2 \leqslant 1$,有

$$\alpha(x_1 + x_2) = \alpha(x_1) + \alpha(x_2)$$

则$\alpha(x) = x$.

定理的证明亦放在下面的第5部分.

当$m \geqslant 3$时,由定理3.4可以得出,$f(x_1, \cdots, x_m)$只能等于$x_1^{w_1} \cdots x_m^{w_m}$.

4. 准则重要性合成

假设非属性准则Z直接支配准则$U_1, U_2, \cdots, U_l$,支配关系向量为$(u_1, \cdots, u_l)^{\mathrm{T}}$,准则$Z$的属性权重向量为$(\alpha z_1, \alpha z_2, \cdots, \alpha z_m)^{\mathrm{T}}$ $(m \geqslant 3)$,准则U_i的属性权重向量为$(\alpha_{i1}, \alpha_{i2}, \cdots, \alpha_{im})^T$ $(i = 1, 2, \cdots, l)$.根据定义,准则支配关系图上的路的"长度"是路上所有边的乘积,一个属性在某个非属性准则中的权重是准则支配关系图上从这个准则出发到达这个属性的所有可能路的长度之和,所以

$$\begin{pmatrix} \alpha z_1 \\ \alpha z_2 \\ \vdots \\ \alpha z_m \end{pmatrix} = \begin{pmatrix} \alpha_{11} & \alpha_{21} & \cdots & \alpha_{l1} \\ \alpha_{12} & \alpha_{22} & \cdots & \alpha_{l2} \\ \vdots & \vdots & & \vdots \\ \alpha_{1m} & \alpha_{2m} & \cdots & \alpha_{lm} \end{pmatrix} \begin{pmatrix} u_1 \\ u_2 \\ \vdots \\ u_l \end{pmatrix}$$

又从

$$f_Z(x_1,\cdots,x_m)=x_1^{\alpha z_1}\cdots x_m^{\alpha z_m},\quad f_{U_i}(x_1,\cdots,x_m)=x_1^{\alpha_{i1}}\cdots x_m^{\alpha_{im}}$$

得出

$$f_Z(x_1,\cdots,x_m)=x_1^{\alpha z_1}\cdots x_m^{\alpha z_m}=\prod_{i=1}^{l}f_{U_i}^{u}(x_1,\cdots,x_m)$$

所以准则 Z 的重要性值是准则 $U_1,U_2,\cdots,U_l$ 重要性值的幂指数乘积,其中指数分别为准则 Z 对准则 $U_1,U_2,\cdots,U_l$ 的支配值.这正是积合成模型对准则重要性值的定义.

综上所述可得出如下重要推论:

推论 3.3 如果将保持方案的优劣次序不变的条件加强为保持方案的重要性比值不变,在接受第 3 部分的三个条件以及属性数目大于 2 的情况下,积合成层次分析方法是唯一的保序方法.

5. 定理 3.3 和定理 3.4 的证明

(1) 定理 3.3(保序基本定理)的证明

先给出定理的证明,然后再指出其渊源.

由式(3.4)推出式(3.3)成立是显然的,现在证明:由式(3.3)推出式(3.4)成立.

对 m 应用数学归纳法,先证 $m=1$ 时结论正确.

由已知条件可知:对所有的 $k_1>0,x_1(1)>0,x_1(2)>0$,有

$$\frac{f(k_1x_1(1))}{f(k_1x_1(2))}=\frac{f(x_1(1))}{f(x_1(2))}\tag{3.6}$$

不妨设 $f(1)\neq0$,在式(3.6)中,令 $x_1(2)=1,k_1=u,x_1(1)=v$,可知对一切 $u>0,v>0$,有

$$f(uv)=f(u)f(v)/f(1)$$

故当 $x>0$,对任一正整数 p,有

$$f(x^p)=f(1)\left[\frac{f(x)}{f(1)}\right]^p$$

记 $x^p=z$,则

$$f(z)=f(1)\left[\frac{f(z^{1/p})}{f(1)}\right]^p\quad 即\quad f(z^{1/p})=f(1)\left[\frac{f(z)}{f(1)}\right]^{1/p}$$

从而对一切 $x>0$ 及正有理数 p/q,有

$$f(x^{p/q}) = f(1)\left[\frac{f(x^{1/q})}{f(1)}\right]^p = f(1)\left[\frac{f(x)}{f(1)}\right]^{p/q}$$

由 f 的连续性假设可知,对一切正实数 x,σ,有

$$f(x^\sigma) = f(1)\left[\frac{f(x)}{f(1)}\right]^\sigma$$

特别取 $x=2$,记 $y=2^\sigma$,可知当 $y\geqslant 1$ 时,由 $\sigma=\log y/\log 2$,得

$$\begin{aligned} f(y) &= f(1)\left[\frac{f(2)}{f(1)}\right]^{\log y/\log 2} = f(1)\left\{\left[\frac{f(2)}{f(1)}\right]^{\log y}\right\}^{1/\log 2} \\ &= f(1)\left[y^{\log[f(2)/f(1)]}\right]^{1/\log 2} = cy^\alpha \end{aligned}$$

其中

$$c = f(1),\quad \alpha = \left[\log\frac{f(2)}{f(1)}\right]/\log 2$$

同样取 $x=1/2$,记 $y=(1/2)^\sigma$,可知对 $y<1$,$f(y)$同样可表成 cy^α.

$m=1$ 的情况证毕.

现在利用归纳假设,设对任意的正整数 m 结论正确,证明 $m+1$ 时结论也正确.

记 m 维行向量

$$\boldsymbol{K} = (k_1,k_2,\cdots,k_m)$$
$$\boldsymbol{X}_1 = (x(1)_1,x(1)_2,\cdots,x(1)_m)$$
$$\boldsymbol{X}_2 = (x(2)_1,x(2)_2,\cdots,x(2)_m)$$

为书写简单,定义 $\boldsymbol{K}\otimes\boldsymbol{X}=(k_1x_1,k_2x_2,\cdots,k_mx_m)$.记

$$y_1 = x(1)_{m+1},\quad y_2 = x(2)_{m+1},\quad k_{m+1} = a$$

归纳假设所设定的 f 含 $m+1$ 个变量时的已知条件则可写为

$$\frac{f(K\otimes\boldsymbol{X}_1,ay_1)}{f(K\otimes\boldsymbol{X}_2,ay_2)} = \frac{f(\boldsymbol{X}_1,y_1)}{f(\boldsymbol{X}_2,y_2)} \tag{3.7}$$

特别取

$$\boldsymbol{K} = (\underbrace{1,1,\cdots,1}_m),\quad \boldsymbol{X}_1 = \boldsymbol{X}_2 = \boldsymbol{X} = (x_1,x_2,\cdots,x_m)$$

则式(3.7)可改写为

$$\frac{f(\boldsymbol{X},ay_1)}{f(\boldsymbol{X},ay_2)} = \frac{f(\boldsymbol{X},y_1)}{f(\boldsymbol{X},y_2)} \tag{3.8}$$

在式(3.8)中,不妨将 $f(\boldsymbol{X},y)$当成 y 的单变量函数,当 $y\geqslant 1$ 时,仿上面的

推导，得出

$$f(\boldsymbol{X},y) = f(\boldsymbol{X},1)\,y^{\log[f(\boldsymbol{X},2)/f(\boldsymbol{X},1)]/\log 2}$$

不妨设 $f(1,1,\cdots,1,1)\neq 0$，由归纳假设所设定的 f 含 $m+1$ 个变量时的已知条件，可知

$$\frac{f(\boldsymbol{X},2)}{f(\boldsymbol{X},1)} = \frac{f(1,\cdots,1,2)}{f(1,\cdots,1,1)}$$

再由归纳假设对 f 含 m 个变量时结论正确的假设，得

$$f(\boldsymbol{X},1) = cx_1^{\gamma_1}\cdots x_m^{\gamma_m}$$

记 $\beta=\left[\log\dfrac{f(1,\cdots,1,2)}{f(1,\cdots,1,1)}\right]/\log 2$，则

$$f(\boldsymbol{X},y) = cx_1^{\gamma_1}\cdots x_m^{\gamma_m}\cdot y^{\beta}$$

在 $f(x,y)$ 中，当 $y<1$ 时，同样可得出

$$f(x,y) = cx_1^{r_1}\cdots x_m^{r_m}\cdot y^{\beta}$$

此时

$$\beta = \left[\log\frac{f(1,\cdots,1,1/2)}{f(1,\cdots,1,1)}\right]/\log(1/2)$$

证毕.

(2) 保序基本定理的渊源

将保序基本定理中的函数局限于单变量函数，则定理简化为：

若 $f(x)(0<x<\infty)$ 为不恒等于零的连续函数，对所有 $k>0,x>0,y>0$，

$$\frac{f(kx)}{f(ky)} = \frac{f(x)}{f(y)}$$

成立的充要条件是

$$f(x) = cx^{\alpha}$$

其中，c,α 均是常数.

进一步简化，取 $y\equiv 1$，限定 $f(1)=1$，得到：

若 $f(x)(0<x<\infty)$ 为不恒等于零的连续函数，对所有 $k>0,x>0$，

$$f(kx) = f(k)f(x)$$

成立的充要条件是

$$f(x) = x^{\alpha}$$

其中，α 是常数.

这正是季米多维奇《数学分析习题集》第815题：

证明 对于 x 和 y 的一切正值，满足方程

$$f(xy) = f(x)f(y)$$

的唯一不恒为0的连续函数 $f(x)(0<x<\infty)$ 是幂函数

$$f(x) = x^{\alpha}$$

其中，α 为常数.

(3) 定理3.4的证明

令 $x_1 = x_2 = 1/2$，得到 $2\alpha(1/2) = 1$，$\alpha(1/2) = 1/2$.

再利用 $\alpha(1/2) = 1/2$ 的结果，另取 $x_1 = x_2 = 1/4$，得到 $\alpha(1/4) = 1/4$. 利用数学归纳法可以得出，对于任意自然数 k，当 $x = 1/2^k$，$\alpha(x) = x$.

再由 $\alpha(x_1 + x_2) = \alpha(x_1) + \alpha(x_2)$ 立刻得出，对所有满足 $0 \leqslant i \leqslant 2^k$ 的正整数 i，都有 $\alpha(i/2^k) = i/2^k$.

因此对于 $[0,1]$ 内分母为2的幂指数 2^k、分子为自然数的有理数 x，均有 $\alpha(x) = x$.

对于任意的 $x \in [0,1]$，记 $[b(1)_0, b(2)_0] = [0,1]$，采用2分法从中点将区间 $[b(1)_k, b(2)_k]$ 分割，得到两个长度为原区间长度一半的区间，比较 x 和区间端点的大小，可以断定 x 所在的新区间，取出包含 x 的区间记为 $[b(1)_{k+1}, b(2)_{k+1}]$，如此不断分割下去，要么 x 就是区间的端点，要么包含 x 的新区间的区间长度缩短为原区间长度的一半. 在第 k 次检查得到一个长度为 $1/2^k$ 的包含 x 的区间. 考虑这些包含 x 的区间的端点构成的序列 $b(1)_1, b(1)_2, \cdots, b(1)_k, \cdots$，显然这个序列的每一项都是 $[0,1]$ 内分母为2的幂指数、分子为某自然数的有理数，所以对任意正整数 k，$\alpha(b(1)_k) = b(1)_k$，令 $\lim\limits_{k \to \infty} b(1)_k = x$，$\alpha(x)$ 连续，所以 $\alpha(x) = x$.

证毕.

3.4.3 属性数目少于3的决策问题

上文证明了只有在属性数目 $m \geqslant 3$ 的情况下，才能保证使用积合成模型的层次分析方法是唯一的保序方法.

对于一个属性的决策问题，用任何一个准则评价方案和用属性评价方案是完全一样的，因此可以直接使用属性值将方案排序.

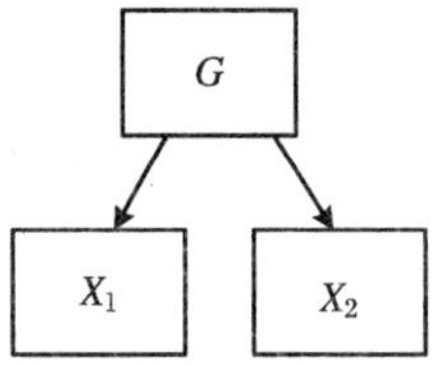

图 3.7

对于两个属性的决策问题，由于权重要求 $0\leqslant w_1\leqslant 1, 0\leqslant w_2\leqslant 1, w_1+w_2=1$，$w_1$ 和 w_2 之间产生了联系，所以出现了一些特殊情况.

考虑如图 3.7 所示的两个属性的决策问题.

根据保序基本定理，如果要求属性值的比例不变保证准则 G 的重要性比值不变，则 G 的重要性值表达为 $f(x_1,x_2)=x_1^{\alpha_1}x_2^{\alpha_2}$

取定义于[0,1]上的分段折线函数

$$\alpha_1(w)=\alpha_2(w)=\alpha(w)=\begin{cases}\dfrac{w}{2} & (0\leqslant w\leqslant 1/4)\\ 3w/2-1/4 & (1/4\leqslant w\leqslant 3/4)\\ w/2+1/2 & (3/4\leqslant w\leqslant 1)\end{cases}\tag{3.9}$$

$\alpha(w)$对应的几何图像见图 3.8.

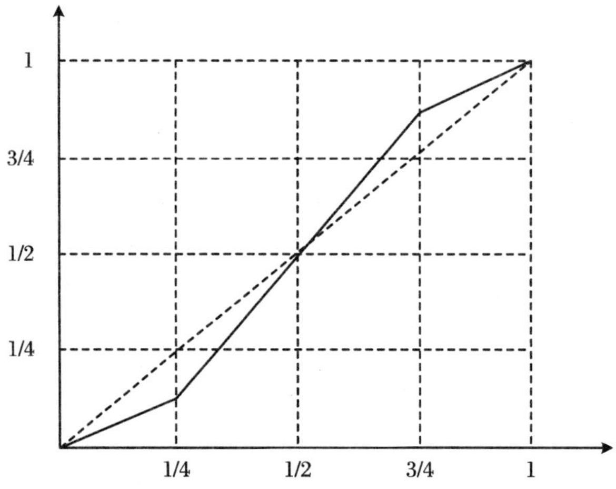

图 3.8

在图 3.8 中，假设两条相邻的平行于坐标轴的虚线之间距离为 1/4，实的折线代表函数 $\alpha(w)$，它通过四个点，依次为

$$(0,0),\quad (1/4,1/8),\quad (3/4,7/8),\quad (1,1)$$

这个分段线性的函数仅在 0,1/2,1 三点满足 $\alpha(w)=w$. 对任意的 $0<w_1<1, 0<w_2<1, w_1+w_2=1$，都有 $0<\alpha(w_1)<1, 0<\alpha(w_2)<1$，以及

$$\alpha(w_1)+\alpha(w_2)=\alpha(w_1)+\alpha(1-w_1)=1$$

因此准则 G 的重要性值 $f(x_1,x_2)$ 可以有两种选择，一种使用积合成模型，

不妨记为 f_1，

$$f_1(x_1,x_2) = x_1^{w_1} x_2^{w_2}$$

另一种使用式(3.9)定义的函数 $\alpha(w)=w$，得到另一种选择，不妨记为 f_2，

$$f_2(x_1,x_2) = x_1^{\alpha(w_1)} x_2^{\alpha(w_2)}$$

f_1 和 f_2 都满足上文第 3 部分的三个条件，显然二者是不同的.

所以对两个属性的决策问题，由于权重归一化条件的限制，即使能够保证属性值比例不变时方案重要性值比例不变，也不能得出准则重要性合成一定是积合成关系.

这些理论对积合成模型的应用不产生任何影响，对两个属性的决策问题，仍然可以放心使用积合成模型.

第4章　网络决策分析方法

在现实世界中，相互制约形成循环支配关系的例子比比皆是，例如在游戏“锤子、剪刀、布”中，锤子砸剪刀，剪刀剪布，而布又包锤子，三种工具循环相克，形成一个系统.在国家权力结构中，取出一个具体的部门看，权力关系是一个上级领导下级的无圈结构；但是从整体上看，不仅部门之间的权力可能相互制约，而民主选举又将决定最高层领导的权力赋予最底层的民众，所以在这种结构中存在多个循环支配关系.复杂的结构固然增加了分析认识客观世界的难度，但正是这种复杂的结构才能使整个系统保持稳定.

决策问题也不例外，无圈结构的决策问题仅仅是一般决策问题的简化和特例，而层次结构决策问题又是无圈结构决策问题的简化和特例.在前几章讨论的方法中对决策准则支配关系加了限制条件，规定了准则支配关系图中不能存在圈.本章将深入讨论，如果允许决策准则支配关系图中含圈，会发生哪些变化，如何改进方法才能适应这些改变.

与解决层次结构决策问题的层次分析（Analytic Hierarchy Process，AHP）相呼应，解决一般网络结构决策问题的方法应当叫网络分析（Analytic Network Process，ANP）.因“网络”（Network）一词在计算机、电子和通信领域被广泛使用，通常被赋予了特定的含义，所以将 ANP 译作“网络决策分析”更准确.

本书给出的网络决策分析方法已经涵盖了传统的网络分析，它可以处理最一般结构的准则支配关系，准则支配关系图既可以含圈，也可以不含圈，可以是层次结构，也可以不是层次结构.

本章先讨论网络决策分析带来的变化，介绍一种建立准则支配关系图的新方法——将准则分级处理的超矩阵方法，按照决策方案的有无(而不是反馈关系的有无)将决策问题分类——决策方案存在(决策准则支配关系图中有属性节点)的第 1 类问题和决策方案不存在(决策准则支配关系图中没有属性节点)的第 2 类问题.

并非任何一个网络决策问题都有唯一解.本章将针对应用和合成模型与积合成模型的第 1 类问题和第 2 类问题分别讨论唯一解存在的条件及求解方法.

4.1　网络决策分析带来的变化

层次分析中使用的概念和方法大部分可以直接延伸到网络决策分析，但是个别地方需要拓展和修正.

与前面几章介绍的层次分析相比，网络决策分析的变化主要体现在以下三点：决策准则支配关系结构的复杂化、准则支配关系表达的扩大化和决策准则的分级处理.下面将分别说明.

4.1.1　反馈决策准则支配关系的特点

在决策准则支配关系图上，如果允许反馈的准则支配关系存在，则会产生循环支配的圈，准则间的支配关系会发生本质的变化，这些变化主要体现在两个方面："总准则"概念的淡化和无属性决策问题的产生.

1. "总准则"概念的淡化

在一个没有圈的有向图上，一定存在根节点.在决策准则支配关系图上，根点就是只支配其他准则，而不被其他准则支配的"总准则"."总准则"比其他的准则重要，常用它的值度量方案的优劣.如果准则支配关系出现了圈，在圈上，父准则会被子准则间接地支配，这样就不好分辨准则之间的"辈分".在含圈的网络决策准则支配关系图上，可能没有"总准则"，所以网络决策分析不再过分强调"总准则"的概念，决策者可以选择任何一个准则作为

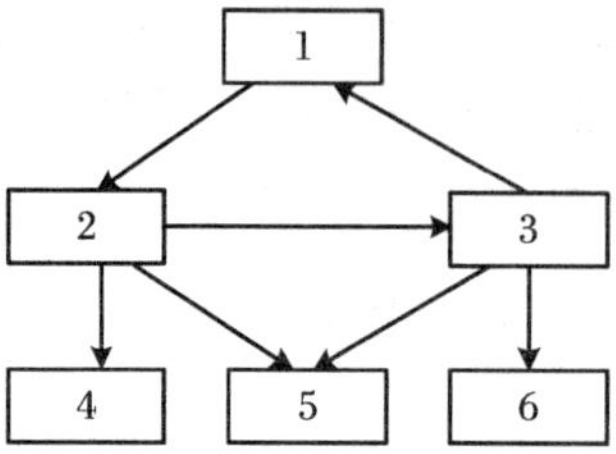

图 4.1 没有"总准则"的决策准则支配关系示意图

"总准则"去度量方案的优劣.

在图4.1所示的决策准则支配关系图中,共有六个准则,其中有三个是属性.准则1,2,3相互循环支配,形成圈,准则2支配属性4,5,准则3支配属性5,6,没有总准则.对于这个决策问题,可以从准则1,2,3中任选一个(或几个)来度量方案的优劣.

2. 无属性决策问题的产生及决策问题的分类

在决策准则支配关系图上,叶点就是那些只被其他准则支配,而不支配其他准则的属性节点.属性节点的值与别的准则无关,完全由方案确定.

在一个没有圈的有向图上,一定存在叶节点,即当决策准则支配关系图没有圈时,一定存在属性节点,这样的决策问题,目的是利用方案的属性值得出方案的优劣次序.

在含圈的准则支配关系图上,可能出现所有准则都在圈上,且没有属性节点的现象.这种**无属性的决策问题**没有决策方案,当然决策也不是对方案进行比较或选择,而是研究决策准则之间的相互影响程度(这类问题的例子将在本章4.5节给出).

定义 4.1 在决策准则支配关系图上,有决策方案(属性节点存在)的决策问题为**第1类决策问题**,没有决策方案(属性节点不存在)的决策问题为**第2类决策问题**.

层次分析问题的准则支配关系图不含圈,所以一定有属性,属于第1类决策问题.准则支配关系图含圈的决策问题可能属于第1类决策问题,也可能属于第2类决策问题.

图4.1所示的决策问题属于第1类.

在图4.2所示的准则支配关系图中,有四个准则,相互支配,每一个准则都处在某个圈上,没有叶节点,对应的决策问题属于第2类.

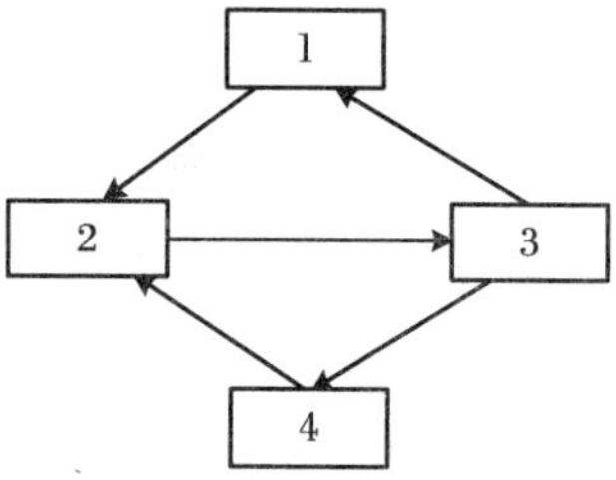

图 4.2 无属性的决策准则支配关系示意图

4.1.2　准则支配关系范围表达的扩大化

在此之前，所说的准则支配关系只限于那些准则支配关系值严格大于 0 的“关系”. 依据第 2 章定义 2.6，在准则支配关系图上，准则 i 直接支配准则 j 的充分必要条件是准则 i 到准则 j 有边，这个边的值称为准则 i 对准则 j 的直接支配关系值.

在网络决策分析中，常常使用代数表达式表达准则支配关系，为了使用方便，把“支配”的概念扩大，即一个准则可以“支配”所有的准则，且包括它自己. 只不过对真正起支配作用的那些关系，支配关系值严格大于 0；没有支配关系而被“扩大”进来的那些关系，支配关系值等于 0.

在叙述问题，特别是用几何语言叙述时，准则支配关系的概念仍然使用定义 2.6 和 2.7，即仅指那些准则支配关系值严格大于 0 的“关系”，但是在代数表达上使用“扩大化”了的方式.

4.1.3　决策准则的分级

由于带反馈的决策准则支配关系往往对应庞大、复杂的决策问题，所以对于这样的决策问题，需要用专门的方法建立准则支配关系图. 准则分级就是这样的方法. 准则分级是指将准则分为两级：宏观级和微观级，每一个宏观级别的准则包含若干微观级别的准则.

值得注意的是，尽管准则分级方法是处理庞大、复杂决策问题的一种工具，但是决策准则支配关系图的复杂程度和建立这个图所使用的工具之间并没有必然的关系. 不用准则分级方法建立的准则支配关系图也可能含圈，用准则分级方法建立的准则支配关系图也可能不含圈.

由于决策准则分级的概念在前面几章没有提及，而且使用网络决策分析也需要先分解、分析决策准则，然后建立决策准则支配图，所以本章先介绍决策准则的分级处理方法.

4.2 决策准则的分级及其支配关系的表达和量化

在第 1 章 1.2 节中曾经讨论过如何建立决策准则支配关系图，并提出了用“结构分析”和“因果分析”方法，通过逐步分析、分解，得到决策准则和它们之间的支配关系.在网络决策分析中这些方法仍然有效.但是为了解决大规模的决策问题，处理更为复杂的准则及其支配关系，除了 1.2 节中给出的方法外，本节将介绍新的概念和手段——决策准则的分级及其支配关系的表达和量化方法.

4.2.1 决策准则分级的概念

在决策过程中，总是希望概括的决策准则和建立的准则支配关系既宏观全面，又细致入微，但是二者往往是矛盾的，照顾到宏观全面，就难以具体细致，太具体细致则难以反映出宏观的联系.对于大型复杂的决策问题，这个矛盾尤为突出.解决这个矛盾最容易想到的方法就是将决策准则分为两级：宏观级和微观级.每一个宏观级别的准则由若干关系密切的微观级别的准则组成.在宏观的级别，描述宏观的准则和它们之间的宏观关系；在微观的级别，描述微观的准则和微观准则之间的细致关系.

在建立决策准则支配关系图时，先将抽象的决策目标与原则概括成若干数量较少的宏观准则，分析宏观准则之间的关系；之后再把这些宏观的准则细化分解成具体的微观准则，再分析微观准则之间的关系.

为了叙述方便，称微观级别的准则为准则，称宏观准则为组准则（或准则组）.

准则分级也可以理解成“结构分析”与“因果分析”的另一种实施方法，在将组准则分解成具体微观准则时用“结构分析”，在研究准则之间的支配关系时用“因果分析”.

准则分级的最终目的是建立并量化微观准则支配关系图.

4.2.2　分级准则的支配关系及准则支配关系图的建立方法

分级的准则支配关系，既要处理宏观级别准则组之间的关系，又要处理微观级别准则的关系. 处理这些关系需要涉及以下几个概念：组准则和组准则之间的支配关系、准则和准则之间的支配关系、组准则和准则之间的包含关系、组准则支配关系和准则支配关系之间的关系. 同时在这些关系之间，必须保持逻辑的合理和表达结果的协调.

用准则分级方法建立准则支配关系图的过程可以分三步实施：

(1) 划分准则组，将组准则当成准则，使用“因果分析”方法建立组准则之间的支配关系.

(2) 将每一个组准则按照“结构分析”方法进行分解、细化，得到具体微观准则.

(3) 对每一个微观准则，使用“因果分析”方法，分析微观准则之间的支配关系.

分级的准则支配关系含两个图，一个是组准则和它们之间支配关系的准则支配关系图，另一个是微观准则的准则支配关系图. 组准则支配关系图是微观准则支配关系图的概括，微观准则支配关系图是组准则支配关系图的细化. 在下文中，常在一个图上表达两级准则支配关系：其中用粗黑边的方框表示组准则，粗箭线表示组准则支配关系；方框内的圆圈或小方框表示微观准则，细箭线表示微观准则之间的支配关系.

为了保持组准则支配关系图和微观准则支配关系图之间的协调性，特提出下面的协调规则：

规则 1　两个组准则之间有支配关系，当且仅当组准则包含的准则之间存在支配关系.

规则 2　一个组准则有自反馈关系(环)，当且仅当这个组准则内要么存在两个准则，它们之间有支配关系；要么这个组准则含一个准则，这个准则是属性节点.

规则 1 的含义是十分明显的，规则 2 的含义需要作简单的说明. 因为组准则是有内部结构的，组准则之间的支配关系应当反映出组准则的内部结构关系，当组准则内部的微观准则存在支配关系时组准则自己应有自反馈支配关系，这一点容易理解．如果一个组准则包含的准则是微观准则支配关系图的叶节点，组准则自己也应有自反馈支配关系，这一点似乎不好理解．如果把叶节点理解为由自己支配自己的自反馈关系，这样处理就符合逻辑了．在第 5 章引进有限状态马尔可夫链的概念后，准则支配关系图解释成马尔可夫链的状态转移图，回头再看协调规则就十分自然了．

当得到宏观组准则的支配关系图以及（微观）准则的支配关系图后，需要用协调规则检查二者之间的协调性，如果发现有不协调的地方，需要找出原因，进行修正．

例 4.1　分级准则支配关系．

现在用图 4.3 所示的分级准则支配关系图说明协调性规则．

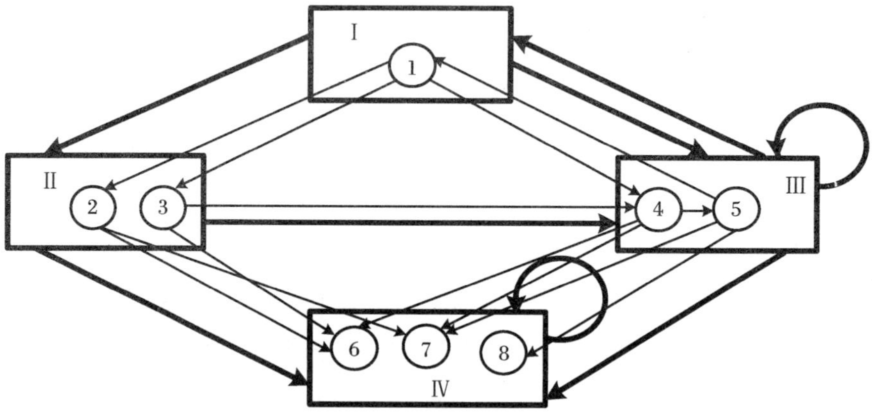

图 4.3　协调的分级准则支配关系示意图

在图 4.3 中，共有四个组准则Ⅰ，Ⅱ，Ⅲ，Ⅳ，八个准则．其中Ⅰ含准则①、Ⅱ含准则②和③、Ⅲ含准则④和⑤、Ⅳ含准则⑥～⑧．组准则与准则的包含关系、组准则之间的支配关系、准则之间的支配关系如图 4.3 所示．组准则Ⅰ支配组准则Ⅲ，相应地组准则Ⅰ中的准则①支配组准则Ⅲ中的准则④；组准则Ⅲ支配组准则Ⅰ，相应地组准则Ⅲ中的准则⑤支配组准则Ⅰ中的准则①；组准则Ⅲ有支配自己的环，相应地组准则Ⅲ中的准则④支配准则⑤；组准则Ⅳ有支配自己的环，相应地组准则Ⅳ中的准则⑥～⑧是叶节点．其他的支配关系不再一一叙述．

为了便于表达，假设准则支配关系中有 N 个组准则，分别为 $g_1, g_2, \cdots, g_N$，由组准则及组准则支配关系建立的支配关系图记为 $\bar{G}$；决策问题总共

有 n 个微观准则，统一编号为 $1,2,\cdots,n$，微观准则支配关系图记为 G. 用算法 4.1 来检查分级准则支配关系的协调性.

算法 4.1　准则分级的协调性检查算法.

步骤 1（协调性规则 1 检查）

(a) 对图 $\bar{G}$ 的所有的边依次检查（设正在检查的边为 $(\bar{i},\bar{j})$）:

[如果在图 G 上不存在起点在 $g_{\bar{i}}$、终点在 $g_{\bar{j}}$ 的边，则不能满足协调性规则 1，终止];

(b) 对图 G 的所有的边依次检查（设正在检查的边为 (i,j)）:

[如果在图 $\bar{G}$ 上不存边 $(\bar{i},\bar{j})$，其中 $i\in g_{\bar{i}}$，$j\in g_{\bar{j}}$，则不能满足协调性规则 1，终止].

步骤 2（协调性规则 2 检查）

(a) 对图 $\bar{G}$ 的所有节点依次检查（设正在检查的点为 $\bar{i}$）:

[如果有环 $(\bar{i},\bar{i})$ 存在，但是在图 G 上 $g_{\bar{i}}$ 不含叶节点且也不存在起点在 $g_{\bar{i}}$、终点也在 $g_{\bar{i}}$ 的边，则不能满足协调性规则 2，终止];

(b) 对图 G 的所有节点依次检查（设正在检查的点为 i）:

[对点 i，找出包含点 i 的集合 $g_{\bar{i}}$，如果在图 G 上 $g_{\bar{i}}$ 含叶节点或含起点在 $g_{\bar{i}}$、终点也在 $g_{\bar{i}}$ 的边，但是环 $(\bar{i},\bar{i})$ 不存在，则不能满足协调性规则 2，终止].

在这一阶段，得到的组准则支配关系图 $\bar{G}$ 和（微观）准则支配关系图 G 表达的支配关系都是定性的，即边都还没有赋值，支配关系的概念也未"扩大化"，在支配关系图上，所有有向边的值都是 1.

为了便于算法编程，需要用方阵描述边未被量化的准则支配关系图.

定义 N 阶方阵 $\bar{\boldsymbol{A}}=(\bar{a}_{ij})$，满足:

对 $\forall\, i,j$，$\bar{a}_{ij}=1$ 当且仅当有向边 (j,i) 存在，否则 $\bar{a}_{ij}=0$.

显然方阵 $\bar{\boldsymbol{A}}$ 是图 $\bar{G}$ 的邻接方阵.

定义 n 阶方阵 $\boldsymbol{A}=(a_{ij})$，满足:

当 $i\neq j$ 时，$a_{ij}=1$ 当且仅当有向边 (j,i) 存在，否则 $a_{ij}=0$;

当 $i=j$，i 点的出度数不为 0 时，$a_{ii}=1$ 当且仅当环 (i,i) 存在，否则 $a_{ii}=0$;

当 $i=j$，i 点的出度数为 0 时，$a_{ii}=1$.

方阵 $\boldsymbol{A}$ 是图 G 的似邻接方阵.

准则分级的过程就是构造方阵 $\bar{\boldsymbol{A}}$ 和 $\boldsymbol{A}$ 的过程，借助方阵 $\bar{\boldsymbol{A}}$ 和 $\boldsymbol{A}$ 容易实现算法编程.

对满足协调性的分级准则支配关系，组准则支配关系图已经没有“叶”节点(因为即便是只含叶节点的组准则，也添加了自己指向自己的环)，所以组准则支配关系图的似邻接方阵就是它的邻接方阵.

在图 4.3 所示的图中，边未赋值的、组准则支配关系图的邻接方阵 $\bar{\boldsymbol{A}}$ 为

$$\begin{array}{c} \\ \mathrm{I} \\ \mathrm{II} \\ \mathrm{III} \\ \mathrm{IV} \end{array}\begin{array}{c} \begin{array}{cccc} \mathrm{I} & \mathrm{II} & \mathrm{III} & \mathrm{IV} \end{array} \\ \begin{pmatrix} 0 & 0 & 1 & 0 \\ 1 & 0 & 0 & 0 \\ 1 & 1 & 1 & 0 \\ 0 & 1 & 1 & 1 \end{pmatrix} \end{array}$$

边未赋值的微观组准则支配关系图的似邻接方阵 $\boldsymbol{A}$ 列于表 4.1.

表 4.1 图 4.3 中边未赋值的微观准则支配关系图的似邻接方阵

		Ⅰ	Ⅱ		Ⅲ		Ⅳ		
		1	2	3	4	5	6	7	8
Ⅰ	1	0	0	0	0	1	0	0	0
Ⅱ	2	1	0	0	0	0	0	0	0
	3	1	0	0	0	0	0	0	0
Ⅲ	4	1	0	1	0	0	0	0	0
	5	0	0	0	1	0	0	0	0
Ⅳ	6	0	1	1	1	0	1	0	0
	7	0	1	0	1	1	0	1	0
	8	0	0	0	0	1	0	0	1

为了便于对比，在表 4.1 中不同组准则之间的边线用粗线表示，微观准则之间的边线用细线表示.

4.2.3 分级准则支配关系的量化方法——超矩阵

分级的决策准则的支配关系图实际上是两级准则支配关系的叠加，一

级是组准则和组准则之间的支配关系，另一级是准则和准则之间的支配关系. 因此，在分级的决策准则支配关系图上，准则支配关系量化也分成宏观层面和微观层面.

1. 宏观(组准则)层面

在组准则支配关系图上，将组准则作为普通准则处理，组准则支配关系图就是一般的准则支配关系图，量化所使用的概念和方法在前面都已经介绍过了.

定义 4.2　组准则支配关系图量化后，求出它的邻接方阵，称为**权矩阵**. 记权矩阵为 $\boldsymbol{U}=(u_{ij})$.

2. 微观(准则)层面

量化微观准则支配关系复杂一些，一方面要计算微观准则间的支配关系，同时还要考虑组准则的影响，最终综合宏观和微观两个层面的结果，给出微观准则之间的量化支配关系. 具体分为三步：

(1) 计算未加权超矩阵

选定一个微观子准则，考虑它支配下的微观子准则. 先区分这些被支配微观子准则属于哪个组准则，对处于同一个组内的子准则，使用单一准则支配关系的量化方法得出这个组准则内子准则的权重向量.

不妨假设所有的微观准则都统一编号为 $1,2,\cdots,n$. 属于同一组准则内的微观准则的编号都是相邻的. 设第 k 个组准则 g_k 内微观准则的编号为 $k_1,k_2,\cdots,k_s$.

假设选定微观子准则的编号为 i. 如果第 i 个微观准则是叶节点，定义 $w_{ii}=1$，其余 $w_{ij}=0$；否则，考虑第 i 个微观准则对第 k 个组准则中微观准则 $k_1,k_2,\cdots,k_s$ 的支配关系量化问题.

如果第 i 个微观准则真正支配着第 k 组中的某个微观准则，则找出第 k 组中第 i 个微观准则真正支配着的所有微观准则(支配关系值严格大于 0 的那些微观准则)，使用求单一准则下子准则权重向量的方法计算出子准则权重向量，然后将这个向量添加一些 0“扩大”到第 k 组中的所有微观准则，记为

$$\boldsymbol{w}(i,k)^{\mathrm{T}}=(w_{k_1 i},w_{k_2 i},\cdots,w_{k_s i})$$

显然，$(w_{k_1 i},w_{k_2 i},\cdots,w_{k_s i})$满足

$$w_{ji} \geqslant 0, \quad \sum_{j=k_1}^{k_s} w_{ji} = 1$$

如果微观准则 i 真正支配微观准则 j，则 $w_{ji}>0$；否则 $w_{ji}=0$.

称 $\boldsymbol{w}(i,k)^{\mathrm{T}}=(w_{k_1 i}, w_{k_2 i}, \cdots, w_{k_s i})$为**第 i 个微观准则对第 k 个组准则的支配关系向量**.

如果第 i 个微观准则不支配第 k 个组准则中的任何微观准则，可以直接得到 $\boldsymbol{w}(i,k)^{\mathrm{T}}=(w_{k_1 i}, w_{k_2 i}, \cdots, w_{k_s i})=\mathbf{0}$.

定义 4.3 **未加权超矩阵**是一个 n 阶方阵 $\boldsymbol{W}=(w_{ij})$，它的每一个列向量对应一个微观准则，这个向量按照组准则分成 N 块，第 k 块为微观准则 i 对第 k 个组准则的支配关系向量.

(2) 加权处理

将处理组准则得到的权矩阵的值分别加权到相应的分量上.

定义 4.4 将未加权超矩阵 $\boldsymbol{W}$ 按照权矩阵 $\boldsymbol{U}$ 加权处理，得出**原始加权超矩阵**，记原始加权超矩阵为 $\overline{\boldsymbol{W}}=(\overline{w}_{ij})$，则

$$\overline{w}_{ij} = u_{rs} \times w_{ij}$$

其中，第 i 个微观准则属于第 r 组准则，第 j 个微观准则属于第 s 组准则.

(3) 归一化

对 $\overline{\boldsymbol{W}}$ 的各个列向量重新归一化处理.

定义 4.5 超矩阵是对原始加权超矩阵 $\overline{W}$ 的列向量归一化处理得到的矩阵.

3. 量化分级准则支配关系的算法

将上面的内容综合到一起，得到量化分级准则支配关系的算法.

假设共有 N 个组准则，且它们共含有 n 个微观准则，编号为 $1, 2, \cdots, n$.

算法 4.2 量化分级准则支配关系的算法(超矩阵产生方法).

步骤 1(宏观层面的量化——计算权矩阵)

将 N 个组准则当成 N 个准则，把宏观层次的组准则支配关系作为一般的准则支配关系处理，对每一个准则(组)，求它所支配的子准则(组)的权重向量，得到 N 阶加权矩阵 $\boldsymbol{U}=(u_{ij})$.

步骤 2(微观层面的量化)

(a) (构造 n 阶未加权超矩阵 $\boldsymbol{W}$)

对 $i=1$ 到 n 依次执行：

[选择第 i 个微观准则，对 $j=1$ 到 N 依次执行：

[依次计算第 i 个微观准则对组准则 j 的支配关系向量]；

将这些向量排成一个一维列向量作为 $\boldsymbol{W}=(w_{ij})$ 的第 i 列向量].

(b)（求原始加权超矩阵 $\overline{\boldsymbol{W}}=(\overline{w}_{ij})$）

对 $j=1$ 到 n 循环：

[对 $i=1$ 到 n 循环：

$\overline{w}_{ij}=u_{rs}\times w_{ij}$

（其中第 i 个微观准则属于第 r 组准则，第 j 个微观准则属于第 s 组准则）]].

(c)（将 $\overline{\boldsymbol{W}}=(\overline{w}_{ij})$ 归一化）

对 $\overline{\boldsymbol{W}}$ 的各个列向量做归一化处理.

4. 量化分级准则支配关系的示例

例 4.2　量化图 4.3 所示的准则支配关系.

第 1 步：计算权矩阵.

对决策准则支配关系图中的四个组准则：Ⅰ，Ⅱ，Ⅲ，Ⅳ，分别计算它们所支配的子准则(组)的权重向量，得到如下的权矩阵 $\boldsymbol{U}=(u_{ij})$：

$$\begin{array}{c} \\ \text{I} \\ \text{II} \\ \text{III} \\ \text{IV} \end{array}\begin{array}{c} \begin{array}{cccc} \text{I} & \text{II} & \text{III} & \text{IV} \end{array} \\ \begin{pmatrix} 0 & 0 & u_{13} & 0 \\ u_{21} & 0 & 0 & 0 \\ u_{31} & u_{32} & u_{33} & 0 \\ 0 & u_{42} & u_{43} & 1 \end{pmatrix} \end{array}$$

为了便于比较，将其写成表 4.2，组准则含的微观准则越多，对应的行(列)也越宽.

表 4.2　图 4.3 组准则支配关系的邻接方阵(权矩阵)

	Ⅰ	Ⅱ	Ⅲ	Ⅳ
Ⅰ	0	0	u_{13}	0
Ⅱ	u_{21}	0	0	0
Ⅲ	u_{31}	u_{32}	u_{33}	0
Ⅳ	0	u_{42}	u_{43}	1

第 2 步:计算未加权超矩阵.

现在以(微观)准则①的处理过程为例说明计算过程.

在微观层次,准则①只支配②～④三个准则.其中准则②和③属于组准则Ⅱ,准则④属于组准则Ⅲ.

准则①不支配Ⅰ组的准则①,所以支配关系值为 0,准则①对组准则Ⅰ的支配关系向量为(0).

准则①支配了Ⅱ组中的子准则②和③,算出准则②和③在①中的权重分别为 e_{21},e_{31},准则①对组准则Ⅱ的支配关系向量为$(e_{21},e_{31})^{\mathrm{T}}$.

准则①只支配了Ⅲ组中的子准则④,准则④在①中的权重为 1,准则①对组准则Ⅲ的支配关系向量为$(1,0)^{\mathrm{T}}$.

准则①不支配Ⅳ组中的任何准则,准则①对组准则Ⅳ的支配关系向量为$(0,0,0)^{\mathrm{T}}$.

将①支配对组准则Ⅰ,Ⅱ,Ⅲ,Ⅳ的支配关系向量拼在一起作为一个列向量就是未加权超矩阵的第 1 列(见表 4.3 中对应Ⅰ中标 1 的那一列).

表 4.3 图 4.3 准则支配关系矩阵(未加权超矩阵)

		Ⅰ	Ⅱ		Ⅲ		Ⅳ		
		1	2	3	4	5	6	7	8
Ⅰ	1	0	0	0	0	1	0	0	0
Ⅱ	2	e_{21}	0	0	0	0	0	0	0
	3	e_{31}	0	0	0	0	0	0	0
Ⅲ	4	1	0	1	0	0	0	0	0
	5	0	0	0	1	0	0	0	0
Ⅳ	6	0	e_{62}	1	e_{64}	0	1	0	0
	7	0	e_{72}	0	e_{74}	e_{75}	0	1	0
	8	0	0	0	0	e_{85}	0	0	1

类似地,对每个(微观)准则,分别对各个组准则算出其他对组准则的支配关系向量.所有的计算结果列于表 4.3(表中组准则之间的边线用粗线表示,微观准则之间的边线用细线表示).

第 3 步:计算原始加权超矩阵.

将未加权超矩阵按照权矩阵分块(表 4.3 中按照粗线划分),原始加权超矩阵就是将加权矩阵的值分别乘到未加权超矩阵各块所含的项上得到的方阵.

仍以(微观)准则①的处理过程为例说明计算过程.

考虑准则①在未加权超矩阵对应的第 1 列向量,准则①属于组准则Ⅰ,它只有三个非 0 项,它们是准则②～④对应的值,其中准则②和③属于组准则Ⅱ,对应的值为分别为 e_{21} 和 e_{31},所以需要用权矩阵中第Ⅱ行、第Ⅰ列的权 u_{21} 加以修正,修正后为 $u_{21}\times e_{21}$,$u_{21}\times e_{31}$.

准则④属于组准则Ⅲ,对应的值为 1,需要用权矩阵中第Ⅲ行、第Ⅰ列的权 u_{31} 加以修正,修正后的值为 $u_{31}\times 1=u_{31}$.

综合修正结果,得到准则①在原始加权超矩阵中对应的列向量为 $(0,u_{21}\times e_{21},u_{21}\times e_{31},u_{31},0,0,0,0)^{\mathrm{T}}$(见表 4.4 中对应第Ⅰ组中标 1 的那一列).

类似地,对未加权超矩阵的每个列向量,分别进行加权处理,所有的计算结果列于表 4.4(表中组准则之间的边线用粗线表示,微观准则之间的边线用细线表示,下同).

表 4.4　图 4.3 考虑组准则影响的准则支配关系矩阵(原始加权超矩阵)

		Ⅰ	Ⅱ		Ⅲ		Ⅳ		
		1	2	3	4	5	6	7	8
Ⅰ	1	0	0	0	0	$u_{13}\times 1$	0	0	0
Ⅱ	2	$u_{21}\times e_{21}$	0	0	0	0	0	0	0
	3	$u_{21}\times e_{31}$	0	0	0	0	0	0	0
Ⅲ	4	$u_{31}\times 1$	0	$u_{32}\times 1$	0	0	0	0	0
	5	0	0	0	$u_{33}\times 1$	0	0	0	0
Ⅳ	6	0	$u_{42}\times e_{62}$	$u_{42}\times 1$	$u_{43}\times e_{64}$	0	1	0	0
	7	0	$u_{42}\times e_{72}$	0	$u_{43}\times e_{74}$	$u_{43}\times e_{75}$	0	1	0
	8	0	0	0	0	$u_{43}\times e_{85}$	0	0	1

第 4 步:对原始加权超矩阵各个列向量进行归一化处理.

将表 4.4 中的原始加权超矩阵各个列向量进行归一化处理,处理后的结果列于表 4.5.

表 4.5 图 4.3 归一化后的超矩阵

		Ⅰ	Ⅱ		Ⅲ		Ⅳ		
		1	2	3	4	5	6	7	8
Ⅰ	1	0	0	0	0	$\frac{u_{13}}{u_{13}+u_{43}}$	0	0	0
Ⅱ	2	$u_{21}\times e_{21}$	0	0	0	0	0	0	0
	3	$u_{21}\times e_{31}$	0	0	0	0	0	0	0
Ⅲ	4	$u_{31}\times 1$	0	u_{32}	0	0	0	0	0
	5	0	0	0	$\frac{u_{33}}{u_{33}+u_{43}}$	0	0	0	0
Ⅳ	6	0	e_{62}	u_{42}	$\frac{u_{43}}{u_{33}+u_{43}}\times e_{64}$	0	1	0	0
	7	0	e_{72}	0	$\frac{u_{43}}{u_{33}+u_{43}}\times e_{74}$	$\frac{u_{43}}{u_{13}+u_{43}}\times e_{75}$	0	1	0
	8	0	0	0	0	$\frac{u_{43}}{u_{13}+u_{43}}\times e_{85}$	0	0	1

如果每一个组准则只含一个准则，本小节介绍的处理方法与不分组的处理结果是一样的，因此这种方法可以看成是一般方法的扩展.

4.2.4 对准则分级超矩阵方法的认识与评价

如果将传统 ANP 的“层”当成宏观的组准则，“元素”当成微观的准则，在组准则支配关系与准则支配关系协调的情况下，则传统 ANP 方法构造出的超矩阵与使用本章方法构造的超矩阵应当一样.传统 ANP 方法构造超矩阵时不对层间支配关系和层内支配关系之间的协调性进行检验，构造出的超矩阵可能不符合决策常识.假如在图 4.3 所示的例 4.1 中，去掉组准则Ⅲ自己指向自己的环，直接使用算法 4.2，仍可以得到一个超矩阵，这个结果会丢失准则④对准则⑤的支配关系，所以协调性检查不能省略.尽管准则分组的方法能够处理大型的复杂的决策问题，然而该方法还存在一些不尽如人意之处.

首先探讨一下理想方法应该达到的标准.

对一个复杂的决策问题，如果不分级而直接处理(微观)决策准则，可能难以得出结果，用准则分级(超矩阵方法)的方法就变得容易处理一些，但是准则分级(超矩阵方法)方法能否保证分级处理与不分级直接处理所得的结果完全一致？如果方法是理想的，那么结论应当是肯定的．遗憾的是准则分级方法不一定能达到理想的标准．

作为理论探讨，可以给出一组特定的准则支配关系，对于这组关系，既能不用分级处理方法直接处理（微观）准则之间的支配关系得到精确的结果，也能用分级处理方法得到另外一个结果，然后比较两个结果之间的差异．

例 4.3　假设在图 4.4 所示的准则支配关系中，共有七个准则，分成了四个准则组．其中组准则Ⅰ含准则①和②，组准则Ⅱ含准则③，组准则Ⅲ含准则④～⑥，组准则Ⅳ含准则⑦．其中③～⑦都是属性子准则，且同等重要．

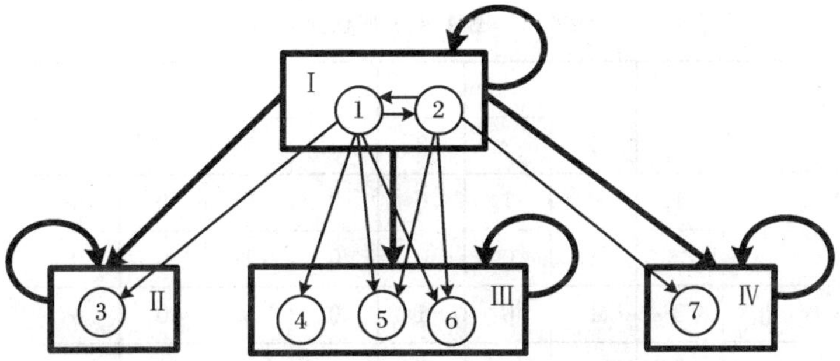

图 4.4

直接处理微观准则，建立并量化准则支配关系图，得到微观准则支配关系图的似邻接方阵，结果列于表 4.6．

表 4.6　图 4.4 直接对微观准则建立的准则支配关系图似邻接方阵

		Ⅰ		Ⅱ	Ⅲ			Ⅳ
		1	2	3	4	5	6	7
Ⅰ	1	0	1/2	0	0	0	0	0
	2	1/2	0	0	0	0	0	0
Ⅱ	3	1/8	0	1	0	0	0	0
Ⅲ	4	1/8	0	0	1	0	0	0
	5	1/8	1/6	0	0	1	0	0
	6	1/8	1/6	0	0	0	1	0
Ⅳ	7	0	1/6	0	0	0	0	1

采用准则分级的处理方法，量化图 4.4 所示的准则支配关系．

首先建立组准则的支配关系图并将之量化．

假设组准则Ⅱ,Ⅲ,Ⅳ在组准则Ⅰ中的权重分别为 a,b,c.组准则Ⅰ自己支配自己的环为 e,得到组准则的加权矩阵为

$$
\begin{array}{c} \\ \text{Ⅰ} \\ \text{Ⅱ} \\ \text{Ⅲ} \\ \text{Ⅳ} \end{array}
\begin{array}{c} \begin{matrix} \text{Ⅰ} & \text{Ⅱ} & \text{Ⅲ} & \text{Ⅳ} \end{matrix} \\ \begin{pmatrix} e & 0 & 0 & 0 \\ a & 1 & 0 & 0 \\ b & 0 & 1 & 0 \\ c & 0 & 0 & 1 \end{pmatrix} \end{array}
$$

建立微观准则之间的未加权超矩阵,结果列于表4.7.

表4.7 图4.4未加权超矩阵

		Ⅰ		Ⅱ	Ⅲ			Ⅳ
		1	2	3	4	5	6	7
Ⅰ	1	0	1	0	0	0	0	0
	2	1	0	0	0	1	0	0
Ⅱ	3	1	0	1	0	0	0	0
Ⅲ	4	1/3	0	0	1	0	0	0
	5	1/3	1/2	0	0	1	0	0
	6	1/3	1/2	0	0	0	1	0
Ⅳ	7	0	1	0	0	0	0	1

再计算加权后的原始加权矩阵,结果列于表4.8.

表4.8 图4.4原始加权超矩阵

		Ⅰ		Ⅱ	Ⅲ			Ⅳ
		1	2	3	4	5	6	7
Ⅰ	1	0	e	0	0	0	0	0
	2	e	0	0	0	1	0	0
Ⅱ	3	a	0	1	0	0	0	0
Ⅲ	4	$b/3$	0	0	1	0	0	0
	5	$b/3$	$b/2$	0	0	1	0	0
	6	$b/3$	$b/2$	0	0	0	1	0
Ⅳ	7	0	c	0	0	0	0	1

最后对原始加权超矩阵进行列归一化处理，得到表 4.9 所示的超矩阵.

表 4.9　图 4.4 的超矩阵

		Ⅰ		Ⅱ	Ⅲ			Ⅳ
		1	2	3	4	5	6	7
Ⅰ	1	0	$e/(b+c+e)$	0	0	0	0	0
	2	$e/(a+b+e)$	0	0	0	1	0	0
Ⅱ	3	$a/(a+b+e)$	0	1	0	0	0	0
Ⅲ	4	$b/[3(a+b+e)]$	0	0	1	0	0	0
	5	$b/[3(a+b+e)]$	$b[2(b+c+e)]$	0	0	1	0	0
	6	$b/[3(a+b+e)]$	$b/[2(b+c+e)]$	0	0	0	1	0
Ⅳ	7	0	$c/(b+c+e)$	0	0	0	0	1

比较直接处理微观准则支配关系得到的结果（表 4.6）和准则分级处理得到的结果（表 4.9），得到

$$\frac{e}{a+b+e}=\frac{1}{2}=\frac{e}{b+c+e}\quad\Rightarrow\quad a=c$$

$$\frac{a}{(a+b+e)}=\frac{1}{8},\ \frac{b}{3(a+b+e)}=\frac{1}{8}\quad\Rightarrow\quad 3a=b$$

$$\frac{c}{b+c+e}=\frac{1}{6},\ \frac{b}{2(b+c+e)}=\frac{1}{6}\quad\Rightarrow\quad 2c=b$$

显然这是不可能的.

那么，是否能够找出一个逻辑合理、直接处理结果与分级处理结果总能一致的分级处理方法呢？估计这是很难办到的.

例 4.4　假设有图 4.5 所示的（部分）准则支配关系. 在图 4.5 中，七个准则分成了三组，组准则Ⅰ包含两个准则①和②，组准则Ⅱ包含两个准则③和④，组准则Ⅲ包含三个准则⑤～⑦. 组准则之间的支配关系如粗箭头所示，准则之间的支配关系如细箭头所示.

先分析组准则支配关系所表达的微观准则支配关系.

Ⅰ支配Ⅱ，表示Ⅰ中的一个微观准则可能支配{③，④}的任何一个非空子集合所含的微观准则，有 2^2-1 种可能；Ⅰ支配Ⅲ，表示Ⅰ中的一个微观准则可能支配{⑤，⑥，⑦}的任何一个非空子集合所含的微观准则，有 2^3-1 种可能. Ⅰ含两个微观准则，因此Ⅰ支配Ⅱ和Ⅲ表示的微观准则支配关系总

共有 2×3×7 种可能.从组准则的支配关系分析,“Ⅰ支配Ⅱ和Ⅲ”至少要涵盖微观准则支配关系的 2×3×7 种可能.

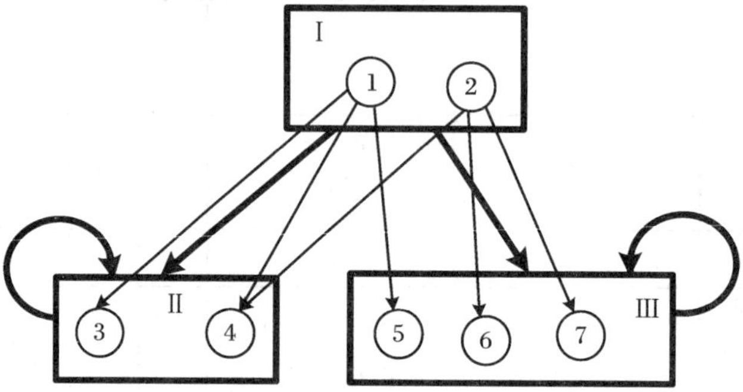

图 4.5

只有当一组准则只含一个微观准则,或者一个微观准则支配的微观子准则都集中于一个组准则时才可能保证分组与不分租的计算结果一致,但是这样的限制使分组原则丧失普遍性.

例 4.5 引入准则分级的概念后可能还会出现一些奇怪的假象,出现了“看似有圈实际无圈”的准则支配关系.在图 4.6 中,组准则处理支配关系图是有圈的,但是细化后得到的微观准则支配关系图却是无圈的.

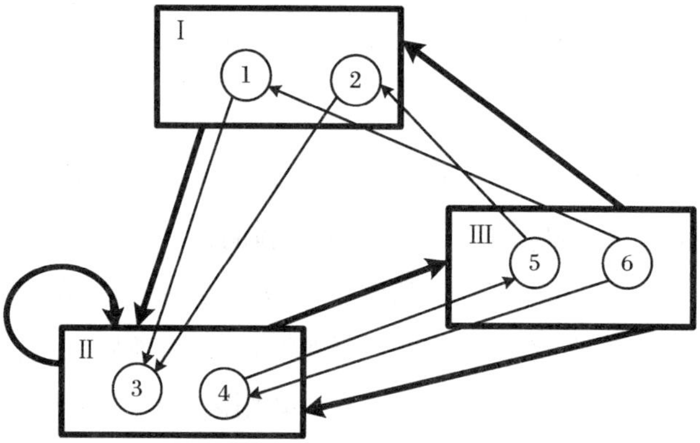

图 4.6 组准则支配关系有圈但是准则支配关系无圈的图

实际应用中,量化准则的支配关系与决策者主观认识密切相关,所以难以给出绝对的是非判断标准.

4.2.5　超矩阵的特点

由构造超矩阵的方法立刻可以得出：

推论 4.1　用 4.2.3 小节中的方法构造出的超矩阵是决策准则(微观)支配关系图的似邻接方阵，它的元素介于 0 和 1 之间，列和为 1.

4.3　网络决策分析准则重要性值的和合成模型

假定(微观)准则支配关系图已经构造完成，代表准则支配关系的边已经量化. 现在在赋值的网络图上讨论问题，将分解、分散的信息用决策准则支配关系图综合.

本章将讨论和合成与积合成两种合成模型. 在前几章讨论层次结构或无圈结构的合成时，都是先讨论和合成模型，再讨论积合成模型. 为了便于对比和处理，仍然沿用先前的方式，先讨论和合成模型.

4.3.1　和合成模型的定义

假定准则支配关系图含 n 个节点，节点已经编号，分别为 $1,2,\cdots,n$. 准则之间的直接支配关系已经量化，且得到了准则支配关系图的 n 阶似邻接方阵 $\boldsymbol{A}$.

在第 1 章 1.5 节加权和合成模型的定义中，考虑的是一个准则和它所直接支配子准则之间重要性的合成关系.

在不失一般性的情况下，将“支配”的概念扩大化，认为任何一个准则“支配”所有的准则，包括它自己，只不过真正起支配作用的那些关系，其关系值严格大于 0，没有支配关系而“扩大”进来的那些关系，关系值等于 0.

定义 4.6　在准则支配关系图上，对某个确定的准则 j，它(扩大) 支配的准则为 $1,2,\cdots,n$，$(a_{1j},a_{2j},\cdots,a_{nj})^{\mathrm{T}}$ 是准则 $1,2,\cdots,n$ 在准则 i 中的权重

向量，当 $1 \leqslant i \leqslant n$ 时，$0 \leqslant a_{ij} \leqslant 1$，$\sum_{i=1}^{n} a_{ij} = 1$，对于一个给定的方案，$u_1$，$u_2$，…，$u_n$ 分别是对应于这个方案的、准则 1，2，…，n 的重要性值（待求，限定只能取正值），则这个方案的准则 j 的**重要性值** u_j 定义为

$$u_j = a_{1j}u_1 + a_{2j}u_2 + \cdots + a_{nj}u_n \quad (j = 1,2,\cdots,n) \tag{4.1}$$

式(4.1)称为准则重要性值的**和合成模型**.

这个定义与第1章1.5节中式(1.4)关于准则重要性值加权和定义1.4所表达的内容是一样的.所不同的是，在式(1.4)给出的定义中，只写出了准则 i 和支配关系值严格大于0的那些子准则，而式(4.1)写出了准则 i 和所有的准则，包括支配关系值等于0的准则.

对同一个方案，将所有准则的重要性写成一个 n 维行向量 $\boldsymbol{u} = (u_1, u_2, \cdots, u_n)$，式(4.1)可以表达为

$$\boldsymbol{u} = \boldsymbol{uA}$$

这是一个递归的定义.其中，$\boldsymbol{A} = (a_{ij})$ 就是决策准则支配关系图的似邻接方阵.

称 n 维行向量 $\boldsymbol{u} = (u_1, u_2, \cdots, u_n)$ 为对应于那个方案的、准则重要性值向量，简称**方案的重要性向量**.

4.3.2 随机方阵的基本性质

1. 随机方阵的定义

定义 4.7 如果 n 阶方阵 $\boldsymbol{A} = (a_{ij})$ 满足

$$0 \leqslant a_{ij} \leqslant 1 \ (\forall i,j), \quad \sum_{i=1}^{n} a_{ij} = 1 \ (\forall j)$$

则称 $\boldsymbol{A}$ 是**随机方阵**.

显然决策准则支配关系图的似邻接方阵是随机方阵，即它的元素介于0和1之间，每一列元素的和为1.

2. 随机方阵的基本性质

随机方阵有如下的重要性质：

性质 1 对任意的随机方阵，1是它的特征根，也是它的谱半径，存在属于特征根1的非负特征向量.

性质1的内容就是将广义 Perron 定理用到随机方阵的结论.由于随机

方阵有列和为 1 的特点，所以也可以充分利用这个特点通过证明下文的定理 4.1～4.3 得到.

直接用矩阵乘法验证即可得到：

性质 2　对任意正整数 k，$\boldsymbol{A}$ 的 k 次幂 $\boldsymbol{A}^k$ 仍然是随机方阵.

下面证明随机方阵具备性质 1.

定理 4.1　1 是随机方阵的特征根.

证明　设 $\boldsymbol{A}=(a_{ij})$ 为随机方阵，由

$$\sum_{i=1}^{n} a_{ij} = 1 \quad (j = 1,2,\cdots,n)$$

知，在方阵 $\lambda\boldsymbol{I}-\boldsymbol{A}$ 中，各列元素的和都是 $\lambda-1$，所以 $\det(\lambda\boldsymbol{I}-\boldsymbol{A})$ 含有因子 $\lambda-1$，即 $\lambda=1$ 是 $\boldsymbol{A}=(a_{ij})$ 的特征根. 证毕.

定理 4.2　随机方阵的谱半径为 1.

证明　设 $\boldsymbol{A}=(a_{ij})$ 为随机方阵，λ 是其任意非零特征根，$\boldsymbol{\omega}^{\mathrm{T}}=(w_1,w_2,\cdots,w_n)$ 是属于 λ 的特征向量，则由

$$\boldsymbol{A\omega} = \lambda\boldsymbol{\omega}$$

$$\sum_{j=1}^{n} a_{ij}w_i = \lambda w_i \quad (i = 1,2,\cdots,n) \tag{4.2}$$

等式两边取模，由 $0\leqslant a_{ij}\ (\forall\, i,j)$ 得

$$\left|\sum_{j=1}^{n} a_{ij}w_j\right| = |\lambda w_i| = |\lambda|\,|w_i| \quad (i = 1,2,\cdots,n)$$

又

$$\left|\sum_{j=1}^{n} a_{ij}w_j\right| \leqslant \sum_{j=1}^{n} a_{ij}|w_j| \quad (i = 1,2,\cdots,n)$$

故

$$|\lambda|\,|w_i| \leqslant \sum_{j=1}^{n} a_{ij}|w_j| \quad (i = 1,2,\cdots,n) \tag{4.3}$$

对式(4.3) 两端求和，由随机方阵性质 $\sum\limits_{i=1}^{n} a_{ij} = 1\ (j = 1,2,\cdots,n)$，得到

$$|\lambda|\sum_{i=1}^{n}|w_i| \leqslant \sum_{j=1}^{n}|w_j|$$

由于 $\lambda\neq 0$，$\boldsymbol{\omega}^{\mathrm{T}}=(w_1,w_2,\cdots,w_n)\neq\boldsymbol{0}$，因此得出 $|\lambda|\leqslant 1$.

由方阵谱半径的定义及定理 4.1 的结论可知本定理结论正确. 证毕.

定理 4.3　对于任一随机方阵，存在属于特征根 1 的非负特征向量.

证明 设 $\boldsymbol{A}=(a_{ij})$为随机方阵,$\boldsymbol{\omega}^{\mathrm{T}}=(w_1,w_2,\cdots,w_n)$是 $\boldsymbol{A}$ 的属于特征根 1 的特征向量,则由

$$\boldsymbol{A\omega}=\boldsymbol{\omega}$$

$$\sum_{j=1}^{n} a_{ij}w_i = w_i \quad (i=1,2,\cdots,n) \tag{4.4}$$

等式两边取模,得

$$\left|\sum_{j=1}^{n} a_{ij}w_j\right| = |w_i| \quad (i=1,2,\cdots,n)$$

由 $0\leqslant a_{ij}$ ($\forall\, i,j$),知

$$\sum_{j=1}^{n} a_{ij}|w_j| = \sum_{j=1}^{n}|a_{ij}w_j| \geqslant \left|\sum_{j=1}^{n} a_{ij}w_j\right| \quad (i=1,2,\cdots,n)$$

故

$$\sum_{j=1}^{n} a_{ij}|w_j| \geqslant |w_i| \quad (i=1,2,\cdots,n) \tag{4.5}$$

我们断言式(4.5)中的所有式子只能取等号.不然,若存在某个式子使不等式取严格的不等号,则对式(4.5)的两端求和,由随机方阵性质 $\sum_{i=1}^{n} a_{ij}=1$ ($j=1,2,\cdots,n$),立刻得到

$$\sum_{j=1}^{n}|w_j| > \sum_{i=1}^{n}|w_i|$$

这与 $\boldsymbol{\omega}^{\mathrm{T}}=(w_1,w_2,\cdots,w_n)\neq\boldsymbol{0}$ 矛盾.所以只能有

$$\sum_{j=1}^{n} a_{ij}|w_j| = |w_i| \quad (i=1,2,\cdots,n)$$

即$(|w_1|,|w_2|,\cdots,|w_n|)^{\mathrm{T}}$ 是属于特征根 1 的特征向量.证毕.

3. 随机方阵主子阵(主对角块)的基本性质

定义 4.8 对一个 n 阶随机方阵,给定 p 个正整数 $i_1,i_2,\cdots,i_p$,满足 $1\leqslant i_1<i_2<\cdots<i_p\leqslant n$,在随机方阵中选定第 $i_1,i_2,\cdots,i_p$ 行和第 $i_1,i_2,\cdots,i_p$ 列,其交叉的元素构成一个新的 p 阶方阵,称为这个随机方阵的**主子阵**或**主对角块**.

在下文的讨论中,不发生混淆的情况下,为符号简单计,仍然设随机方阵主子阵为 n 阶方阵.

定理 4.4 随机方阵主子阵的谱半径不大于 1.

证明 设随机方阵主子阵为 n 阶方阵 $\bar{\boldsymbol{A}}=(\bar{a}_{ij})$,$\lambda$ 是 $\bar{\boldsymbol{A}}$ 的任意非零特

征根，$\boldsymbol{\omega}^{\mathrm{T}}=(w_1,w_2,\cdots,w_n)$是属于 λ 的特征向量.

完全重复定理 4.2 的证明步骤，得到和式(4.3)一样的表达式

$$|\lambda||w_i|\leqslant\sum_{j=1}^{n}\bar{a}_{ij}|w_j|\quad(i=1,2,\cdots,n)$$

利用随机方阵子阵 $\sum_{i=1}^{n}\bar{a}_{ij}\leqslant 1\ (j=1,2,\cdots,n)$ 的性质，对上式两端求和，得到

$$|\lambda|\sum_{i=1}^{n}|w_i|\leqslant\sum_{j=1}^{n}|w_j| \tag{4.6}$$

由于 $\lambda\neq 0$，$\boldsymbol{\omega}^{\mathrm{T}}=(w_1,w_2,\cdots,w_n)\neq\boldsymbol{0}$，因此得出 $|\lambda|\leqslant 1$. 证毕.

定理 4.5　设 $\bar{\boldsymbol{A}}$ 是某随机方阵的主子阵，则下列三个条件是等价的：

(1) $\bar{\boldsymbol{A}}$ 的谱半径严格小于 **1**；

(2) 方阵 $\boldsymbol{I}-\bar{\boldsymbol{A}}$ 可逆；

(3) $\lim\limits_{k\to\infty}\bar{\boldsymbol{A}}^k=\boldsymbol{0}$.

证明　(1)⇒(2) 由于 $\bar{\boldsymbol{A}}$ 的谱半径严格小于 1，所以 $\det(\boldsymbol{I}-\bar{\boldsymbol{A}})\neq 0$，因此方阵 $\boldsymbol{I}-\bar{\boldsymbol{A}}$ 可逆.

(2)⇒(1) 设 $\bar{\boldsymbol{A}}$ 是 n 阶方阵.

由定理 4.4 可知，$\bar{\boldsymbol{A}}$ 的谱半径 $\rho(\bar{\boldsymbol{A}})\leqslant 1$. 如果 $\rho(\bar{\boldsymbol{A}})=1$，取达到谱半径的特征根 λ，$|\lambda|=1$，$\boldsymbol{\omega}^{\mathrm{T}}=(w_1,w_2,\cdots,w_n)$ 是 $\bar{\boldsymbol{A}}$ 的属于特征根 1 的特征向量，几乎重复定理 4.3 的证明过程(区别只是 $\sum_{i=1}^{n}a_{ij}\leqslant 1$)，可以导出 1 是 $\bar{\boldsymbol{A}}$ 的特征根，$(|w_1|,|w_2|,\cdots,|w_n|)^{\mathrm{T}}$ 是特征根 1 的特征向量. 所以 $\det(\boldsymbol{I}-\bar{\boldsymbol{A}})=0$，这与方阵 $\boldsymbol{I}-\bar{\boldsymbol{A}}$ 可逆矛盾.

(1)⇔(3) 由附录 1 中引理 1 的结论，主子阵 $\bar{\boldsymbol{A}}$ 的谱半径严格小于 1 的充分必要条件是 $\lim\limits_{k\to\infty}\bar{\boldsymbol{A}}^k=\boldsymbol{0}$. 证毕.

4.3.3　和合成模型分析

记方案的重要性向量为 $\boldsymbol{u}=(u_1,u_2,\cdots,u_n)$. 由定义 4.6，$\boldsymbol{u}$ 是正向量，且对编号为 i 的属性节点，$\boldsymbol{u}$ 的分量 u_i 就是方案的属性值，因此，向量 $\boldsymbol{u}$ 就是下面式(4.7)所示的有约束的齐次线性方程组的解

$$\begin{cases} \boldsymbol{u} = \boldsymbol{u}\boldsymbol{A} \\ \boldsymbol{u} > \boldsymbol{0} \end{cases} \tag{4.7}$$

式(4.7)是和合成模型的另一种表达形式.

从式(4.7)容易看出,向量 $\boldsymbol{u}$ 就是方阵 $\boldsymbol{A}$ 的、属于特征根 1 的、特定的、正的左特征(行)向量.

求解和合成模型定义的网络决策分析问题,本质上就是利用 $\boldsymbol{A}$ 求解 $\boldsymbol{u}$.

将决策准则支配关系图的节点适当编号,不妨设属性节点的编号都大于其他的非属性节点编号,在 $\boldsymbol{A}$ 的分块表达式中,属性节点对应的行(列)号集中于右下角,重新编号后 $\boldsymbol{A}$ 的分块表达式为

$$\boldsymbol{A} = \begin{pmatrix} \bar{\boldsymbol{A}} & \boldsymbol{0} \\ \boldsymbol{B} & \boldsymbol{I} \end{pmatrix} \tag{4.8}$$

属性节点对应分块后的单位矩阵.

称式(4.8)的表达形式为**似邻接方阵的标准型**.

属性节点的有无对应于式(4.8)中单位方阵的存在与否,因此单位方阵存在的决策问题就是第 1 类决策问题,单位方阵不存在的决策问题就是第 2 类决策问题.

先分析第 1 类问题.

将重要性向量 $\boldsymbol{u}$ 分成两部分 $\boldsymbol{u} = (\bar{\boldsymbol{u}}, \boldsymbol{x})$,$\bar{\boldsymbol{u}}$ 和 $\boldsymbol{x}$ 分别对应非属性节点和属性节点,则式(4.7)中的等式可以写成

$$(\bar{\boldsymbol{u}}, \boldsymbol{x}) \begin{pmatrix} \bar{\boldsymbol{A}} & \boldsymbol{0} \\ \boldsymbol{B} & \boldsymbol{I} \end{pmatrix} = (\bar{\boldsymbol{u}}, x)$$

$$\bar{\boldsymbol{u}}\bar{\boldsymbol{A}} + \boldsymbol{x}\boldsymbol{B} = \bar{\boldsymbol{u}}$$

$$\bar{\boldsymbol{u}}(\boldsymbol{I} - \bar{\boldsymbol{A}}) = \boldsymbol{x}\boldsymbol{B} \tag{4.9}$$

由于属性节点值 $\boldsymbol{x}$ 是由方案确定的,它与决策准则没有关系,所以是独立的变量. 当 $\boldsymbol{I} - \bar{\boldsymbol{A}}$ 可逆时,给定方案的属性值 $\boldsymbol{x}$,就可以唯一得到这个方案重要性向量中准则部分的向量值

$$\bar{\boldsymbol{u}} = \boldsymbol{x}\boldsymbol{B}(\boldsymbol{I} - \bar{\boldsymbol{A}})^{-1} \tag{4.10}$$

在下文将证明,当 $\boldsymbol{I} - \bar{\boldsymbol{A}}$ 可逆时,能保证 $\bar{\boldsymbol{u}} > \boldsymbol{0}$.

再分析第 2 类问题.

当决策准则支配关系图无属性节点时,式(4.7)的解与属性(方案)无

关,解已经失去原来的意义,因此需要研究方程 $\boldsymbol{u}(\boldsymbol{I}-\boldsymbol{A})=\boldsymbol{0}$ 所蕴含的深层次意义.

下面分别讨论第 1 类问题和第 2 类问题的解.

4.3.4 和合成模型的解(Ⅰ)——第 1 类决策问题

1. 解的解析表达式

当 $\boldsymbol{I}-\bar{\boldsymbol{A}}$ 可逆时,齐次线性方程组

$$(\bar{\boldsymbol{u}},\boldsymbol{x})\begin{pmatrix}\bar{\boldsymbol{A}} & \boldsymbol{0}\\ \boldsymbol{B} & \boldsymbol{I}\end{pmatrix}=(\bar{\boldsymbol{u}},\boldsymbol{x})$$

有唯一解 $\boldsymbol{u}=(\boldsymbol{x}\boldsymbol{B}(\boldsymbol{I}-\bar{\boldsymbol{A}})^{-1},\boldsymbol{x})$.

现在证明这个唯一解 $\boldsymbol{u}=(\boldsymbol{x}\boldsymbol{B}(\boldsymbol{I}-\bar{\boldsymbol{A}})^{-1},\boldsymbol{x})$ 也是式(4.7)的满足约束条件的可行解.

对任意的正整数 k,考虑 $\boldsymbol{A}=\begin{pmatrix}\bar{\boldsymbol{A}} & \boldsymbol{0}\\ \boldsymbol{B} & \boldsymbol{I}\end{pmatrix}$ 的 k 次幂

$$\boldsymbol{A}^k=\begin{pmatrix}\bar{\boldsymbol{A}}^k & \boldsymbol{0}\\ \boldsymbol{B}\left(\sum_{l=1}^{k-1}\bar{\boldsymbol{A}}^l\right) & \boldsymbol{I}\end{pmatrix}$$

从恒等式 $\boldsymbol{I}-\bar{\boldsymbol{A}}^k=(\boldsymbol{I}-\bar{\boldsymbol{A}})(\bar{\boldsymbol{A}}+\bar{\boldsymbol{A}}^2+\cdots+\bar{\boldsymbol{A}}^{k-1})$ 可知,当 $\boldsymbol{I}-\bar{\boldsymbol{A}}$ 可逆时

$$(\boldsymbol{I}-\bar{\boldsymbol{A}})^{-1}(\boldsymbol{I}-\bar{\boldsymbol{A}}^k)=\bar{\boldsymbol{A}}+\bar{\boldsymbol{A}}^2+\cdots+\bar{\boldsymbol{A}}^{k-1}$$

又由定理 4.5 知,方阵 $\boldsymbol{I}-\bar{\boldsymbol{A}}$ 可逆与 $\lim\limits_{k\to\infty}\bar{\boldsymbol{A}}^k=\boldsymbol{0}$ 等价,所以当 $\boldsymbol{I}-\bar{\boldsymbol{A}}$ 可逆时,有

$$\lim_{k\to\infty}(\boldsymbol{I}-\bar{\boldsymbol{A}})^{-1}(\boldsymbol{I}-\bar{\boldsymbol{A}}^k)=\lim_{k\to\infty}(\bar{\boldsymbol{A}}+\bar{\boldsymbol{A}}^2+\cdots+\bar{\boldsymbol{A}}^{k-1})$$

即

$$(\boldsymbol{I}-\bar{\boldsymbol{A}})^{-1}=\lim_{k\to\infty}(\bar{\boldsymbol{A}}+\bar{\boldsymbol{A}}^2+\cdots+\bar{\boldsymbol{A}}^{k-1})\tag{4.11}$$

因此当 $\boldsymbol{I}-\bar{\boldsymbol{A}}$ 可逆时,极限 $\lim\limits_{k\to\infty}\boldsymbol{A}^k$ 存在,且有

$$\lim_{k\to\infty}\boldsymbol{A}^k=\lim_{k\to\infty}\begin{pmatrix}\bar{\boldsymbol{A}}^k & \boldsymbol{0}\\ \boldsymbol{B}\left(\sum_{l=1}^{k-1}\bar{\boldsymbol{A}}^l\right) & \boldsymbol{I}\end{pmatrix}=\begin{pmatrix}\boldsymbol{0} & \boldsymbol{0}\\ \boldsymbol{B}(\boldsymbol{I}-\bar{\boldsymbol{A}})^{-1} & \boldsymbol{I}\end{pmatrix}\tag{4.12}$$

又从随机方阵的性质 2 可知,对任意的正整数 k,$\boldsymbol{A}^k$ 都是随机方阵,所以它

的每一列的元素之和为 1. 因此在式(4.12)中,分块矩阵 $\boldsymbol{B}(\boldsymbol{I}-\bar{\boldsymbol{A}})^{-1}$ 的每一列的元素之和也都是 1,即在它的每一列中,元素不能全为 0.

由 $\bar{\boldsymbol{A}}\geqslant\boldsymbol{0}$ 及式(4.11)得

$$(\boldsymbol{I}-\bar{\boldsymbol{A}})^{-1}\geqslant\boldsymbol{0}$$

再由 $\boldsymbol{B}\geqslant\boldsymbol{0}$ 得

$$\boldsymbol{B}(\boldsymbol{I}-\bar{\boldsymbol{A}})^{-1}\geqslant\boldsymbol{0}$$

再由 $\boldsymbol{x}>\boldsymbol{0}$ 及 $\boldsymbol{B}(\boldsymbol{I}-\bar{\boldsymbol{A}})^{-1}$ 的列元素不能全为 0,得 $\bar{\boldsymbol{u}}=\boldsymbol{x}\boldsymbol{B}(\boldsymbol{I}-\bar{\boldsymbol{A}})^{-1}>\boldsymbol{0}$. 这就证明了,当 $\boldsymbol{I}-\bar{\boldsymbol{u}}$ 可逆时,解

$$\boldsymbol{u}=(\boldsymbol{x}\boldsymbol{B}(\boldsymbol{I}-\bar{\boldsymbol{A}})^{-1},\boldsymbol{x})$$

是式(4.7)的满足约束条件的可行解.

上面的推导同时也证明了:

推论 4.2 对随机方阵 $\boldsymbol{A}=\begin{pmatrix}\bar{\boldsymbol{A}} & \boldsymbol{0}\\ \boldsymbol{B} & \boldsymbol{I}\end{pmatrix}$,当 $\boldsymbol{I}-\bar{\boldsymbol{A}}$ 可逆时,$(\boldsymbol{I}-\bar{\boldsymbol{A}})^{-1}\geqslant\boldsymbol{0}$, $\boldsymbol{B}(\boldsymbol{I}-\bar{\boldsymbol{A}})^{-1}\geqslant\boldsymbol{0}$ 且 $\boldsymbol{B}(\boldsymbol{I}-\bar{\boldsymbol{A}})^{-1}$ 的列和为 1.

2. 解的极限表达式

从决策问题的解 $\boldsymbol{u}=(\boldsymbol{x}\boldsymbol{B}(\boldsymbol{I}-\bar{\boldsymbol{A}})^{-1},\boldsymbol{x})$ 及式(4.12),可知

$$\begin{aligned}\boldsymbol{u}&=(\boldsymbol{x}\boldsymbol{B}(\boldsymbol{I}-\bar{\boldsymbol{A}})^{-1},\boldsymbol{x})\\&=(\boldsymbol{0},\boldsymbol{x})\begin{pmatrix}\boldsymbol{0} & \boldsymbol{0}\\ \boldsymbol{B}(\boldsymbol{I}-\bar{\boldsymbol{A}})^{-1} & \boldsymbol{I}\end{pmatrix}\\&=(\boldsymbol{0},\boldsymbol{x})\lim_{k\to\infty}\boldsymbol{A}^k\end{aligned}$$

将 $\boldsymbol{u}_0=(\boldsymbol{0},\boldsymbol{x})$ 当成方案重要性向量的初始值,可以通过极限迭代求方案重要性向量.

算法 4.3 用求极限的方法求方案重要性向量的算法.

步骤 1(初始化,读入允许误差)

$\boldsymbol{I}\to\boldsymbol{A}^*$;读入允许误差 ε.

步骤 2(求极限 $\lim\limits_{k\to\infty}\boldsymbol{A}^k$)

计算 $\boldsymbol{A}^*\boldsymbol{A}\to\boldsymbol{A}^*$;

如果 $\|\boldsymbol{A}^*\boldsymbol{A}-\boldsymbol{A}^*\|\geqslant\varepsilon$ 则转步骤 2,否则转步骤 3.

步骤 3(对不同的方案,逐个计算方案的重要性值)

对方案逐个处理:

[读入方案的属性值(方案的重要性向量初值)$\boldsymbol{u}_0=(\boldsymbol{0},\boldsymbol{x})$;

计算 $\boldsymbol{u}=\boldsymbol{u}_0\boldsymbol{A}^*$;

如果所有方案处理完,则终止,否则处理下一个方案].

算法中求矩阵幂乘积极限的方法虽然易于理解但效率不高.按照附录1的算法1改造步骤2还可以提高效率.

记似邻接方阵 $\boldsymbol{A}$ 的 k 次幂 $\boldsymbol{A}^k=(a_{ij}^{(k)})$,可以借助于 $a_{ij}^{(k)}$ 的几何直观理解用极限 $\boldsymbol{u}=\lim\limits_{k\to\infty}\boldsymbol{u}_0\boldsymbol{A}^k$ 求解方案重要性向量的含义.

第 2 章的定理 2.9 给出了 $a_{ji}^{(k)}$ 的几何解释,通过 $a_{ji}^{(k)}$ 的几何解释建立了无圈准则支配关系图与层次准则支配关系图的等价关系.

当准则支配关系图有圈时,严格阐明 $a_{ji}^{(k)}$ 的几何意义比较麻烦.这里不加证明,只是仿照定理 2.9 给出 $a_{ji}^{(k)}$ 的几何描述:

如果 j 是非属性节点,则 $a_{ji}^{(k)}$ 是准则 i 到准则 j 的所有边数为 k 的"路"的长度之和.

如果 j 是属性节点,则 $a_{ji}^{(k)}$ 由 k 部分的和构成,这 k 部分分别是:

准则 i 对准则 j 的直接支配关系值(准则 i 到准则 j 的边数为 1 的"路"的长度);

准则 i 到准则 j 的所有边数为 2 的"路"的长度之和;

……;

准则 i 到准则 j 的所有边数为 k 的"路"的长度之和.

由于圈可能存在,这里的"路"已经不能保证是简单的有向路了.

由似邻接方阵 $\boldsymbol{A}$ 的性质,当幂乘次数 $k=0$,$\boldsymbol{u}(0)=\boldsymbol{u}_0$,就得到了属性节点的重要性值,其他准则的重要性值全为 0.

当 $k=1$,$\boldsymbol{u}(1)=\boldsymbol{u}_0\boldsymbol{A}$,不仅得到了属性节点的重要性值,同时得到了直接支配属性节点(到属性节点的路的边数等于 1)的准则的**部分**重要性值(之所以称为部分重要性值,是因为直接支配属性节点的准则可能还支配着别的准则,而这时被支配准则的重要性还没有算出,只能当成了 0).

随着 k 的增加,$\boldsymbol{u}(k)=\boldsymbol{u}_0\boldsymbol{A}^k$ 也在变化,$\boldsymbol{u}(k)$的第 i 个分量给出的是准则 i 的重要性(近似)值,它合成了由节点 i 到属性节点的路的边数小于或等于 k 的值.其中属性节点的重要性值一直保持着初始值,并不随 k 的增加而变化.

当 $\boldsymbol{A}^k$ 达到极限 $\boldsymbol{A}^*$,$\boldsymbol{u}(*)=\boldsymbol{u}_0\boldsymbol{A}^*$ 的第 i 个分量给出的是准则 i 的重

要性值,它合成了由节点 i 到属性节点的所有路的值,而属性节点的重要性值却保持着初始值.

3. 求解方法的普适性

用式(4.7)模型求解层次分析问题和扩展的层次分析与前三章的结果是否一致?答案是肯定的,下面分别说明.

(1) 用式(4.7)模型求解层次分析问题

考虑图 1.5 所示的一般层次结构,按照第 2 章 2.2.3 小节对准则的编号(其层数为 $l+1$,第 0 层的总准则(根点)编号为 1,然后逐层由小到大地编号,依次编为 $2,3,\cdots,n$).编号后层次结构准则支配关系图的似邻接方阵 $\boldsymbol{A}$ 为

$$\boldsymbol{A}=\begin{pmatrix} \boldsymbol{0} & \boldsymbol{0} & \cdots & \boldsymbol{0} & \boldsymbol{0} \\ \boldsymbol{A}_1 & \boldsymbol{0} & \cdots & \boldsymbol{0} & \boldsymbol{0} \\ \boldsymbol{0} & \boldsymbol{A}_2 & \cdots & \boldsymbol{0} & \boldsymbol{0} \\ \vdots & \vdots & & \vdots & \vdots \\ \boldsymbol{0} & \boldsymbol{0} & \cdots & \boldsymbol{A}_l & \boldsymbol{I} \end{pmatrix}$$

将 $\boldsymbol{A}$ 按照式(4.8)的要求分块,得到

$$\bar{\boldsymbol{A}}=\begin{pmatrix} \boldsymbol{0} & \boldsymbol{0} & \cdots & \boldsymbol{0} & \boldsymbol{0} \\ \boldsymbol{A}_1 & \boldsymbol{0} & \cdots & \boldsymbol{0} & \boldsymbol{0} \\ \boldsymbol{0} & \boldsymbol{A}_2 & \cdots & \boldsymbol{0} & \boldsymbol{0} \\ \vdots & \vdots & & \vdots & \vdots \\ \boldsymbol{0} & \boldsymbol{0} & \cdots & \boldsymbol{A}_{l-1} & \boldsymbol{0} \end{pmatrix}$$

由于 $\bar{\boldsymbol{A}}$ 的对角元素全为 0,所以 $\boldsymbol{I}-\bar{\boldsymbol{A}}$ 可逆,因此层次分析问题一定有唯一解.

由

$$\lim_{k\to\infty}\boldsymbol{A}^k=\boldsymbol{A}^l=\begin{pmatrix} \boldsymbol{0} & \boldsymbol{0} & \cdots & \boldsymbol{0} & \boldsymbol{0} \\ \boldsymbol{0} & \boldsymbol{0} & \cdots & \boldsymbol{0} & \boldsymbol{0} \\ \boldsymbol{0} & \boldsymbol{0} & \cdots & \boldsymbol{0} & \boldsymbol{0} \\ \vdots & \vdots & & \vdots & \vdots \\ \boldsymbol{A}_l\boldsymbol{A}_{l-1}\cdots\boldsymbol{A}_1 & \boldsymbol{A}_l\cdots\boldsymbol{A}_2 & \cdots & \boldsymbol{A}_l & \boldsymbol{I} \end{pmatrix}$$

可知

$$\boldsymbol{B}(\boldsymbol{I}-\bar{\boldsymbol{A}})^{-1}=(\boldsymbol{A}_l\boldsymbol{A}_{l-1}\cdots\boldsymbol{A}_1,\boldsymbol{A}_l\cdots\boldsymbol{A}_2,\cdots,\boldsymbol{A}_l)$$

方案的重要性向量为 $\boldsymbol{u}=(\boldsymbol{xB}(\boldsymbol{I}-\bar{\boldsymbol{A}})^{-1},\boldsymbol{x})$.

特别地,$\boldsymbol{B}(\boldsymbol{I}-\bar{\boldsymbol{A}})^{-1}$的第 1 列 $\boldsymbol{A}_l\boldsymbol{A}_{l-1}\cdots\boldsymbol{A}_1$ 就是属性在总准则中的权重向量.

(2) 用式(4.7)模型求解一般不含圈的决策问题(扩展层次分析问题)

对于含 n 个准则、不含圈的决策准则支配关系图,如果属性节点编号大于非属性节点编号,则它的似邻接方阵 $\boldsymbol{A}$ 的标准型为

$$\boldsymbol{A}=\begin{pmatrix}\bar{\boldsymbol{A}} & \boldsymbol{0}\\ \boldsymbol{B} & \boldsymbol{I}\end{pmatrix}$$

其中,属性节点对应分块的单位矩阵,非属性节点对应分块的 $\bar{\boldsymbol{A}}$.

当准则支配关系图中不含圈,根据第 2 章的推论 2.14,非属性准则之间不存在边数超过 n 的路,且

$$\lim_{k\to\infty}\boldsymbol{A}^k=\boldsymbol{A}^n=\begin{pmatrix}\boldsymbol{0} & \boldsymbol{0}\\ \boldsymbol{B}^* & \boldsymbol{I}\end{pmatrix}$$

可知$\lim\limits_{k\to\infty}\bar{\boldsymbol{A}}^k=\boldsymbol{0},\boldsymbol{I}-\bar{\boldsymbol{A}}$ 可逆,决策问题有唯一解.

用求极限的方法求解,可以得到方案的重要性向量

$$\boldsymbol{u}=\boldsymbol{u}_0\boldsymbol{A}^n=(\boldsymbol{xB}^*,\boldsymbol{x})$$

此结论与第 2 章定理 2.11 的结论相同,只不过在第 2 章从“属性在准则中的权”角度叙述问题,现在的表达式是“准则的重要性值”罢了.

由上面的分析可知,不论是层次结构还是一般无圈结构的决策问题,用本章给出的方法求解与第 2、第 3 章得出的结果是一样的.所以得出:

推论 4.3　网络决策分析和合成模型的求解方法可以用于准则支配关系图无圈的决策问题.对无圈的决策问题,它就是扩展的层次分析方法.

4.3.5　和合成模型的解(Ⅱ)——第 2 类决策问题

在和合成模型的定义中,方案的重要性向量 $\boldsymbol{u}$ 是依赖于方案的.而当决策准则支配关系图无属性节点时决策问题没有方案,$\boldsymbol{u}$ 变成一个不依赖于方案的绝对值.但是根据式(4.7)的定义,$\boldsymbol{u}$ 的第 i 个分量所代表的意义仍然是第 i 个准则的重要程度.由于解 $\boldsymbol{u}$ 已经与属性(方案)无关,因此需要研究它的深层次含义.

1. 解的存在性和唯一性问题

从随机方阵的各列元素和为 1 的性质立刻可知，方程 $\boldsymbol{u}(\boldsymbol{I}-\boldsymbol{A})=\boldsymbol{0}$ 总有平凡解，这个解为方阵 $\boldsymbol{A}$ 的、属于特征根 1 的左特征行向量

$$(a,a,\cdots,a),\quad a>0$$

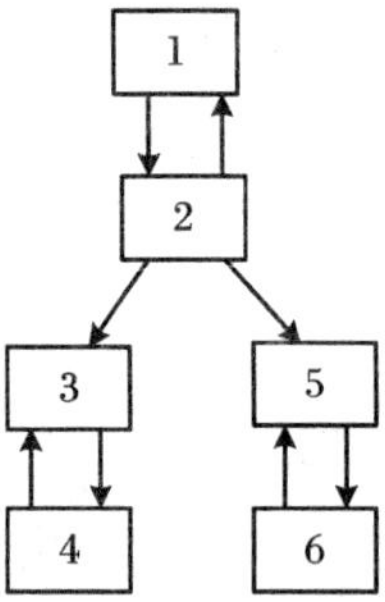

图 4.7

这个平凡解在决策问题中所代表的意义是各个准则的重要性都是一样的.

因为 $\boldsymbol{u}(\boldsymbol{I}-\boldsymbol{A})=\boldsymbol{0}$ 总能成立，所以 $\mathrm{rank}(\boldsymbol{I}-\boldsymbol{A})\leqslant n-1$. 而当 $\mathrm{rank}(\boldsymbol{I}-\boldsymbol{A})=n-2$ 时，能找到解不唯一的例子.

例 4.8 第 2 类问题解不唯一的例子.

设有如图 4.7 所示的决策问题，它对应的 6 阶似邻接方阵 $\boldsymbol{A}$ 列于表 4.10.

表 4.10 图 4.7 的似邻接方阵 $\boldsymbol{A}$

	1	2	3	4	5	6
1	0	1/2	0	0	0	0
2	1	0	0	0	0	0
3	0	1/4	0	1	0	0
4	0	0	1	0	0	0
5	0	1/4	0	0	0	1
6	0	0	0	0	1	0

考察表 4.10 所示的似邻接方阵 $\boldsymbol{A}$ 的秩，$\mathrm{rank}(\boldsymbol{I}-\boldsymbol{A})=4$，恰为 $\mathrm{rank}(\boldsymbol{I}-\boldsymbol{A})=n-2$.

容易验证 $\boldsymbol{A}$ 有属于特征根 1 的(左)特征行向量

$$((x+y)/2,(x+y)/2,x,x,y,y))$$

其中，x,y 是两个独立的变量. 由此可以立即得到两个线性无关的、归一化的、非负的(左)特征行向量

$$\boldsymbol{\alpha}_1=(1/6,1/6,1/3,1/3,0,0) \quad 和 \quad \boldsymbol{\alpha}_2=(1/6,1/6,0,0,1/3,1/3)$$

取 $0<a<1$，可知用 $\boldsymbol{\alpha}_1$ 和 $\boldsymbol{\alpha}_2$ 产生的凸组合 $a\boldsymbol{\alpha}_1+(1-a)\boldsymbol{\alpha}_2$ 也是方阵 $\boldsymbol{A}$ 的、属于特征根 1 的左特征行向量. 因此，$\boldsymbol{A}$ 有无限多个正的、归一化的左特征行向量.

例 4.8 说明，当 $\operatorname{rank}(\boldsymbol{I}-\boldsymbol{A})\leqslant n-2$ 时，方程 $\boldsymbol{u}(\boldsymbol{I}-\boldsymbol{A})=\boldsymbol{0}$ 的归一化正解可能不唯一.

如果方程 $\boldsymbol{u}(\boldsymbol{I}-\boldsymbol{A})=\boldsymbol{0}$ 的归一化正解不唯一，则说明准则的重要程度是可以随意变化的，这样的决策问题是没有实际意义的，是不合理的. 所以当方程 $\boldsymbol{u}(\boldsymbol{I}-\boldsymbol{A})=\boldsymbol{0}$ 有唯一归一化正解时决策问题才合理，因此对第 2 类决策问题只研究 $\boldsymbol{u}(\boldsymbol{I}-\boldsymbol{A})=\boldsymbol{0}$ 有唯一归一化正解唯一的情况.

对一般的情况，有：

定理 4.6　对第 2 类决策问题，方程 $\boldsymbol{u}=\boldsymbol{u}\boldsymbol{A}$ 有唯一归一化正解、$\operatorname{rank}(\boldsymbol{I}-\boldsymbol{A})=n-1$ 和方阵 $\boldsymbol{A}$ 以 1 为单重特征根这三个条件是等价的.

定理的证明放在第 5 章.

2. 重新定义第 2 类问题的解

当 $\operatorname{rank}(\boldsymbol{I}-\boldsymbol{A})\leqslant n-2$ 时，能构造出方程 $\boldsymbol{u}(\boldsymbol{I}-\boldsymbol{A})=\boldsymbol{0}$ 归一化正解不唯一的例子. 但是当方程 $\boldsymbol{u}(\boldsymbol{I}-\boldsymbol{A})=\boldsymbol{0}$ 的归一化正解唯一时，它又是平凡的，不能从这个平凡解分辨出准则的重要程度，因此需要从另外的视角定义决策问题的解.

定义 4.9　当方程 $\boldsymbol{u}(\boldsymbol{I}-\boldsymbol{A})=\boldsymbol{0}$ 有唯一归一化正解时，称 $\boldsymbol{A}$ 的属于特征根 1 的、归一化的非负（右）特征列向量为**第 2 类决策问题的解**.

下面解释用 $\boldsymbol{A}$ 的属于特征根 1 的归一化（右）特征向量定义第 2 类问题解的合理性.

定理 4.7　如果 $\operatorname{rank}(\boldsymbol{I}-\boldsymbol{A})=n-1$，且 $\lim\limits_{k\to\infty}\boldsymbol{A}^k$ 存在，则 $\lim\limits_{k\to\infty}\boldsymbol{A}^k$ 的各列都是一样的，它就是 $\boldsymbol{A}$ 的属于特征根 1 的归一化（右）特征向量.

先讨论定理结论的含义，再给出定理的证明.

记似邻接方阵 $\boldsymbol{A}$ 的 k 次幂 $\boldsymbol{A}^k=(a_{ij}^{(k)})$，$a_{ij}^{(k)}$ 代表了准则 j 对准则 i 的累积的 k 步准则支配关系值，如果极限 $\lim\limits_{k\to\infty}\boldsymbol{A}^k$ 存在且任意两列都成比例（注意，极限 $\lim\limits_{k\to\infty}\boldsymbol{A}^k$ 存在不能保证极限 $\lim\limits_{k\to\infty}\boldsymbol{A}^k$ 的任意两列比例），说明在极限情况下对准则 i 的支配关系值与支配的准则 j 无关了，而极限列向量是归一化的，它的第 i 个分量可以理解为系统中各个准则的重要性达到一致的情况下第 i 个准则所做出的贡献. 因此，对第 2 类决策问题，当方程 $\boldsymbol{u}=\boldsymbol{u}\boldsymbol{A}$ 有唯一归一化的正解时，决策的关注点转为达到这个结果时各个准则做出的贡献. 这个贡献可用 $\boldsymbol{A}$ 的属于特征根 1 的、归一化的非负（右）特征向量度量. 所以当定理 4.7 的条件成立时，定义 4.9 给出的第 2 类决策问题解就是极限$\lim\limits_{k\to\infty}\boldsymbol{A}^k$ 的列向量.

只有当 $\operatorname{rank}(\boldsymbol{I}-\boldsymbol{A})=n-1$ 时第 2 类问题才有唯一解,而$\operatorname{rank}(\boldsymbol{I}-\boldsymbol{A})=n-1$ 并不能推出$\lim\limits_{k\to\infty}\boldsymbol{A}^k$ 存在,所以不能用$\lim\limits_{k\to\infty}\boldsymbol{A}^k$ 存在与否判别第 2 类问题是否可解.

由定理 4.6 知,当 $\operatorname{rank}(\boldsymbol{I}-\boldsymbol{A})=n-1$ 时,$\boldsymbol{A}$ 有属于特征根 1 的、唯一的非负归一化特征向量.因此定义 4.9 是合理的.更深入的讨论放在第 5 章 5.4 节.

定理 4.7 的证明 由定理 4.6 的结论,当 $\operatorname{rank}(\boldsymbol{I}-\boldsymbol{A})=n-1$ 时,$\boldsymbol{A}$ 的特征根 1 只是一重根,从若尔当标准型理论可知,存在非异方阵 $\boldsymbol{P}$,使得

$$\boldsymbol{PAP}^{-1}=\operatorname{diag}(\boldsymbol{1},\boldsymbol{J}_2,\cdots,\boldsymbol{J}_r)$$

其中,$\boldsymbol{J}_2,\cdots,\boldsymbol{J}_r$ 是若尔当块,$\boldsymbol{J}_l$ 的对角元素为 d_l $(l=2,\cdots,r)$.

由 $\boldsymbol{A}$ 是随机方阵和特征根 1 是一重的,可知

$$|d_l|\leqslant 1 \quad 和 \quad d_l\neq 1 \quad (l=2,\cdots,r)$$

d_l $(l=2,\cdots,r)$可能有两种情况:$|d_l|<1$ 或$|d_l|=1$.

考虑 $\boldsymbol{A}$ 的 k 次幂,有

$$\boldsymbol{PA}^k\boldsymbol{P}^{-1}=\operatorname{diag}(1,\boldsymbol{J}_1^k,\cdots,\boldsymbol{J}_r^k)$$

易知 $\boldsymbol{J}_l^k$ 的对角元素为 d_l^k $(l=2,\cdots,r)$.

如果$|d_l|<1$,则 $\boldsymbol{J}_l^k$ 的对角元素极限$\lim\limits_{k\to\infty}d_l^k$ 存在且$\lim\limits_{k\to\infty}d_l^k=0$.

现在证明,如果$\lim\limits_{k\to\infty}\boldsymbol{A}^k$ 存在,则$|d_l|=1$ 的情况不会存在.

不然,若有$|d_l|=1$,则 d_l 在单位圆上,可以表示为 $d_l=\mathrm{e}^{\sqrt{-1}\theta_l}$,又由 $d_l\neq 1$,知辐角 $\theta_l\neq 0$.

由$\lim\limits_{k\to\infty}\boldsymbol{A}^k$ 存在,知极限$\lim\limits_{k\to\infty}\boldsymbol{PA}^k\boldsymbol{P}^{-1}$存在,从而极限$\lim\limits_{k\to\infty}\boldsymbol{J}_l^k$ 存在,极限$\lim\limits_{k\to\infty}d_l^k$存在,所以$\lim\limits_{k\to\infty}\mathrm{e}^{\sqrt{-1}k\theta_l}$存在.

如果$\lim\limits_{k\to\infty}\mathrm{e}^{\sqrt{-1}k\theta_l}$存在,则当 k 充分大,在单位圆上 $\mathrm{e}^{\sqrt{-1}k\theta_l}$和 $\mathrm{e}^{\sqrt{-1}(k+1)\theta_l}$的辐角 $k\theta_l$ 和$(k+1)\theta_l$ 的差应可以任意小,而今它们的差是一个不为 0 的常数 θ_l,矛盾.

所以当 $\operatorname{rank}(\boldsymbol{I}-\boldsymbol{A})=n-1$ 且$\lim\limits_{k\to\infty}\boldsymbol{A}^k$ 存在时,只能有$|d_l|<1$ $(l=2,\cdots,r)$.

今$|d_l^k|$是 $\boldsymbol{J}_l^k$ 的谱半径,根据附录 1 中的引理 1,可知从$\lim\limits_{k\to\infty}d_l^k=0$ 可导出$\lim\limits_{k\to\infty}\boldsymbol{J}_l^k=\boldsymbol{0}$ $(l=2,\cdots,r)$.

所以当 $\mathrm{rank}(\boldsymbol{I}-\boldsymbol{A})=n-1$ 且 $\lim\limits_{k\to\infty}\boldsymbol{A}^k$ 存在时，有

$$\lim_{k\to\infty}\boldsymbol{A}^k = \boldsymbol{P}\begin{pmatrix}\mathbf{1} & \mathbf{0}\\ \mathbf{0} & \mathbf{0}\end{pmatrix}\boldsymbol{P}^{-1}$$

由极限结果，容易得出 $\mathrm{rank}(\lim\limits_{k\to\infty}\boldsymbol{A}^k)=1$.

记 $\lim\limits_{k\to\infty}\boldsymbol{A}^k=\boldsymbol{B}$.

因为 $\boldsymbol{A}$ 是随机方阵，所以对任何正整数 k，$\boldsymbol{A}^k$ 仍然是随机方阵. 当 $\lim\limits_{k\to\infty}\boldsymbol{A}^k$ 存在时，极限 $\lim\limits_{k\to\infty}\boldsymbol{A}^k$ 也是随机方阵.

设 $\boldsymbol{\beta}$ 为 $\boldsymbol{A}$ 的特征根 1 的、归一化的非负（右）特征向量，则 $\boldsymbol{A\beta}=\boldsymbol{\beta}$. 所以 $\boldsymbol{A}^k\boldsymbol{\beta}=\boldsymbol{\beta}$，即 $\boldsymbol{\beta}$ 亦为 $\boldsymbol{A}^k$ 的特征根 1 的（右）特征向量. 取极限得到

$$\lim_{k\to\infty}\boldsymbol{A}^k\boldsymbol{\beta} = \boldsymbol{B\beta} = \boldsymbol{\beta}$$

即 $\boldsymbol{\beta}$ 亦为 $\lim\limits_{k\to\infty}\boldsymbol{A}^k$ 的特征根 1 的（右）特征向量.

今由 $\mathrm{rank}(\boldsymbol{B})=1$，$\boldsymbol{B}$ 的各列元素非负，小于或等于 1，且和为 1，得出 $\boldsymbol{B}$ 的各列必须完全一样，即

$$\boldsymbol{B} = (\boldsymbol{\alpha},\cdots,\boldsymbol{\alpha})$$

其中，$\boldsymbol{\alpha}=(a_1,\cdots,a_n)^{\mathrm{T}}$ 是一个各分量非负、小于或等于 1，且和为 1 的列向量.

易知 $\boldsymbol{B}$ 只有一个非 0 的特征根 1，其余特征根都为 0.

容易验证 $\boldsymbol{B}$ 的列向量 $\boldsymbol{\alpha}$ 就是 $\boldsymbol{B}$ 的属于特征根 1 的、归一化的非负特征向量，即 $\boldsymbol{B\alpha}=\boldsymbol{\alpha}$，从而

$$\boldsymbol{\alpha} = \boldsymbol{\beta}$$

定理证毕.

3. 求唯一解的算法

对第 2 类决策问题，当问题有唯一解时，解是 $\boldsymbol{A}$ 的属于特征根 1 的右特征向量. 根据上文的分析，得到如下的求解算法.

算法 4.4　和合成模型第 2 类问题求解算法.

步骤 1（判断唯一解是否存在唯一）

检查 $\mathrm{rank}(\boldsymbol{I}-\boldsymbol{A})$，如果 $\mathrm{rank}(\boldsymbol{I}-\boldsymbol{A})<n-1$，则没有有意义的解，终止；否则转步骤 2.

步骤 2（求解 $\boldsymbol{A}$ 的属于特征根 1 的、归一化的非负右特征向量）

求解 $\boldsymbol{A}$ 的属于特征根 1 的右特征向量，并将其归一化.

因为唯一解存在不能保证极限$\lim\limits_{k\to\infty}\boldsymbol{A}^k$存在，所以不能直接用极限$\lim\limits_{k\to\infty}\boldsymbol{A}^k$求得唯一解.但是引进 Cesaro 平均的概念后，在唯一解存在的条件下，可以对 Cesaro 平均求极限获得唯一解，详细的讨论放在第 5 章.

4.4 网络决策分析准则重要性的积合成模型

在决策准则支配关系图上进行合成，也可以用积合成模型.

4.4.1 积合成模型的定义

同和合成模型一样，积合成模型的表达式也是建立在准则支配关系概念"扩大化"的基础上，即任何一个准则可以"支配"所有的准则，包括它自己.真正起支配作用的那些关系，支配关系值严格大于 0，没有支配关系而"扩大"进来的那些关系，支配关系值为 0.积合成模型只是把和合成模型中的加权和改为幂指数的乘积.

定义 4.10 在准则支配关系图上，对某个确定的准则 j，它（扩大）支配的准则为 $1,2,\cdots,n$，$(a_{1j},a_{2j},\cdots,a_{nj})^{\mathrm{T}}$ 是准则 $1,2,\cdots,n$ 在准则 j 中的权重向量，$0\leqslant a_{ij}\leqslant 1\ (\forall\, i)$，$\sum\limits_{i=1}^{n}a_{ij}=1$，对于一个给定的方案，$u_1,u_2,\cdots,u_n$ 分别是对应于这个方案的、准则 $1,2,\cdots,n$ 的重要性值（待求，限定只能取正值），则这个方案的准则 j 的**重要性值** u_j 定义为

$$u_j = u_1^{a_{1j}}\times u_2^{a_{2j}}\times\cdots\times u_n^{a_{nj}}\quad (j=1,2,\cdots,n)\tag{4.13}$$

式(4.13)称为准则重要性值的**积合成模型**.

4.4.2 积合成模型的解

在式(4.13)中，引进中间变量

$$v_j=\ln u_j\quad (j=1,2,\cdots,n)$$

记 $\boldsymbol{v}=(v_1,v_2,\cdots,v_n)$，其中

$$v_j = \ln u_j \quad (j=1,2,\cdots,n)$$

代入式(4.13)，得到

$$v_j = a_{1j}v_1 + a_{2j}v_2 + \cdots + a_{nj}v_n \tag{4.14}$$

如果称式(4.13)为方案重要性值的第 1 种定义，称重要性值取对数后的式(4.14)为第 2 种定义，则在第 1 种定义下的积合成模型就是第 2 种定义下的和合成模型.

可以先对中间变量 $\boldsymbol{v}=(v_1,v_2,\cdots,v_n)$ 求解和合成模型

$$\begin{cases}\boldsymbol{v} = \boldsymbol{vA} \\ \boldsymbol{v} > \boldsymbol{0}\end{cases} \tag{4.15}$$

如果 j 对应的是属性节点，则 $u_j=\mathrm{e}^{v_j}$ 是属性值. 然后从 $\boldsymbol{v}=(v_1,v_2,\cdots,v_n)$ 反解出 $\boldsymbol{u}=(u_1,u_2,\cdots,u_n)$.

对含有属性节点的第 1 类决策问题，求解积合成模型需要先做一个对数变换，将问题转化为和合成模型，得出结果后再将结果取指数转化过来.

在积合成模型中，不同方案的同一个属性值放大或缩小同一倍数不改变方案之间重要性值的比值(见下文的推论 4.4)，所以不妨假定方案的所有属性值都大于 1，这样便可保证属性值在取自然对数后仍都大于 0.

对不含属性节点的第 2 类决策问题，积合成模型解的定义与求解方法与和合成模型完全一样，可以认为第 2 类决策问题与合成模型无关，具体的求解过程不再赘述.

4.4.3　积合成模型解的保序性质

保序问题只对第 1 类决策问题有意义. 当决策准则支配关系图含属性节点时，非属性节点对应的中间变量

$$\bar{\boldsymbol{v}} = \boldsymbol{x}'\boldsymbol{B}(\boldsymbol{I}-\bar{\boldsymbol{A}})^{-1} = \boldsymbol{x}'\widetilde{B}$$

$\bar{\boldsymbol{v}}$ 的第 i 个分量为

$$\bar{v}_i = \sum_j x_j' \tilde{b}_{ij} \tag{4.16}$$

也即非属性节点 i 的重要性值为

$$\bar{u}_i = \prod_j \mathrm{e}^{x_j'\tilde{b}_{ij}} = \prod_j x_j^{\tilde{b}_{ij}} \tag{4.17}$$

其中，$x_j = e^{x'_j}$ 是方案对应于属性 j 的值.

因此在第 3 章 3.4 节中关于积合成模型的结论完全适用于网络决策分析的积合成模型.这就证明了：

推论 4.4 在网络决策分析中，如果用积合成模型求准则重要性值，对选定的一个准则，当属性值线性变化时，两个方案的准则重要性值之比值保持不变.

推论 4.5 在网络决策分析中，如果用积合成模型求准则重要性值，选定一个准则，把这个准则的重要性值作为判定方案优劣的标准，用直接测量法获取属性值或者用相对测量法获取属性值且获取属性值的正互反方阵一致，则方案之间的优劣顺序不会因方案增加或减少而变化.

推论 4.6 在网络决策分析中，如果用积合成模型求准则重要性值，选定一个准则，用这个准则的重要性值判定方案优劣，度量属性的值线性放大或缩小不会改变决策方案之间的优劣顺序.

推论 4.7 在网络决策分析中，选定一个准则，用这个准则的重要性值判定方案优劣，如果将保持方案优劣次序不变的条件加强为保持方案的重要性比值不变，在满足条件 3.1～3.3 及属性数目大于 2 的情况下，积合成模型是唯一的保序模型.

4.5 网络决策分析方法的结构

4.5.1 在网络决策分析中评价方案重要性的方法

对于第 1 类决策问题，决策是对方案进行评价和排序.在网络决策分析中，由于准则支配关系图可能含圈，所以，网络决策分析中选择多少准则评价方案，选择哪些准则评价方案，都需要由决策者根据自己的主观意愿确定.如果评价方案的准则多于一个，则决策就是一个多指标决策问题.所以，网络决策分析也可能是多指标决策问题.

假设决策问题有 s 个决策方案，用 t 个准则评价方案，第 i 个方案的

第 j 个准则的重要性值是 y_{ij}. 将这些值排列出来，得到如表 4.11 的决策矩阵.

表 4.11

	准则 1	…	准则 j	…	准则 t
方案 1	y_{11}	…	y_{1j}	…	y_{1t}
…	…	…	…	…	
方案 i	y_{i1}	…	y_{ij}	…	y_{it}
…	…	…	…	…	…
方案 s	y_{s1}	…	y_{sj}	…	y_{st}

如何使用这些值也是需要讨论的问题. 在表 4.11 的数据中，可以将“准则”当成“指标”，评价决策方案的问题就变成一个多指标决策问题. 可以选择任何一种多指标决策方法(可以参见附录 3)进行处理，得出方案的优劣顺序.

4.5.2　网络决策分析方法的一般步骤

网络决策分析方法由几个独立的步骤组成，整个方法类似搭建积木，在不同的步骤可以选择不同的处理办法而得到不同的方法. 对第 1 类和第 2 类问题分别叙述如下.

1. 求解第 1 类决策问题的网络决策分析方法

步骤 1(建立准则支配关系)

分析并分解准则，用有向图表达准则之间的支配关系.

(决策准则支配关系图可以直接分析建立，也可以分级处理建立.)

步骤 2(量化准则支配关系)

(a) (量化准则的支配关系)

在决策准则支配关系图上，对每一个准则的支配关系都进行量化；

(量化可以采用任何一种方法，如特征根方法、对数最小二乘方法等. 当决策准则分级处理时，可以使用超矩阵方法. 量化的结果即对决策准则支配关系图的边赋值，当所有的边都被赋值后就得出了决策准则支配关系图的似邻接方阵 $\boldsymbol{A}$.)

(b)(检查准则支配关系的合理性)

(按照属性节点编号大于任何一个非属性节点编号的规则对节点编号后,得到非属性准则节点对应于 $\bar{\boldsymbol{A}}$,属性节点对应于单位方阵 $\boldsymbol{I}$ 的标准型 $\boldsymbol{A}=\begin{pmatrix}\bar{\boldsymbol{A}} & \boldsymbol{0}\\ \boldsymbol{B} & \boldsymbol{I}\end{pmatrix}$.)

判断问题是否可解($\boldsymbol{I}-\bar{\boldsymbol{A}}$ 可逆?),如果不可解,返回步骤 1 修改或终止,如果可解则转步骤 3.

步骤 3(合成准则支配关系)

计算 $\boldsymbol{B}(\boldsymbol{I}-\bar{\boldsymbol{A}})^{-1}$.

步骤 4(获取方案属性值并合成方案重要性值)

获取方案属性值 $\boldsymbol{x}$.

(方案的属性可以采用直接测量、评分、相对比较方法等.)

用和合成模型($\boldsymbol{u}=(\boldsymbol{x}\boldsymbol{B}(\boldsymbol{I}-\bar{\boldsymbol{A}})^{-1},\boldsymbol{x})$)或积合成模型(记方案属性向量 $\boldsymbol{x}$ 的各个分量取对数后的向量为 $\boldsymbol{x}^*$,$\boldsymbol{v}=(\boldsymbol{x}^*\boldsymbol{B}(\boldsymbol{I}-\bar{\boldsymbol{A}})^{-1},\boldsymbol{x}^*)$,$u_i=\mathrm{e}^{v_i}$)获得对应一个方案的所有准则的重要性值(向量).

步骤 5(评价方案)

选择评价准则.如果准则只有一个,则只要将方案的准则重要性排序;如果评价准则多于一个,列出决策矩阵,选择多指标决策的评价方法处理决策矩阵数据,得到方案的优劣顺序.

2. 求解第 2 类决策问题的网络决策分析方法

步骤 1(建立准则支配关系)

分析并分解准则,用有向图表达准则之间的支配关系.

(决策准则支配关系图可以直接分析建立,也可以分级处理建立.)

步骤 2(量化准则支配关系)

(a)(量化准则的支配关系)

在决策准则支配关系图上,对每一个准则的支配关系都进行量化.

(量化可以采用任何一种方法,如特征根方法、对数最小二乘方法等.

量化的结果即是对决策准则支配关系图的边赋值,当所有的边都被赋值后就得出了决策准则支配关系图的似邻接方阵 $\boldsymbol{A}$.当决策准则分级处理时,可以使用超矩阵方法.)

(b)(检查准则支配关系的合理性)

计算 $I-A$ 的秩,如果 $\text{rank}(I-A)\leqslant n-2$,则返回步骤 1 修改或终止.

步骤 3(求唯一解)

计算 A 的属于特征根 1 的非负的、归一化的(右)特征向量.

4.5.3　说明网络决策分析方法的例子

本小节给出两个例子,分别说明如何用网络决策分析方法解决第 1 类和第 2 类决策问题.第 1 个例子是虚构的,第 2 个例子取自 2001 年 Saaty 教授在瑞士 Berne 召开的 AHP/ANP 第 6 届国际会议上的讲演稿.

1. 第 1 类决策问题(有方案决策问题)的例子

假设有一个决策问题,共有四个准则,编号分别为 1,2,3,4.其中 3 和 4 为两个属性,准则 1 和 2 相互支配.决策准则支配关系图如图 4.8 所示.

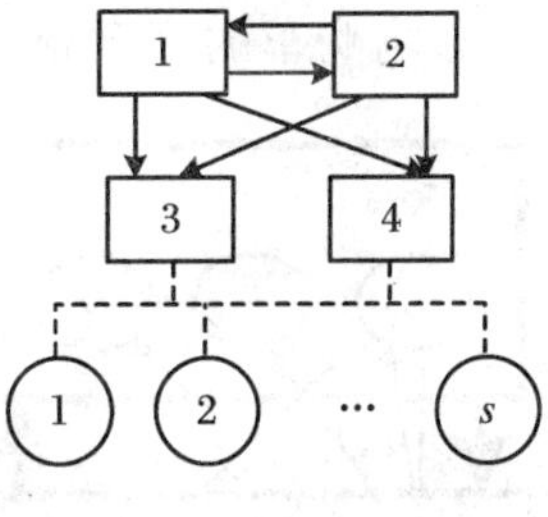

图 4.8

通过量化每一个准则和它所支配子准则的支配关系,得到准则支配关系图似邻接方阵

$$A=\begin{pmatrix}0 & 1/2 & 0 & 0\\ 1/2 & 0 & 0 & 0\\ 1/4 & 1/3 & 1 & 0\\ 1/4 & 1/6 & 0 & 1\end{pmatrix}$$

将方阵 A 按照标准型的格式分块,写成如式(4.8)的形式,准则 1 和 2 分在一起,属性 3 和 4 分在一起,得到

$$A=\begin{pmatrix}\bar{A} & 0\\ B & I\end{pmatrix}$$

对应准则 1 和 2 的主子阵 $\bar{A}=\begin{pmatrix}0 & 1/2\\ 1/2 & 0\end{pmatrix}$,则

$$(I-\bar{A})^{-1}=\frac{4}{3}\begin{pmatrix}1 & 1/2\\ 1/2 & 1\end{pmatrix}$$

$$B(I-\bar{A})^{-1}=\frac{4}{3}\begin{pmatrix}1/4 & 1/3\\ 1/4 & 1/6\end{pmatrix}\begin{pmatrix}1 & 1/2\\ 1/2 & 1\end{pmatrix}$$

$$=\begin{pmatrix}10/18 & 11/18\\ 8/18 & 7/18\end{pmatrix}$$

对于准则 1,方案的重要性向量为$(10/18,8/18)^{\mathrm{T}}$;

对于准则 2,方案的重要性向量为$(11/18,7/18)^{\mathrm{T}}$.

假设有一个决策方案,属性 3 的值为 x,属性 4 的值为 y.

用和合成模型,得到准则 1 的重要性值为$\frac{10}{18}x+\frac{8}{18}y$;准则 2 的重要性值为$\frac{11}{18}x+\frac{7}{18}y$.

用积合成模型,得到准则 1 的重要性值为 $x^{10/18}y^{8/18}$;准则 2 的重要性值为 $x^{11/18}y^{7/18}$.

2. 第 2 类决策问题(无方案决策问题)的例子

考虑购买汽车的决策问题,不同的汽车来自不同的产地,具有不同的特点.假定决策问题并不是从圈定的车型中比较哪个车型优劣,而是想分析影响人们选择车型的因素,探讨因素所起的作用.

用准则分级的超矩阵方法建立准则支配关系.

影响购车的因素粗分为两组:一组是产地,另一组是汽车的特点.产地因素细化为三个:美国(A)、欧洲(E)和日本(J);特点也细化为三个:价格(C)、易保养性(R)和耐用性(D).

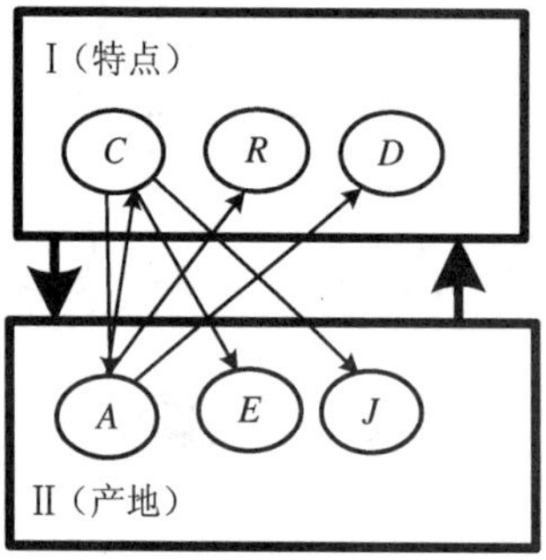

图 4.9 购车问题的准则支配关系图

它们之间的作用关系如图 4.9 所示(特点组的每一个因素都支配产地组的因素,反之,产地组的每一个因素也都支配特点组的因素.为了清晰地表达准则支配关系,只标出了特点组价格(C)与三个产地和产地组(A)与三个特点的支配关系,其余的支配关系完全类似).

特点和产地两个组准则相互影响,在组准则之间,分析支配关系并量化,得到的加权矩阵为

$$\begin{array}{c} \\ \mathrm{I} \\ \mathrm{II} \end{array}\begin{array}{c} \begin{array}{cc} \mathrm{I} & \mathrm{II} \end{array} \\ \begin{pmatrix} 0 & 1 \\ 1 & 0 \end{pmatrix} \end{array}$$

下面先分别针对特点组中的价格(C)、易保养性(R)和耐用性(D)分析产地组中产地美国(A)、欧洲(E)和日本(J)因素的影响;然后再针对产地

组中的美国(A)、欧洲(E)和日本(J)分析特点组中价格(C)、易保养性(R)和耐用性(D)因素的影响.

分析产地对价格(C)因素的影响.

问题　从价格考虑,您对不同产地汽车的喜欢程度?回答问题得到的比较判断方阵和算出的特征向量结果列于表 4.12.

表 4.12　价格因素分析

	A	E	J	特征向量
A	1	5	3	0.637
E	1/5	1	1/3	0.105
J	1/3	3	1	0.258

分析产地对易保养性(R)因素的影响.

问题　从易保养性考虑,您对不同产地汽车的喜欢程度?回答问题得到的比较判断方阵和算出的特征向量计算结果列于表 4.13.

表 4.13　易保养性因素分析

	A	E	J	特征向量
A	1	5	2	0.582
E	1/5	1	1/3	0.109
J	1/2	3	1	0.309

分析产地对耐用性(D)因素的影响.

问题　从耐用性考虑,您对不同产地汽车的喜欢程度?回答问题得到的比较判断方阵和算出的特征向量计算结果列于表 4.14.

表 4.14　耐用性因素分析

	A	E	J	特征向量
A	1	1/5	1/3	0.105
E	5	1	3	0.637
J	3	1/3	1	0.258

分析性能对美国产汽车(A)的影响.

问题　如果选择美国产汽车,您认为哪些性能应优先考虑?回答问题得到的比较判断方阵和算出的特征向量计算结果列于表 4.15.

表 4.15 产地因素(美国)分析

	C	R	D	特征向量
C	1	3	4	0.634
R	1/3	1	1	0.192
D	1/4	1	1	0.174

分析性能对欧洲产汽车(E)的影响.

问题 如果选择欧洲产汽车,您认为哪些性能应优先考虑?回答问题得到的比较判断方阵和算出的特征向量计算结果列于表 4.16.

表 4.16 产地因素(欧洲)分析

	C	R	D	特征向量
C	1	1	1/2	0.250
R	1	1	1/2	0.250
D	2	2	1	0.500

分析性能对日本产汽车(J)的影响.

问题 如果选择日本产汽车,您认为哪些性能应优先考虑?回答问题得到的比较判断方阵和算出的特征向量计算结果列于表 4.17.

表 4.17 产地因素(日本)分析

	C	R	D	特征向量
C	1	2	1	0.400
R	1/2	1	1/2	0.200
D	1	2	1	0.400

将分析结果综合,得到的未加权超矩阵列于表 4.18.

对表 4.18 列出的超矩阵,各列元素之和都是 1,所以无需再进行归一化处理就得到了最终的超矩阵.

不妨记超矩阵为 $\boldsymbol{A}$. 计算出 $\boldsymbol{A}$ 的六个特征根分别为:1, -1, 0.42, -0.42, 0.04i, -0.04i. 特征根 1 是 $\boldsymbol{A}$ 的是一重根, $\mathrm{rank}(\boldsymbol{I}-\boldsymbol{A})=5$,所以决策问题有唯一解. 因此 $\boldsymbol{A}$ 的、属于特征根 1 的、归一化的(右)特征向量存

在且唯一，直接求出，为

$$u^{\mathrm{T}} = (0.232, 0.105, 0.163, 0.226, 0.140, 0.134)$$

表 4.18　超矩阵

		Ⅰ			Ⅱ		
		C	*R*	*D*	*A*	*E*	*J*
Ⅰ	*C*	0	0	0	0.634	0.250	0.400
	R	0	0	0	0.192	0.250	0.200
	D	0	0	0	0.174	0.500	0.400
Ⅱ	*A*	0.637	0.582	0.105	0	0	0
	E	0.105	0.109	0.637	0	0	0
	J	0.259	0.309	0.259	0	0	0

从结果数据可以看出，按照影响程度的大小，影响购车的因素依次是：价格(C,0.232)、美国产(A,0.226)、耐用(D,0.163)、欧洲产(E,0.140)、日本产(J,0.134)、易维护(R,0.105).价格便宜是购车的首选因素，其次因素是产地在美国，二者相差不多.在这六个因素中，易维护是最不重要的因素.

注　本例只是说明使用网络决策分析解决第 2 类决策问题的过程，不代表本书作者认同决策结论的观点.

第5章　关于网络决策分析的深入讨论

在第4章中定义了网络决策分析的解，并给出了决策问题唯一解存在的条件和求解算法，掌握了这些内容已经可以解决应用问题，但是要理解决策问题唯一解存在的条件，指出传统方法存在的问题，还需进行深入的分析．本章将从理论上进行分析并对本书求解方法与传统求解方法进行比较．

求解第1类决策问题，总需要求出准则的重要性值向量和方案的属性向量，不论使用和合成模型还是积合成模型，这些过程都是一样的，只是合成方案重要性值的方法不同；求解第2类决策问题，唯一解的存在性与合成模型的选择无关．因此，本章讨论的内容不再按照合成的模型展开，而是按照决策类型，分别讨论第1类(有属性节点)决策问题和第2类(无属性节点)决策问题．

网络决策分析的解由准则支配关系图的似邻接方阵决定，似邻接方阵是随机方阵，深入分析解存在的条件需要用到随机方阵的结构，而用马尔可夫链研究随机方阵的结构更为方便．所以本章先介绍马尔可夫链，阐述马尔可夫链和准则支配关系图的关系，借助于马尔可夫链导出随机方阵的标准型结构．以此为基础，分析第1类决策问题和第2类决策问题唯一解存在的条件，指出传统网络决策分析求解方法存在的问题，最后总结网络决策分析方法的特点．

5.1　预备知识——马尔可夫链和随机方阵

5.1.1　马尔可夫链的概念

假设有一个随机变量序列$\{X_m: m\geqslant 0\}$,它只在由有限正整数构成的集合 $S=\{1,2,\cdots,n\}$中取值.如果对任意的正整数 $m\geqslant 1$ 和任意的 i_0,$i_1,\cdots,i_{m-1}\in S$,以及任意的 $i,j\in S$,在 $X_0=i_0,X_1=i_1,\cdots,X_{m-1}=i_{m-1}$,$X_m=i$ 的条件下,$X_{m+1}=j$ 的概率与条件 $X_0=i_0,X_1=i_1,\cdots,X_{m-1}=i_{m-1}$无关而只和条件 $X_m=i$ 有关,即

$$\begin{aligned}&P(X_{m+1}=j\mid X_0=i_0,X_1=i_1,\cdots,X_{m-1}=i_{m-1},X_m=i)\\&=P(X_{m+1}=j\mid X_m=i)\end{aligned}\tag{5.1}$$

则称$\{X_m: m\geqslant 0\}$为一**有限状态马尔可夫过程**或**马尔可夫链**(Markov Chain),简记为 MC.

式(5.1)表述的性质称为**马尔可夫性**或**无后效性**.

称 $S=\{1,2,\cdots,n\}$为 MC 的状态集合,$X_m=i_m$ 表示 MC 在时刻 m 处于状态 i_m.

显然,对于任何一个马尔可夫链,在时刻 m,不论系统处于什么样的状态 i_m,下一个时刻它一定处于状态集合中的某个状态,即

$$\sum_{j\in S}P(X_{m+1}=j\mid X_m=i_m)=1$$

如果一个 MC $\{X_m: m\geqslant 0\}$满足:对任意的 $i,j\in S$,以及任意的正整数 m,恒有

$$P(X_{m+1}=j\mid X_m=i)=P(X_1=j\mid X_0=i)\tag{5.2}$$

则称 MC $\{X_m: m\geqslant 0\}$是**齐次**的或**平稳**的.

本书约定,下文涉及的马尔可夫链只限于有限状态的齐次马尔可夫链.

对 MC $\{X_m: m\geqslant 0\}$,任取 $i,j\in S$,称

$$p_{ij}^{(m)}=P(X_m=i\mid X_0=j)$$

为从状态 j 出发,经过 m 个时刻之后到达状态 i 的 m **步转移概率**(注意,为

了和本书其他部分的内容协调一致，这里 i 和 j 的位置与一般介绍 MC 的文献不同，位置进行了调换）.

显然 0 步转移概率（即随机变量的初始状态）为单位方阵 $\boldsymbol{I}$，即

$$p_{ij}^{(0)} = \begin{cases} 1, & i = j \\ 0, & i \neq j \end{cases}$$

1 步转移概率可以用 n 阶方阵 $\boldsymbol{A} = (a_{ij})$ 描述，其中 $\boldsymbol{A}$ 的第 i 行和第 i 列对应状态点 i，a_{ij} 是从状态 j 出发，1 步转移到达状态 i 的转移概率. 称方阵 $\boldsymbol{A} = (a_{ij})$ 为一步转移概率方阵.

记 $\boldsymbol{A}$ 的 m 次幂 $\boldsymbol{A}^m = (a_{ij}^{(m)})$，由有限状态齐次马尔可夫链的性质可以得出：

定理 5.1 对于状态空间为 $S = \{1,2,\cdots,n\}$ 的齐次 MC$\{X_m : m \geqslant 0\}$，有 $a_{ij}^{(m)} = p_{ij}^{(m)}$，即 $\boldsymbol{A}$ 的 m 次幂 $\boldsymbol{A}^m$ 的第 i 行、第 j 列元素就是从状态 j 出发，经过 m 步转移之后到达状态 i 的 m 步转移概率.

有了定理 5.1 的结论，就可以用一步转移概率方阵的幂乘积描述多步转移概率.

5.1.2 随机方阵、MC 和有向图的关系

1. 随机方阵和 MC

由随机方阵的定义及齐次有限状态 MC 的性质，立刻可得：

定理 5.2 齐次有限状态空间的 MC 的一步转移概率矩阵 $\boldsymbol{A}$ 是随机方阵，而且，对任意正整数 m，$\boldsymbol{A}$ 的 m 次幂 $\boldsymbol{A}^m$ 也是随机方阵.

显然齐次有限状态的 MC 与随机方阵是一一对应的：从一个齐次有限状态的 MC 可以得到唯一一个 1 步转移概率方阵；反之从一个随机方阵可以构造出以这个方阵元素为一步转移概率的齐次 MC.

2. MC 状态转移图和随机方阵

对于每一个 n 阶随机方阵 $\boldsymbol{A} = (a_{ij})$，可以构造一个含 n 个节点的有向图 G——随机方阵的第 i 行、第 i 列对应于 G 中编号为 i 的节点，元素 a_{ij} 对应点 j 到点 i 的有向边的值. 随机方阵就是这个赋权有向图的邻接方阵. 将随机方阵 $\boldsymbol{A} = (a_{ij})$ 当成某 MC 的一步转移概率方阵，由此构造出的有向图 G 可以看成是这个 MC 的**状态转移图**.

反之,如果有一个含 n 个状态的 MC,它的状态转移图为 G,从状态点 j 一步转移到状态点 i 的概率为 a_{ij},则这个图的邻接方阵 $\boldsymbol{A}=(a_{ij})$ 是一个随机方阵.因此,随机方阵与状态转移图是一一对应的.

例 5.1　设随机方阵

$$\boldsymbol{A}=\begin{pmatrix}1/2 & 1/3 & 0 & 0\\ 1/2 & 0 & 0 & 0\\ 0 & 1/3 & 1 & 0\\ 0 & 1/3 & 0 & 1\end{pmatrix}$$

则对应于方阵 $\boldsymbol{A}=(a_{ij})$ 的 MC 状态转移图如图 5.1 所示.

在图 5.1 中,圆圈代表节点(状态点),圆圈中的数字是状态点编号,有向边旁边的数字是边的值,值 a_{ij} 为从状态点 j 一步转移到 i 的概率.

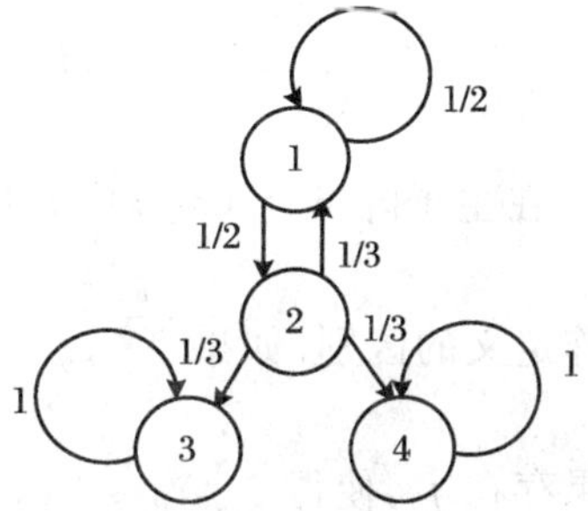

图 5.1　一个 4 阶随机方阵对应的 MC 状态转移图

5.1.3　再议随机方阵的主子阵

在第 4 章的 4.3.2 小节,曾经讨论了随机方阵主子阵的定义和性质,引进 MC 的概念后,可以借助 MC 更深入地理解随机方阵主子阵.

1. 从有向图的角度理解随机方阵的主子阵(主对角块)

设 n 阶随机方阵 $\boldsymbol{A}$ 是某 MC 状态转移图 $G=(E,V)$ 的邻接方阵.

给出 p 个正整数 $i_1,i_2,\cdots,i_p$,满足 $1\leqslant i_1<i_2<\cdots<i_p\leqslant n$,由第 4 章的定义 4.8,选 $\boldsymbol{A}$ 中第 $i_1,i_2,\cdots,i_p$ 行和第 $i_1,i_2,\cdots,i_p$ 列的交叉元素得到的 p 阶方阵 $\boldsymbol{A}'$ 是 $\boldsymbol{A}$ 的 p 阶主子阵.

从图的视角分析问题,$\boldsymbol{A}$ 的主子阵与图 $G=(E,V)$ 的子图是一一对应的.

给定 $\boldsymbol{A}$ 的主子阵 $\boldsymbol{A}'$,找出主子阵 $\boldsymbol{A}'$ 的行号(或列号),不妨记为 i_1,$i_2,\cdots,i_p$,记 $V'=(i_1,i_2,\cdots,i_p)$,在图 $G=(E,V)$ 上,再找出起点和终点都属于 V' 的边集合 E',则图 $G'=(E',V')$ 是图 $G=(E,V)$ 的、由 V' 生成的子图,$\boldsymbol{A}'$ 是子图 $G'=(E',V')$ 的邻接方阵.

反之,任取 $G=(E,V)$ 的、由点集 V' 生成的子图 $G'=(E',V')$,找点

集合 V' 在 $\boldsymbol{A}$ 中对应的行和列，则得到 $\boldsymbol{A}$ 的一个主子阵 $\boldsymbol{A}'$，$\boldsymbol{A}'$ 是子图 $G'=(E',V')$ 的邻接方阵.

显然，主子阵与子图的对应关系是通过 V 的子集合 V' 实现的，因而在讨论随机方阵的主子阵时可以用不同的语言描述：可以直接用方阵，可以指定随机方阵的行(或列)，也可以用图 $G=(E,V)$ 中 V 的子集 V'，还可以用图 $G=(E,V)$ 的 V' 生成的子图 $G'=(E',V')$.

2. 再议随机方阵主子阵的性质

在不产生混淆的情况下，仍记主子阵 $\boldsymbol{A}=(a_{ij})$ 是一个 n 阶方阵，行号为 $1\sim n$，列号也为 $1\sim n$，则

$$0\leqslant a_{ij}\leqslant 1\ (\forall\, i,j)\quad 且\quad \sum_{i=1}^{n}a_{ij}\leqslant 1\ (j=1,2,\cdots,n)$$

在主子阵 $\boldsymbol{A}=(a_{ij})$ 中，只能保证 $\sum_{i=1}^{n}a_{ij}\leqslant 1\ (\forall\, j)$，这是主子阵与随机方阵定义的区别. 如果 $\sum_{i=1}^{n}a_{ij}=1\ (\forall\, j)$，则主子阵也是一个随机方阵. 但是如果存在 j_0，使得 $\sum_{i=1}^{n}a_{ij_0}<1$，则情况发生变化. 从 MC 状态转移的观点看，说明在 j_0 点不能以概率1转移到主子阵对应的点集合中，或者说 j_0 存在转移到主子阵点集合之外点的可能性.

定理5.3 设 $\boldsymbol{A}=(a_{ij})$ 是一个随机方阵的主子阵，如果 $\boldsymbol{A}$ 的各列对行求和严格小于1，即 $\sum_{i=1}^{n}a_{ij}<1\ (\forall\, j)$，则可以推出：

(1) $\boldsymbol{A}$ 的特征根的模严格小于1；

(2) 方阵 $\boldsymbol{I}-\boldsymbol{A}$ 可逆；

(3) $\lim\limits_{k\to\infty}\boldsymbol{A}^k=\boldsymbol{0}$.

证明 (1) 由第4章定理4.4的结论可知，随机方阵主子阵的谱半径不大于1. 所以只需证明，当 $\sum_{i=1}^{n}a_{ij}<1\ (\forall\, j)$ 时，$\boldsymbol{A}$ 的谱半径不能等于1.

反证法. 如果 $\boldsymbol{A}$ 的谱半径等于1，记 λ 是模为1的特征根，$\boldsymbol{\omega}^{\mathrm{T}}=(w_1,w_2,\cdots,w_n)$ 是属于特征根 λ 的特征行向量，则

$$\sum_{j=1}^{n}a_{ij}w_j=\lambda w_i\quad (i=1,2,\cdots,n)$$

对等式两边取模，得

$$\sum_{j=1}^{n} a_{ij} |w_j| \geqslant \left| \sum_{j=1}^{n} a_{ij} w_j \right| = |w_i| \quad (i = 1,2,\cdots,n) \tag{5.3}$$

对上式两端求和,得到

$$\sum_{i=1}^{n} \left(\sum_{j=1}^{n} a_{ij} |w_j| \right) = \sum_{j=1}^{n} |w_j| \left(\sum_{i=1}^{n} a_{ij} \right) \geqslant \sum_{i=1}^{n} |w_i|$$

这个式子可以改写为

$$\sum_{j=1}^{n} \left(\sum_{i=1}^{n} a_{ij} \right) |w_j| \geqslant \sum_{j=1}^{n} |w_j| \tag{5.4}$$

由于特征向量$(w_1, w_2, \cdots, w_n) \neq \mathbf{0}$,故一定存在$|w_i| > 0$,所以式(5.4)与已知条件$0 \leqslant a_{ij}\ (\forall\, i,j)$,$\sum_{i=1}^{n} a_{ij} < 1\ (\forall\, j)$矛盾.因此,$\boldsymbol{A}$的谱半径只能严格小于1.

再由第4章定理4.5的结论,从(1)成立推出(2)和(3)成立.证毕.

定理5.3的条件太严格,还可以放宽.

定理 5.4　设$\boldsymbol{A} = (a_{ij})$是一个随机方阵的主子阵,$\boldsymbol{A}$的$k$次幂$\boldsymbol{A}^k = (a_{ij}^{(k)})$,如果存在正整数$k$,使$\sum_{i=1}^{n} a_{ij}^{(k)} < 1\ (\forall\, j)$,则可以推出:

(1) $\boldsymbol{A}$的特征根的模严格小于1;

(2) 方阵$\boldsymbol{I} - \boldsymbol{A}$可逆;

(3) $\lim\limits_{k \to \infty} \boldsymbol{A}^k = \mathbf{0}$.

证明　(1) 设包含$\boldsymbol{A}$的随机方阵为$\boldsymbol{A}_1 = \begin{pmatrix} \boldsymbol{A} & \boldsymbol{C} \\ \boldsymbol{B} & \boldsymbol{D} \end{pmatrix}$,构造新的随机方阵$\boldsymbol{A}_2 = \begin{pmatrix} \boldsymbol{A} & \boldsymbol{O} \\ \boldsymbol{B} & \boldsymbol{I} \end{pmatrix}$,对任意正整数$k$,容易验证$\boldsymbol{A}^k$也是随机方阵$\boldsymbol{A}_2^k$的主子阵.由定理5.3的结论,可以得知$\boldsymbol{A}^k$的谱半径严格小于1.

由若尔当标准型理论,可从$\boldsymbol{A}^k$谱半径严格小于1推出$\boldsymbol{A}$的任一特征根的模都严格小于1,所以(1)成立.

由第4章定理4.5的结论,从(1)成立能推出(2)和(3)成立.证毕.

例 5.2　考虑图5.1对应的随机方阵

$$\boldsymbol{A} = \begin{pmatrix} 1/2 & 1/3 & 0 & 0 \\ 1/2 & 0 & 0 & 0 \\ 0 & 1/3 & 1 & 0 \\ 0 & 1/3 & 0 & 1 \end{pmatrix}$$

由第1、第2个节点构成的主子阵 $\begin{pmatrix}1/2 & 1/3\\ 1/2 & 0\end{pmatrix}$ 的谱半径严格小于1,可是它不能满足定理 5.3 的条件,但是能满足定理 5.4 的条件,因为 $\begin{pmatrix}1/2 & 1/3\\ 1/2 & 0\end{pmatrix}^2 = \begin{pmatrix}1/4+1/6 & 1/6\\ 1/4 & 1/6\end{pmatrix}$,所以定理 5.4 的条件比定理 5.3 的条件要弱些.

5.1.4 随机方阵的结构

1. 随机方阵的标准型

由于有限状态齐次 MC 的 1 步转移概率、随机方阵和状态转移图三者之间是一一对应的,所以可以用有向图工具研究随机方阵的结构.

定义 5.1 在 MC 状态转移图上,如果存在一条由状态点 j 到达状态点 i 的有向路,则称从状态点 j 能**到达状态**点 i.

设状态转移图对应的随机方阵为 $\boldsymbol{A}=(a_{ij})$,$\boldsymbol{A}^k=(a_{ij}^{(k)})$,用图论的语言描述 k 步转移概率,可以得到:

推论 5.1 在 MC 状态转移图上,设有一条从状态点 j 到达状态点 i 的有向路,此路所含的边数为 k,则状态点 j 到达状态点 i 的 k 步转移概率大于0,即 $a_{ij}^{(k)}>0$;反之,如果状态点 j 到达状态点 i 的 k 步转移概率大于0,则一定存在从状态点 j 到达状态点 i 的边数为 k 的有向路.

利用路和 k 步转移概率的定义,对 k 用归纳法即可证明推论 5.1.

定义 5.2 在 MC 状态转移图上,如果存在从状态点 i 能到达状态点 j 的路,反之,也存在从状态点 j 能到达状态点 i 的路,则称状态点 i 和 j 是**互通**的.

显然,存在边数为0的路使状态点 i 能到达自己(自反);如果状态点 i 和 j 是互通的,则状态点 j 和 i 也是互通的(对称);如果状态点 i_1 和 i_2 是互通的,状态点 i_2 和 i_3 是互通的,则状态点 i_1 和 i_3 也是互通的(传递).所以**互通关系**是一个等价关系.

在随机方阵对应的 MC 状态转移图上,将状态点按照互通关系进行分类,找出每一个互通的点的集合,记为 $\delta_1,\cdots,\delta_v$.根据互通关系的定义,立刻得出:

推论 5.2　从 $\delta_1,\cdots,\delta_v$ 中任意取出两个不同的集合，它们之间不可能存在交集.

推论 5.3　任意取 $\delta_t\ (t=1,2,\cdots,v)$ 中的两个点 i 和 j，一定存在从点 i 到达点 j 的路 P_1，同时也存从点 j 到达点 i 的路 P_2，且 P_1 和 P_2 路上的点都属于 δ_t.

定理 5.5　在随机方阵对应的 MC 状态转移图上，任选一个互通点集，由这个点集对应的随机方阵的主子方阵是不可约方阵(关于方阵不可约的定义见附录 2)，反之如果随机方阵的主子阵是不可约的，那么这个主子阵对应的状态点集合是互通集.

证明　在随机方阵对应的 MC 状态转移图上，先证互通点集对应的随机方阵的主子方阵是不可约方阵.

设图 $G=(E,V)$ 是随机方阵 $\boldsymbol{A}$ 对应的 MC 状态转移图，δ 是图 G 上的任意一个互通点集合，选取 δ 中点对应的行和列，得到 $\boldsymbol{A}$ 的主子阵 $\boldsymbol{D}$. 找出 $\boldsymbol{D}$ 在 G 中的子图 G'，在子图 G' 上，$\boldsymbol{D}^k$ 是状态点的 k 步转移概率方阵.

用反证法证明 $\boldsymbol{D}$ 不可约.

不然若 $\boldsymbol{D}$ 可约，不妨记

$$\boldsymbol{D}=\begin{pmatrix}\boldsymbol{D}_{11} & \boldsymbol{0}\\ \boldsymbol{D}_{12} & \boldsymbol{D}_{22}\end{pmatrix}$$

不妨设主子阵 $\boldsymbol{D}_{11}$ 对应非空状态点集合 δ'，主子阵 $\boldsymbol{D}_{22}$ 对应非空状态点集合 δ''，$\delta'\cup\delta''=\delta$.

对任意的正整数 k，可知

$$\boldsymbol{D}^k=\begin{pmatrix}\boldsymbol{D}_{11}^k & \boldsymbol{0}\\ \boldsymbol{D}_{12}^k & \boldsymbol{D}_{22}^k\end{pmatrix}$$

由 $\boldsymbol{D}^k$ 的结构可知，不存在始点在集合 δ''、终点在集合 δ' 的路. 这与 $\boldsymbol{D}$ 对应的点集合 δ 互通矛盾.

再证不可约主子方阵对应的状态点集合是互通集.

设 $\boldsymbol{B}$ 是随机方阵的不可约主子方阵，它对应的状态转移图的子图为 G'，G' 的点集合为 V'. 证明在图 G' 上任意两点之间必然有有向路相连.

反证法. 如若不然，在图 G' 上，存在节点 i 和 j，i 到 j 没有路.

在图 G' 上，找出所有能在有限步到达节点 j 的点，记为 δ'. V' 扣除 δ'

后剩余的部分为β',则有:

① 节点 j 一定属于δ',但是节点 i 一定不能落在集合δ'中;

② 不存在这样的边(u,v),使得 $u\in\beta'$,$v\in\delta'$. 如若不然,存在边(u,v),使得 $u\in\beta'$,$v\in\alpha'$,则 u 能在有限步内通过 v 到 j,导致 $u\notin\beta'$. 所以不存在始点在 β'、终点在 δ'的边.

将 V'分割为互不相交的两部分β'和δ'(β'和δ'都是非空集)后,方阵 $\boldsymbol{B}$ 按照δ'和β'对应的行列调换,其分块表达为

$$\begin{pmatrix} \boldsymbol{B}_{11} & \boldsymbol{0} \\ \boldsymbol{B}_{21} & \boldsymbol{B}_{22} \end{pmatrix}$$

其中,$\boldsymbol{B}_{11}$的行列号对应 β'中的点,$\boldsymbol{B}_{22}$的行列号对应 δ'中的点. 这与随机方阵 $\boldsymbol{B}$ 不可约矛盾.

因此,在不可约方阵 $\boldsymbol{B}$ 对应的子图上,任意两点之间必然有有向路相连.

证毕.

推论 5.4 记 $\boldsymbol{B}$ 为随机方阵的不可约主子方阵,则存在正整数 k,使得 $\boldsymbol{B}+\boldsymbol{B}^2+\cdots+\boldsymbol{B}^k$ 是正方阵.

证明 在随机方阵对应的 MC 状态转移图上考察问题. 由定理 5.5 可知,方阵 $\boldsymbol{B}$ 不可约导致其对应的状态点集合是互通的,即在方阵 $\boldsymbol{B}$ 对应的子图上,任意两点之间必然有有向路相连.

记 $\boldsymbol{B}=(b_{ij})$,$\boldsymbol{B}$ 的 l 次幂 $\boldsymbol{B}^l=(b_{ij}^{(l)})$.

用推论 5.1 的结论,将"任意两点之间必然有有向路相连"这句话用矩阵语言表达,就是:对 $\forall\, i,j$,存在依赖于 i,j 的正整数 $l(i,j)$,使得 $b_{ij}^{(l)}>0$.

对确定的 i,j,不妨设 $l^*(i,j)$是条件 $b_{ij}^{(l)}>0$ 成立的 $l(i,j)$中的最小者,即

$$l^*(i,j)=\min_{l}(l(i,j))$$

取 $k=\max\limits_{\substack{1\leqslant i\leqslant n\\1\leqslant j\leqslant n}}(l^*(i,j))$,则可知

$$\boldsymbol{B}+\boldsymbol{B}^2+\cdots+\boldsymbol{B}^k>\boldsymbol{0} \tag{5.5}$$

证毕.

推论 5.5 设图 $G=(E,V)$是随机方阵 $\boldsymbol{A}$ 对应的 MC 状态转移图,δ

是图 G 上的任意一个点集合，$\boldsymbol{B}$ 是点集合 δ 对应的 $\boldsymbol{A}$ 的主子阵，则下面三个条件是等价的：

(1) δ 是互通集；

(2) $\boldsymbol{B}$ 是不可约方阵；

(3) 存在正整数 k，使得 $\boldsymbol{B}+\boldsymbol{B}^2+\cdots+\boldsymbol{B}^k$ 是正方阵.

证明 由定理 5.5 得知(1)与(2)等价，由推论 5.4 得知(2)⇒(3)，所以只要证明(3)⇒(2)即可.

如果存在正整数 k，使得 $\boldsymbol{B}+\boldsymbol{B}^2+\cdots+\boldsymbol{B}^k>\boldsymbol{0}$，则 $\boldsymbol{B}$ 是不可约方阵.不然，如果 $\boldsymbol{B}$ 是可约方阵，令

$$\boldsymbol{B}=\begin{pmatrix}\boldsymbol{B}_{11} & \boldsymbol{0}\\ \boldsymbol{B}_{12} & \boldsymbol{B}_{22}\end{pmatrix}$$

则

$$\boldsymbol{B}+\boldsymbol{B}^2+\cdots+\boldsymbol{B}^k=\begin{bmatrix}\sum\boldsymbol{B}_{11}^i & \boldsymbol{0}\\ \sum\boldsymbol{B}_{21}^i & \sum\boldsymbol{B}_{22}^i\end{bmatrix}$$

与 $\boldsymbol{B}+\boldsymbol{B}^2+\cdots+\boldsymbol{B}^k>\boldsymbol{0}$ 矛盾.

证毕.

定义 5.3 设 δ 是 MC 状态转移图上的一个互通集合，如果对任意的 $j\in\delta$，满足 $\sum\limits_{i\in\delta}a_{ij}=1$，则称 δ 是一个**封闭的互通集**，否则称为**不封闭的互通集**.

对随机方阵状态转移图中的互通集合重新排列命名，记 $\gamma_2,\cdots,\gamma_u$ 为不封闭的互通集，$\beta_2,\cdots,\beta_s$ 为封闭的互通集.

在 MC 状态转移图上，整个状态点分成三大类：第 1 类是封闭互通的点集合 $\beta_2,\cdots,\beta_s$；第 2 类是不封闭但互通的点集 $\gamma_2,\cdots,\gamma_u$；第 3 类是整个状态点集扣除 $\gamma_2,\cdots,\gamma_u$ 和 $\beta_2,\cdots,\beta_s$ 后剩余的点集，记为 α（见图 5.2）.

在 MC 状态转移图上，在任何一个第 2 类的点集合 γ_t 中，必然能找出一个状态点 $u\in\gamma_t$，存在边(u,v)，使得 $v\notin\gamma_t$；而对任何一个第 1 类的点集合 β_s，如果存在边(u,v)，$u\in\beta_s$，则必然有 $v\in\beta_s$.第 1 类的点集合可能只含一个点，这个状态点以概率 1 转移到它自己.

由第 1 类点集合的构造特点，立刻得出：

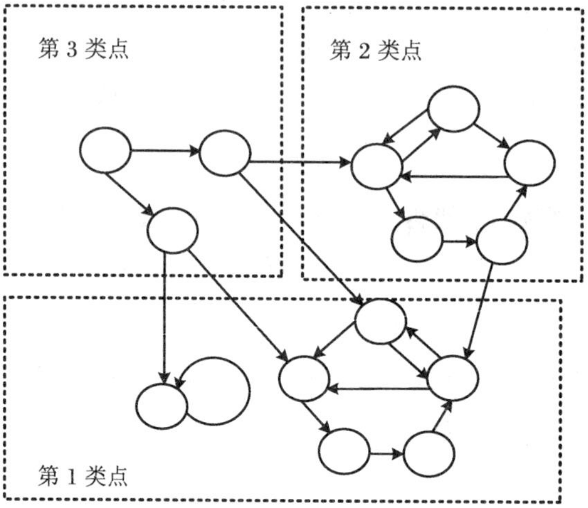

图 5.2 状态转移图的状态点分类示意图

推论 5.6 在随机方阵 $\boldsymbol{A}$ 对应的 MC 状态转移图上，任取一个封闭互通的状态点集合 β_t（$t=2,3,\cdots,s$），由 β_t 中的状态点对应的 $\boldsymbol{A}$ 的主子阵是一个随机方阵.

在 MC 状态转移图上，从封闭互通点集 β_t（$t=2,3,\cdots,s$）找出它对应的 $\boldsymbol{A}$ 的主子阵 $\boldsymbol{A}_{ii}$（$i=2,\cdots,s$），由推论 5.6 的结论，得到：

推论 5.7 适当地对状态点编号后，有限状态的齐次 MC 的 1 步转移概率方阵（随机方阵）可以写成如下的标准型：

$$\boldsymbol{A}=\begin{pmatrix}\boldsymbol{A}_{11} & \boldsymbol{0} & \cdots & \boldsymbol{0}\\ \boldsymbol{A}_{21} & \boldsymbol{A}_{22} & \cdots & \boldsymbol{0}\\ \boldsymbol{A}_{31} & \boldsymbol{0} & \cdots & \boldsymbol{0}\\ \vdots & \vdots & & \vdots\\ \boldsymbol{A}_{s1} & \boldsymbol{0} & \cdots & \boldsymbol{A}_{ss}\end{pmatrix} \tag{5.6}$$

其中，对角块 $\boldsymbol{A}_{ii}$（$i=2,\cdots,s$）是不可约随机方阵，对应点集合 β_i，$\boldsymbol{A}_{11}$ 对应扣除 β_t（$t=2,3,\cdots,s$）后剩余点的集合 $\alpha\cup\gamma_2\cup\cdots\cup\gamma_u$.

式(5.6)是标准型的一般表达式，当 $\alpha\cup\gamma_2\cup\cdots\cup\gamma_u$ 是空集时

$$\boldsymbol{A}=\mathrm{diag}(\boldsymbol{A}_{22},\cdots,\boldsymbol{A}_{ss}) \tag{5.7}$$

注意，当 $\alpha\cup\gamma_2\cup\cdots\cup\gamma_u\neq\varnothing$ 时，第 1 类点集合肯定存在.

2. 不可约随机方阵的性质

在随机方阵中，任取一个不可约的随机主子方阵，设其对应的状态点集为 β. 任取 $i\in\beta$，由随机方阵的定义，从 i 一步转移后的点一定落在 β 中. 所

以，对任意的正整数 k，从 i 出发、k 步转移之后的状态点都在落在集合 β 中. 用图的语言表达，可以得出：

推论 5.8(性质 1)　在 MC 状态转移图上，任意选定一个不可约随机方阵对应的状态点集，在这个点集中任选一个点，任取一条以这个点为初始点的有向路，路上经历的所有点只能都落在这个不可约随机方阵对应的状态点集中.

推论 5.9(性质 2)　对不可约随机方阵 $\boldsymbol{B}$，1 是它的单重特征根，且存在 $\boldsymbol{B}$ 的属于特征根 1 的正特征向量，在归一化条件下，这个正特征向量是唯一的.

证明　利用推论 5.4，对不可约随机方阵 $\boldsymbol{B}$，存在正整数 k，使

$$\boldsymbol{C} = (\boldsymbol{B} + \boldsymbol{B}^2 + \cdots + \boldsymbol{B}^k)/k$$

为正方阵. 容易验证 $\boldsymbol{C}$ 也是随机方阵.

先证明 1 是 $\boldsymbol{B}$ 的单重特征根.

从若尔当标准型理论可知，存在非异方阵 $\boldsymbol{P}$，使

$$\boldsymbol{PBP}^{-1} = \mathrm{diag}(\boldsymbol{J}_1, \boldsymbol{J}_2, \cdots, \boldsymbol{J}_t)$$

其中，$\boldsymbol{J}_s$ $(s=1,2,\cdots,t)$是若尔当块.

如果 1 不是 $\boldsymbol{B}$ 的单重特征根，则在 $\boldsymbol{B}$ 的若尔当标准型中，对应于特征根 1，要么有一个阶数大于 1 的若尔当块，要么有两个以上的 1 阶若尔当块.

若有阶数大于 1 的若尔当块，不妨记为 $\boldsymbol{J}_1$，$\boldsymbol{J}_1$ 的阶数为 r_1 $(\geqslant 2)$，则

$$\begin{aligned}\boldsymbol{PCP}^{-1} &= \boldsymbol{P}(\boldsymbol{B} + \boldsymbol{B}^2 + \cdots + \boldsymbol{B}^k)\boldsymbol{P}^{-1}/k \\ &= \mathrm{diag}\left(\sum_{i=1}^{k}\boldsymbol{J}_1^i, \sum_{i=1}^{k}\boldsymbol{J}_2^i, \cdots, \sum_{i=1}^{k}\boldsymbol{J}_t^i\right)/k\end{aligned}$$

易知 $\boldsymbol{C}$ 以 1 为 r_1 重特征根，而 $\boldsymbol{C}$ 是正方阵，这与附录 1 定理 3(Perron 定理)的结论“谱半径是 $\boldsymbol{C}$ 的单重特征根”矛盾.

再证 $\boldsymbol{B}$ 不可能有两个阶数等于 1 的对应特征根 1 的若尔当块. 反证法. 不然，如果存在两个阶数等于 1 的对应特征根 1 的若尔当块，不妨记为 $\boldsymbol{J}_1$，$\boldsymbol{J}_2$，易知 1 作为 $\boldsymbol{C}$ 的特征根至少为两重，同样与附录 1 定理 3(Perron 定理)的结论矛盾.

显然，$\boldsymbol{B}$ 的属于特征根 1 的特征向量也是 $\boldsymbol{C}$ 的属于特征根 1 的特征向量，在归一化条件下存在且唯一.

证毕.

3. 随机方阵标准型第 1 个主对角块的性质

考虑式(5.6)所表示的随机方阵标准型

$$\boldsymbol{A}=\begin{pmatrix}\boldsymbol{A}_{11} & \boldsymbol{0} & \cdots & \boldsymbol{0}\\ \boldsymbol{A}_{21} & \boldsymbol{A}_{22} & \cdots & \boldsymbol{0}\\ \boldsymbol{A}_{31} & \boldsymbol{0} & \cdots & \boldsymbol{0}\\ \vdots & \vdots & & \vdots\\ \boldsymbol{A}_{s1} & \boldsymbol{0} & \cdots & \boldsymbol{A}_{ss}\end{pmatrix}$$

中第 1 个主对角块 $\boldsymbol{A}_{11}$，它对应点集合 $\varphi=\alpha\cup\gamma_2\cup\cdots\cup\gamma_u$.

引理 5.1 如果随机方阵标准型中的第 1 块主子阵 $\boldsymbol{A}_{11}$存在，任取节点 $i\in\varphi$，则存在正整数 k，使得在 $\boldsymbol{A}_{11}^k$ 中，对第 i 列的行求和所得的值严格小于 1.

证明 由假设，$\boldsymbol{A}_{11}$对应的点集合非空，即 $\varphi\neq\varnothing$.

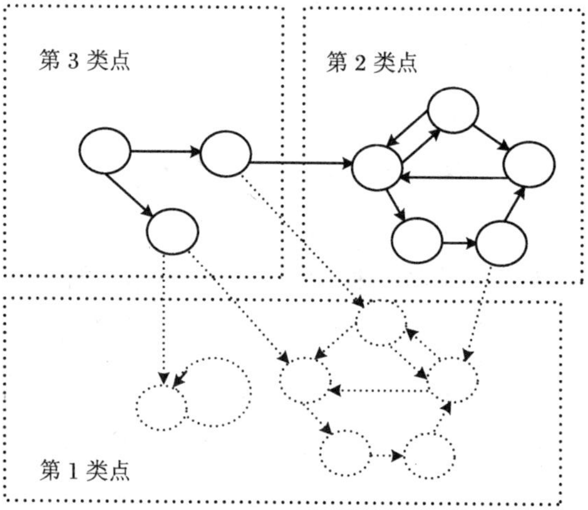

图 5.3 MC 状态转移图中仅含第 2 类、第 3 类状态点的子图(实箭线所示部分)

在随机方阵对应的状态转移图上，找出由主子阵 $\boldsymbol{A}_{11}$ 对应的状态转移子图 $G'(V',E')$(见图 5.3 中的实箭线部分). 在有向图 $G'(V',E')$中，将第 2 类的点集 $\gamma_2,\cdots,\gamma_u$ 进行这样的聚合处理：每一个点集合 γ_t 聚合成一个点；如果有向边的两个端点属于同一个 γ_t，则这个边消失，否则仍然保留. 聚合后得到的图 $G^*(V^*,E^*)$仍然是有向图，但是在同一对点之间可能存在多条边.

显然，在聚合后的有向图 $G^*(V^*,E^*)$上不存在圈，所以在有向图

$G^*(V^*,E^*)$上一定存在叶节点(即出度为0的点).

由于有向图 $G^*(V^*,E^*)$上没有圈,所以任取一点 i,从 i 出发的路一定到达某个叶节点.

取一个 $G^*(V^*,E^*)$的叶节点 j,不外乎有两种情况:

(1) $j\in\alpha$,由叶节点的定义知,j 没有任何指向其他点的边,即在主子阵 $\boldsymbol{A}_{11}$ 中,对第 j 列求和,其值为0,即 $\sum\limits_{\#\in\varphi}a_{\#j}=0<1$.

(2) j 是由某个 γ_t 聚合的点,则在有向图 $G^*(V^*,E^*)$上,j 没有任何指向其他点的边.从而,在未聚合的图 $G'(V',E')$上,没有起点在 γ_t 内而终点不在 γ_t 的边.

由第2类状态点的定义,γ_t 不是封闭的互通集合,即一定存在 $j'\in\gamma_t$,使 $\sum\limits_{\#\in\gamma_t}a_{\#j'}<1$,即在方阵 $\boldsymbol{A}_{11}$ 的元素中,将 j' 对应的列元素中、行号落在 γ_t 的下标部分求和,其值一定严格小于1.

在聚合的有向图 $G^*(V^*,E^*)$ 上,γ_t 是叶节点,所以在未聚合的图 $G'(V',E')$上,没有起点在 γ_t 内而终点不在 γ_t 的边,即所有 γ_t 点对应的列中,非0元素的行号只能出现在 γ_t 内,所以 $\sum\limits_{\#\in\varphi}a_{\#j'}=\sum\limits_{\#\in\gamma_t}a_{\#j'}$,因此 $\sum\limits_{\#\in\varphi}a_{\#j'}<1$.

综合(1)和(2)得出:在未聚合的有向图 $G'(V',E')$ 上,对任何一点 i,存在依赖于 i 的正整数 k 和点 j_0,i 到 j_0 的 k 步转移概率严格大于0,同时主子阵中 $\boldsymbol{A}_{11}$ 对 j_0 列求和的值严格小于1,即 $a_{j_0 i}^{(k)}>0$,$\sum\limits_{\#\in\varphi}a_{\#j_0}<1$.

现在分析第 $k+1$ 步的转移概率.

为了书写简便,假设 $\varphi=\alpha\cup\gamma_2\cup\cdots\cup\gamma_u$ 含 n 个点,编号为 $1,2,\cdots,n$,$\boldsymbol{A}_{11}=(a_{ij})$是 n 阶方阵.

记

$$\boldsymbol{A}_{11}^k=(a_{ij}^{(k)})=\boldsymbol{B}=(b_{ij}),\quad \boldsymbol{A}_{11}^{k+1}=\boldsymbol{C}=(c_{ij})$$

$$\boldsymbol{C}=\boldsymbol{A}_{11}^{k+1}=\boldsymbol{A}_{11}\boldsymbol{A}_{11}^k=\boldsymbol{A}_{11}\boldsymbol{B}$$

考虑 $\boldsymbol{A}_{11}^{k+1}$的第 i 列元素的和(其表示见图5.4,已知 i 到 j_0 的 k 步转移概率大于0,在图中用粗箭头表示,j_0 一步转移到 $\boldsymbol{A}_{11}$之外的点的概率用一个点线箭头表示):

$$\Sigma(i) = \sum_{l=1}^{n} c_{li}$$

$$= (a_{11} + a_{21} + \cdots + a_{n1})b_{1i} + (a_{12} + a_{22} + \cdots + a_{n2})b_{2i} + \cdots$$

$$+ (a_{1j_0} + a_{2j_0} + \cdots + a_{nj_0})b_{j_0 i} + \cdots + (a_{1n} + a_{2n} + \cdots + a_{nn})b_{ni}$$

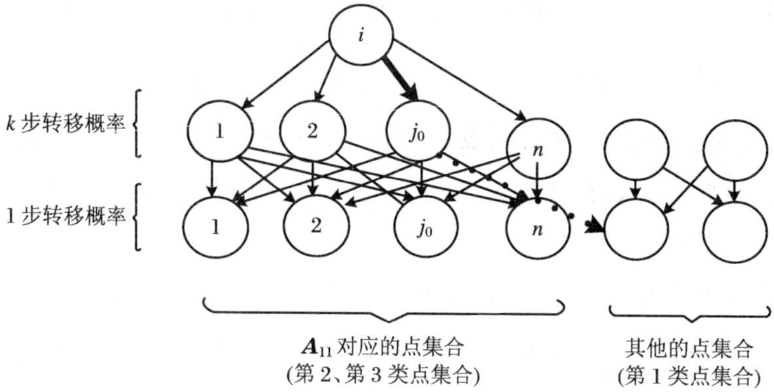

图 5.4

要想保证 $\Sigma(i)=1$,必须要求:凡是 i 有可能到达的点,保证这个点一步转移之后,仍然在落在 $\boldsymbol{A}_{11}$ 对应的点集合内,用式子表达这个条件:对所有满足 $b_{ji}>0$ 的 j,有 $a_{1j}+a_{2j}+\cdots+a_{nj}=1$.而今存在 $b_{j_0 i}>0$,$a_{1j_0}+a_{2j_0}+\cdots+a_{nj_0}<1$,所以只能有 $\Sigma(i)<1$.

即存在依赖于列号的正整数 $k(i)+1$,使得在 $\boldsymbol{A}_{11}^{k+1}$ 中,对第 i 列的行求和的值严格小于 1.证毕.

由上文引理 5.1 的证明过程立刻得出:

推论 5.10 在随机方阵对应的 MC 状态转移图上,任取 $i\in\varphi$,必然存在 i 为起始点、j 为终点、边数为 $k(i)$的路,其中 j 属于某个第 1 类点集合 β_t.

在推论 5.10 的结论中,边数 $k(i)$依赖于初始点 i 的选择.推论 5.10 的结论还可以加强,使 k 不依赖于初始点 i,这就是:

推论 5.11 在随机方阵对应的 MC 状态转移图上,任取 $i\in\varphi$,存在不依赖于 i 的正整数 k 和属于某个第 1 类点集合 β_t 的点 j,使得有以 i 为起始点、j 为终点且边数为 k 的路.

证明 由于第 1 类点集合 β_t 是封闭集,所以对 $i\in\varphi$,当得到以 i 为起始点、j 为终点、边数为 $k(i)$的路后,对任意的正整数 $\bar{k}$,都有一条以 i 为起始点、j 为终点、边数为 $k(i)+\bar{k}$ 的路. 即对任取的 $i\in\varphi$, 以 i 为起始点的路一旦在有限步到达集合 β_t 中的某个状态点 j 后, 对任何正整数 $\bar{k}$, $k+\bar{k}$ 步总是停留在集合 β_t 中的某个点. 可以形象地将 β_t 看成吸引力强大的"黑洞", φ 中的点总会逃出, 且被"黑洞"吸引, 而且一旦落入便不能再逃逸.

由于 φ 中点的数量有限, 所以可以得到不依赖于 i 的正整数 k, 从 i 出发 k 步转移之后, 到达某个 β_t 中的点.

证毕.

将推论 5.11 的结论用矩阵的语言表达, 就是:

定理 5.6　在随机方阵的标准型中, 当 $\boldsymbol{A}_{11}$ 对应的状态点集合非空时, 则存在正整数 k, 使得在 $\boldsymbol{A}_{11}^k$ 中, 各列对行求和的值严格小于 1.

5.1.5　随机方阵特征根 1 的重数和左特征向量

1. 随机方阵的左特征行向量

从随机方阵各列的行求和为 1 的性质, 立刻可知: 随机方阵存在属于特征根 1 的非负的左特征行向量 $(a,\cdots,a)(a>0)$.

2. 随机方阵特征根 1 的重数和属于 1 的左特征向量

定理 5.7　随机方阵所含的不可约随机子阵的数目恰好是其特征根 1 的重数.

证明　因为任意的随机方阵经过行列置换都可以变成式(5.5)的标准型, 所以可以用标准型讨论问题. 重复式(5.5)所示的标准型

$$\boldsymbol{A}=\begin{pmatrix}\boldsymbol{A}_{11} & \boldsymbol{0} & \cdots & \boldsymbol{0}\\ \boldsymbol{A}_{21} & \boldsymbol{A}_{22} & \cdots & \boldsymbol{0}\\ \boldsymbol{A}_{31} & \boldsymbol{0} & \cdots & \boldsymbol{0}\\ \vdots & \vdots & & \vdots\\ \boldsymbol{A}_{s1} & \boldsymbol{0} & \cdots & \boldsymbol{A}_{ss}\end{pmatrix}$$

其中, 对角块 $\boldsymbol{A}_{ii}\ (i=2,3,\cdots,s)$ 是不可约随机方阵, 由定理 5.6 及 5.4, 第 1 主对角块 $\boldsymbol{A}_{11}$ 特征根的模严格小于 1.

由于第 1 主对角块 $\boldsymbol{A}_{11}$ 特征根的模严格小于 1, 再由推论 5.9 的结论, 每个不可约随机方阵以 1 为单重特征根, 立刻得出定理的结论. 证毕.

定理 5.8　如果随机方阵 $\boldsymbol{A}$ 的特征根 1 的重数为 s, 则存在 s 个线性无

关的、非负的左特征行向量.

证明 为简单计,只讨论 $s=2$ 时的情形,即假设 $\boldsymbol{A}$ 以 1 为二重特征根,其余可以类推.

分两种情况:

(1) 随机方阵 $\boldsymbol{A}$ 的标准型为

$$\boldsymbol{A}=\begin{pmatrix}\boldsymbol{A}_{22} & \boldsymbol{0}\\ \boldsymbol{0} & \boldsymbol{A}_{33}\end{pmatrix}$$

即 $\boldsymbol{A}_{11}$ 对应的点集合是空集合. 由于 $\boldsymbol{A}_{22}$ 与 $\boldsymbol{A}_{33}$ 分别各有一个属于特征根 1 的左特征非负行向量,所以 $\boldsymbol{A}$ 有两个线性无关的特征向量.

(2) 随机方阵 $\boldsymbol{A}$ 的标准型为

$$\boldsymbol{A}=\begin{bmatrix}\boldsymbol{A}_{11} & \boldsymbol{0} & \boldsymbol{0}\\ \boldsymbol{A}_{21} & \boldsymbol{A}_{22} & \boldsymbol{0}\\ \boldsymbol{A}_{31} & \boldsymbol{0} & \boldsymbol{A}_{33}\end{bmatrix}$$

其中,主对角块 $\boldsymbol{A}_{11}$ 存在.

将 $\boldsymbol{A}$ 的属于特征根 1 的左特征行向量按照对角块分块,记为 $(\boldsymbol{x}_1,\boldsymbol{x}_2,\boldsymbol{x}_3)$,则立刻可以得出

$$\begin{cases}\boldsymbol{x}_1\boldsymbol{A}_{11}+\boldsymbol{x}_2\boldsymbol{A}_{21}+\boldsymbol{x}_3\boldsymbol{A}_{31}=\boldsymbol{x}_1\\ \boldsymbol{x}_2\boldsymbol{A}_{22}=\boldsymbol{x}_2\\ \boldsymbol{x}_3\boldsymbol{A}_{33}=\boldsymbol{x}_3\end{cases}$$

由于 $\boldsymbol{A}_{22}$ 也是是随机方阵,所以分量全为 1 的向量 $\boldsymbol{e}$ 是 $\boldsymbol{A}_{22}$ 的、属于特征根 1 的(左)特征行向量;同理,分量全为 2 的向量 $2\boldsymbol{e}$ 是 $\boldsymbol{A}_{33}$ 的、属于特征根 1 的(左)特征行向量.

取 $\boldsymbol{x}_2$ 为 $\boldsymbol{e}$,取 $\boldsymbol{x}_3$ 为 $2\boldsymbol{e}$,解出第 1 个解

$$\begin{cases}\boldsymbol{x}_1=(\boldsymbol{x}_2\boldsymbol{A}_{21}+\boldsymbol{x}_3\boldsymbol{A}_{31})(\boldsymbol{I}-\boldsymbol{A}_{11})^{-1}\\ \boldsymbol{x}_2=\boldsymbol{e}\\ \boldsymbol{x}_3=2\boldsymbol{e}\end{cases}$$

在标准型结构中,由定理 5.6 及 5.4,知第 1 主对角块 $\boldsymbol{A}_{11}$ 特征根的模严格小于 1.

由 $\boldsymbol{A}_{11}$ 的谱半径严格小于 1,推出方阵 $\boldsymbol{I}-\boldsymbol{A}_{11}$ 可逆(第 4 章定理 4.5).

由方阵 $\boldsymbol{I}-\boldsymbol{A}_{11}$ 可逆推出 $(\boldsymbol{I}-\boldsymbol{A}_{11})^{-1}\geqslant\boldsymbol{0}$(第 4 章推论 4.2).

所以得知 $\boldsymbol{x}_1\geqslant\boldsymbol{0}$,从而可知 $(\boldsymbol{x}_1,\boldsymbol{x}_2,\boldsymbol{x}_3)$ 是 $\boldsymbol{A}$ 的属于特征根 1 的左特征

非负行向量.

取 $\boldsymbol{x}_2$ 为分量全为 2 的向量 $2\boldsymbol{e}$,取 $\boldsymbol{x}_3$ 为分量全为 1 的向量 $\boldsymbol{e}$,可以得到另一个 $\boldsymbol{A}$ 的属于特征根 1 的左特征非负行向量

$$\begin{cases} \boldsymbol{x}_1 = (\boldsymbol{x}_2\boldsymbol{A}_{21} + \boldsymbol{x}_3\boldsymbol{A}_{31})(\boldsymbol{I} - \boldsymbol{A}_{11})^{-1} \\ \boldsymbol{x}_2 = 2\boldsymbol{e} \\ \boldsymbol{x}_3 = \boldsymbol{e} \end{cases}$$

显然 $\boldsymbol{A}$ 的这两个属于特征根 1 的左特征非负行向量是线性无关的.

证毕.

5.2　网络决策分析与 MC 的关系

在第 4 章的合成模型中,方阵 $\boldsymbol{A}$ 是决策准则支配关系图的似邻接方阵.如果把决策准则支配关系图稍加改造,对所有的叶节点(属性准则)添加一个自己指向自己的有向边,定义这个环的值为 1,则准则支配关系图就变成了一个 MC 的状态转移图,方阵 $\boldsymbol{A}$ 就是这个 MC 状态转移图的邻接方阵(注意去掉了"似").

因此,在引进有限状态的齐次 MC 之后,将 MC 的状态转移图、量化后的准则支配关系图和随机方阵之间建立了一一对应关系.

用图 5.5 说明网络决策分析与 MC 之间的关系.

在这些关系中随机方阵起到重要的桥梁作用.用随机方阵这种代数工具运算,根据需要将运算结果解释成不同的含义;反过来,也将不同背景下的关系写成随机方阵的代数表达式,为分析提供方便.

先给出一个例子,说明和理解这些概念和关系.

例 5.3　任何一个准则支配关系图将属性叶节点加环都可以改造成有限状态点的齐次 MC 的状态转移图.以第 1 章的决策准则支配关系图(见图 1.4 和图 2.4)为例,在这个图上,将叶节点添加自己指向自己的值为 1 的环,得到有向图 5.6.

图 5.6 可以看成是一个有七个状态点的 MC 状态转移图.图中箭头旁

边的数值就是 1 步状态转移概率.这个有向图的邻接方阵就是准则支配关系图的似邻接方阵.

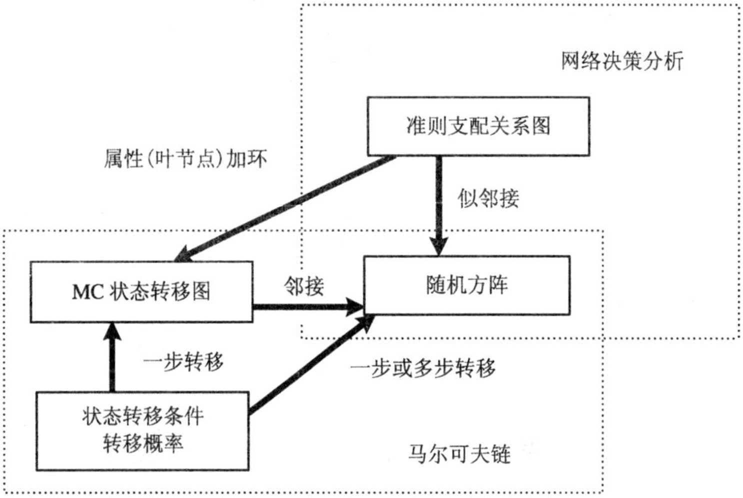

图 5.5

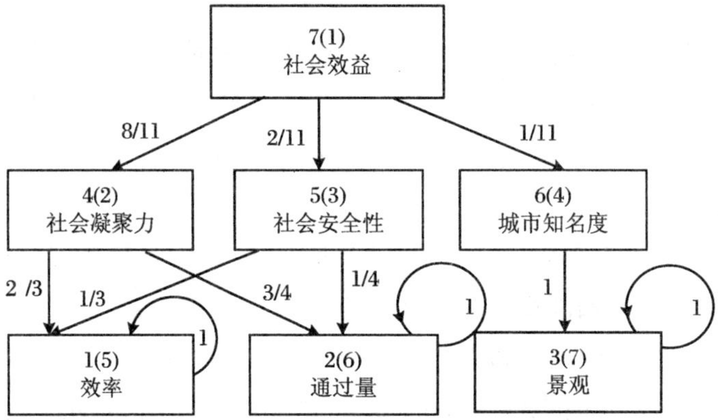

图 5.6

在图 5.6 上,为了照顾对准则的描述习惯,用方框表示了状态点,而一般的 MC 文献用圆圈表示状态点.

直接将原准则编号(方框内不加括号的数字)作为行号和列号得到的状态转移概率方阵为

$$\begin{pmatrix} 1 & 0 & 0 & 2/3 & 3/4 & 0 & 0 \\ 0 & 1 & 0 & 1/3 & 1/4 & 0 & 0 \\ 0 & 0 & 1 & 0 & 0 & 1 & 0 \\ 0 & 0 & 0 & 0 & 0 & 0 & 8/11 \\ 0 & 0 & 0 & 0 & 0 & 0 & 2/11 \\ 0 & 0 & 0 & 0 & 0 & 0 & 1/11 \\ 0 & 0 & 0 & 0 & 0 & 0 & 0 \end{pmatrix}$$

调整节点编号，以方框内加括号的数字作为行号和列号，将三个属性节点放在最后，得到标准状态的转移概率方阵为

原编号	7	4	5	6	1	2	3
现编号	(1)	(2)	(3)	(4)	(5)	(6)	(7)
(1)	0	0	0	0	0	0	0
(2)	8/11	0	0	0	0	0	0
(3)	2/11	0	0	0	0	0	0
(4)	1/11	0	0	0	0	0	0
(5)	0	2/3	3/4	0	1	0	0
(6)	0	1/3	1/4	0	0	1	0
(7)	0	0	0	1	0	0	1

把 MC 随机方阵标准结论用于准则支配关系图和它的似邻接方阵，得

$$\boldsymbol{A} = \begin{pmatrix} \boldsymbol{A}_{11} & \boldsymbol{0} & \cdots & \boldsymbol{0} \\ \boldsymbol{A}_{21} & \boldsymbol{A}_{22} & \cdots & \boldsymbol{0} \\ \boldsymbol{A}_{31} & \boldsymbol{0} & \cdots & \boldsymbol{0} \\ \vdots & \vdots & & \vdots \\ \boldsymbol{A}_{s1} & \boldsymbol{0} & \cdots & \boldsymbol{A}_{ss} \end{pmatrix}$$

可知在标准型中，主对角块 $\boldsymbol{A}_{ii}$（$i=2,\cdots,s$）对应的准则集合 β_i 有两种可能：一种是准则支配关系图上的非属性准则集合，它至少包含两个准则，在这个准则集合中，准则之间的**支配关系是封闭的**；另一种是准则支配关系图上的属性节点，它只有一个准则.

对准则支配关系图似邻接方阵，如果只是突出属性节点，让属性节点的编号都大于非属性节点，在邻接方阵中集中放在最后，则标准型变成

$$\boldsymbol{A} - \begin{pmatrix} \bar{\boldsymbol{A}} & \boldsymbol{0} \\ \boldsymbol{B} & \boldsymbol{I} \end{pmatrix}$$

其中,非属性准则点对应于 $\bar{A}$,属性节点对应于单位方阵 I.

在网络决策分析的准则支配关系图上,属性节点(叶节点)的身份特殊,它是 1 阶的不可约随机方阵,也可以称之为一组封闭的、循环支配着的准则的“聚合”.因此,属性节点既简单又复杂.所以在开始定义邻接方阵时需要特别处理.将准则支配关系图改造成 MC 的状态转移图后,这种限制就没有了.如果一开始定义准则支配关系图就引进 MC,则把本来结构简单的准则支配关系复杂化了.因为在层次分析方法中,准则支配关系图必然有属性节点(叶节点),改造后得到的 MC 状态转移图中必然有叶节点环.

第 4 章讨论准则分级的支配关系时,曾提出了检查组准则支配关系图与准则支配图之间的协调规则 2.现在用 MC 状态转移图的观点看待准则支配关系图,协调规则 2 的含义就十分明白了.

5.3 第 1 类决策问题唯一解存在的条件分析

在第 4 章讨论第 1 类决策问题的解时得知,只要 $I-\bar{A}$ 可逆,决策问题就有唯一解.但是条件 $I-\bar{A}$ 可逆是代数语言,本小节将讨论在准则支配关系图上“$I-\bar{A}$ 可逆”所表达的深层意义.

5.3.1 从准则支配关系分析第 1 类决策问题的合理性条件

在第 2 章 2.2.1 小节讨论层次分析方法时,为了能使决策准则支配关系满足层次结构的要求,对准则支配关系提出了三个限制条件:

条件 2.1:有且只有一个总准则;

条件 2.2:必须有刻画方案的属性,且属性值完全由方案决定;

条件 2.3:准则必须是分层的,只有相邻层的准则之间才可能有方向一致的支配关系,属性必须在同一个层中.

在扩展的层次分析方法中,将准则支配关系的限制条件变为:

条件 2.7:在决策准则支配关系图上不存在圈.

对网络决策问题而言，已经不需再对决策准则支配关系添加限制，那么是否任何一个有限状态的齐次 MC 状态转移图都能对应一个合理的决策问题？或者为了保证第 1 类决策问题的合理性是否还需对准则支配关系提出限制条件？需要什么样的条件？

现在从第 1 类决策问题的定义分析合理决策问题支配关系图应当满足的条件.

在层次分析(或扩展层次分析)问题的准则支配关系图上，由于没有圈，所以有一个不言自明的条件：从任何一个准则节点出发，总能找到一条到达某个叶节点的有向路. 换成决策的语言，就是“任何一个决策准则都发挥了支配作用”. 对第 1 类决策问题而言，如果不加这个条件，就可能出现“不支配任何属性的准则”，这样的决策问题显然不合理. 因此，对网络结构的第 1 类决策问题而言，如果决策问题是合理的，那么它不仅要有属性，而且要求它的“**任何一个决策准则都应当发挥作用**”.

“任何一个决策准则都应当发挥作用”这句话有不同的解释，一种解释是，在有属性节点存在的决策准则支配关系图上，每一个准则至少直接或间接支配着一个属性节点. 如若不然，有一个决策准则与任何属性都没有关系，则说明无论方案如何变化都不会影响这个准则的重要性的变化，那么这个准则在决策准则支配关系中应该是多余的. 将这种解释表述出来，就是：

条件 5.1　一个包含属性节点的、合理的决策准则支配关系图必须满足：任何一个决策准则都直接或间接支配着一个属性.

改用图论的语言表述，条件 5.1 即为：

在属性节点存在的合理的决策准则支配关系图上，对任意指定的非属性节点 u，一定存在某个属性节点 v，使 u 到 v 之间有有向路.

在对属性节点加环改造后的决策准则支配关系图上，任取一个封闭互通的准则集合 $\mathscr{D}$，称在集合 $\mathscr{D}$ 上**准则支配关系是封闭的**. 设 $\mathscr{D}$ 对应的主子阵为 $\boldsymbol{D}$，它也是随机方阵，即满足非负、列和为 1 的条件.

“任何一个决策准则都应当发挥作用”这句话还可以有另外的解释：在有属性节点存在的决策准则支配关系图上，不可能存在只有非属性节点构成的真子集，在这个子集上，准则支配关系是封闭的. 如若不然，有一个由非属性节点构成的子集，在这个子集上支配关系封闭，那么方案的变化不会对这个子集中的任何准则产生影响，这个子集中所有的准则在决策准则支配

关系中都是多余的.将这种解释表述出来,就是:

条件 5.2 一个包含属性节点的、合理的决策准则支配关系图必须满足:不存在准则支配关系是封闭的、非属性节点构成的真子集.

改用矩阵的语言表述,条件 5.2 即为:

如果 $\boldsymbol{A}=\begin{pmatrix}\bar{\boldsymbol{A}} & \boldsymbol{0}\\ \boldsymbol{B} & \boldsymbol{I}\end{pmatrix}$ 是一个合理的第 1 类决策问题准则支配关系图的似邻接方阵,则不存在 $\bar{\boldsymbol{A}}$ 的主子阵 $\boldsymbol{D}$,使得 $\boldsymbol{D}$ 为随机方阵.

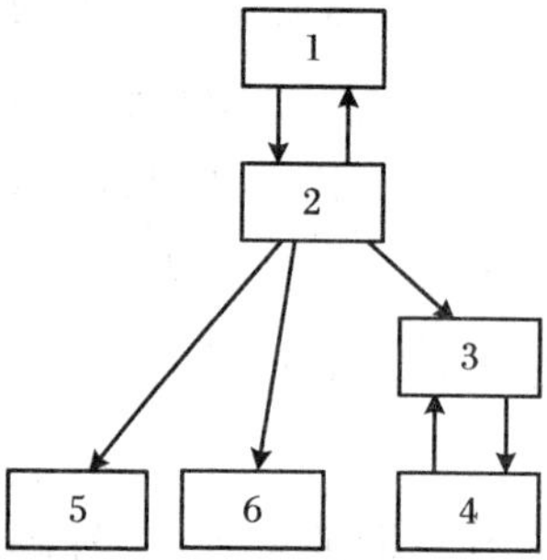

图 5.7 不合理的决策准则支配关系图

在下一小节中,将证明条件 5.1 和 5.2 是等价的.

例 5.4 一个不合理的第 1 类决策问题.

在图 5.7 中,节点 5 和 6 是叶节点(属性节点),其余都是非属性节点.节点 3 和 4 没有到达 5 和 6 的有向路,说明准则 3 和 4 与决策方案没有任何关系,显然这个决策准则支配关系图是不合理的,或者称这个决策问题是不合理的.

5.3.2 第 1 类决策问题合理与唯一解存在的等价性

设准则支配关系图似邻接方阵的标准型为

$$\boldsymbol{A}=\begin{pmatrix}\bar{\boldsymbol{A}} & \boldsymbol{0}\\ \boldsymbol{B} & \boldsymbol{I}\end{pmatrix}\tag{5.8}$$

其中,主对角块 $\bar{\boldsymbol{A}}$ 对应于非属性节点的编号为 $1,2,\cdots,r$,属性节点编号为 $r+1,r+2,\cdots,n$,对应 $\boldsymbol{A}$ 中的单位方阵 $\boldsymbol{I}$.

1. 条件 5.2 成立时主对角块 $\bar{\boldsymbol{A}}$ 的性质

条件 5.2 成立也就是在 $\bar{\boldsymbol{A}}$ 的主子阵中不存在不可约的随机方阵.

从本章 5.1.4 小节随机方阵的结构可知,当条件 5.2 成立时,支配关系图似邻接方阵的标准型就是随机方阵 $\boldsymbol{A}$ 的标准型,即主对角块 $\bar{\boldsymbol{A}}$ 就是随机方阵标准型中的第 1 主对角块 $\boldsymbol{A}_{11}$.

由本章定理 5.6 知,在随机方阵的标准型中,当 $\boldsymbol{A}_{11}$ 对应的状态点集合非空时,则存在正整数 k,使得在 $\boldsymbol{A}_{11}^k$ 中,各列对行求和的值严格小于 1.所以当决策问题满足条件 5.2，它的准则支配关系图似邻接方阵标准型主子阵 $\bar{A}$ 应该具备性质 1.

推论 5.12(性质 1)　如果 A 满足条件 5.2，则存在正整数 k，使得 $\sum_{i=1}^{r} \bar{a}_{ij}^{(k)} < 1\ (j = 1,2,\cdots,r)$，即 $\bar{A}$ 的 k 次幂 $\bar{A}^k$ 的各列元素之和都严格小于 1.

这个性质说明，任取 $\bar{A}$ 的第 $j \in \{1,2,\cdots,r\}$ 列，在 $\bar{A}^{(k)}$ 中，第 j 列元素对行求和严格小于 1，所以在 $A^{(k)}$ 的第 j 列中，除 $\bar{A}^{(k)}$ 的元素外一定还有正元素存在，即存在 $a_{ji^*}^{(k)} > 0\ (i^* \in \{r+1,\cdots,n\})$. 用概率语言描述，就是 j 到 i^* 的 k 步转移概率严格大于 0.

再利用本章推论 5.1，将性质 1 的概率语言换成图论语言，立刻得到主对角块 $\bar{A}$ 的第 2 个性质(推论 5.13).

推论 5.13(性质 2)　如果 A 满足条件 5.2，在准则支配关系图上，任取一个非属性节点 $j\ (1 \leqslant j \leqslant r)$，则存在不依赖于 j 的正整数 k 和属性节点 i^* 的路，以 j 为起始点、i^* 为终点且边数为 k.

由性质 1 的结论，再利用本章定理 5.4，得到主对角块 $\bar{A}$ 的第 3 个性质(推论 5.14).

推论 5.14(性质 3)　如果 A 满足条件 5.2，则 $\bar{A}$ 的谱半径严格小于 1，方阵 $I - \bar{A}$ 可逆，$\lim\limits_{k \to \infty} \bar{A}^k = \mathbf{0}$.

2. 合理性条件的等价性证明

当条件 5.2 成立时，式(5.8)准则支配关系图似邻接方阵 A 的标准型就是式(5.6)的标准型，因此 A 的非属性准则对应的主子阵 $\bar{A}$ 具有性质 2(推论 5.13)，所以由条件 5.2 成立推出条件 5.1 成立.

反之，条件 5.1 ⇒ 条件 5.2 是显然的. 如若不然，存在 $\bar{A}$ 中的主子阵 D，使得 D 为随机方阵. 取 D 的某一列对应的点，在 MC 状态转移图上，从这个点出发一步转移后的点都在 D 的对应的点集中，从而永远不能到达 D 以外的点. 矛盾. 所以条件 5.1 和 5.2 等价.

由定理 5.3，$\bar{A}$ 的谱半径严格小于 1，方阵 $I - \bar{A}$ 可逆，$\lim\limits_{k \to \infty} \bar{A}^k = \mathbf{0}$ 三个条件是等价的.

在式(5.8)中，如果 $\bar{A}$ 的谱半径小于 1，则条件 5.2 成立，就是不存在 $\bar{A}$ 的主子阵 D，使得 D 为随机方阵. 所以性质 3 ⇒ 条件 5.2 成立. 因此得到：

推论 5.15 条件 5.1、条件 5.2、方阵 $\boldsymbol{I}-\bar{\boldsymbol{A}}$ 可逆，这三个条件是等价的.

条件 5.1、条件 5.2、方阵 $\boldsymbol{I}-\bar{\boldsymbol{A}}$ 可逆，这三个条件从不同的角度描述了同一件事情——准则支配关系是合理的.

5.3.3 判定唯一解存在的算法

判定唯一解是否存在(即判断准则支配关系是否合理)时，可以用条件 5.1 和 5.2 以及方阵 $\boldsymbol{I}-\bar{\boldsymbol{A}}$ 可逆三个条件中的任何一个.

在第 4 章已用代数方法判定方阵 $\boldsymbol{I}-\bar{\boldsymbol{A}}$ 是否可逆.

用条件 5.1 判定，可以用图的遍历算法实现. 在决策准则支配关系图上，任选一个非属性节点，从这个点出发进行进行遍历，看结果是否能够到达某个属性节点. 具体的算法可以参照附录 2 中给出的算法进行改造.

条件 5.2 用起来比较麻烦，不再讨论.

5.4 第 2 类决策问题唯一解存在条件分析

在第 4 章讨论第 2 类决策问题的解时得知，只有当 $\operatorname{rank}(\boldsymbol{I}-\boldsymbol{A})=n-1$ 时问题才有唯一解. 本节将讨论这个条件在决策中所表达的意义，并进一步讨论求第 2 类问题解的方法.

5.4.1 第 2 类决策问题解的存在性、唯一性和决策问题的合理性

从随机方阵的各列元素和为 1 的性质立刻可知，方程 $\boldsymbol{u}(\boldsymbol{I}-\boldsymbol{A})=\boldsymbol{0}$ 总有平凡解，这个解为方阵 $\boldsymbol{A}$ 的、属于特征根 1 的左特征行向量

$$\boldsymbol{a}=(a,a,\cdots,a)\quad(a>0)$$

所以 $\operatorname{rank}(\boldsymbol{I}-\boldsymbol{A})\leqslant n-1$.

考虑随机方阵 $\boldsymbol{A}$ 的标准型

$$
\boldsymbol{A}=\begin{pmatrix}
\boldsymbol{A}_{11} & 0 & \cdots & 0 \\
\boldsymbol{A}_{21} & \boldsymbol{A}_{22} & \cdots & 0 \\
\boldsymbol{A}_{31} & 0 & \cdots & 0 \\
\vdots & \vdots & & \vdots \\
\boldsymbol{A}_{s1} & 0 & \cdots & \boldsymbol{A}_{ss}
\end{pmatrix}
$$

其中，块 $\boldsymbol{A}_{11}$ 的谱半径严格小于 1，$\boldsymbol{A}_{ii}$ $(i=2,\cdots,s)$ 是不可约随机方阵，它只有一个等于 1 的特征根.

由 $\boldsymbol{A}$ 的若尔当标准型可知，属于特征根 1 的若尔当块只能是 1 阶的，$\det(\boldsymbol{I}-\boldsymbol{A}_{11})\neq 0$，因此，随机方阵 $\boldsymbol{A}$ 的特征根 1 的重数就是 $\boldsymbol{A}$ 的标准型中不可约随机方阵的数目 $s-1$，所以 $\text{rank}(\boldsymbol{I}-\boldsymbol{A})=n-s+1$. 这就得出随机方阵 $\boldsymbol{A}$ 以 1 为单重特征根和 $\text{rank}(\boldsymbol{I}-\boldsymbol{A})=n-1$ 是等价的.

当 $\text{rank}(\boldsymbol{I}-\boldsymbol{A})<n-1$ 时，随机方阵 $\boldsymbol{A}$ 的特征根 1 的重数严格大于 1. 设特征根 1 的重数为 $t>1$，由本章定理 5.9 的结论，则存在 t 个线性无关的、非负的左特征行向量. 不妨取出两个，记为 $\boldsymbol{\omega}'(1)$ 和 $\boldsymbol{\omega}'(2)$，则 $\boldsymbol{\omega}'(1)$ 和平凡解 $\boldsymbol{a}=(a,a,\cdots,a)$ 的凸组合

$$\alpha\boldsymbol{\omega}'(1)+(1-\alpha)\boldsymbol{a}\quad(0<\alpha<1)$$

一定是方阵 $\boldsymbol{A}$ 的、属于特征根 1 的左正特征向量.

同样地，$\boldsymbol{\omega}'(2)$ 和平凡解 $\boldsymbol{a}=(a,a,\cdots,a)$ 的凸组合

$$\alpha\boldsymbol{\omega}'(2)+(1-\alpha)\boldsymbol{a}\quad(0<\alpha<1)$$

也是方阵 $\boldsymbol{A}$ 的、属于特征根 1 的左正特征向量.

从而方程 $\boldsymbol{u}(\boldsymbol{I}-\boldsymbol{A})=\boldsymbol{0}$ 有两(多)个线性无关的正解，即 $\boldsymbol{u}(\boldsymbol{I}-\boldsymbol{A})=\boldsymbol{0}$ 的解不唯一.

这就证明了方程 $\boldsymbol{u}=\boldsymbol{u}\boldsymbol{A}$ 有唯一正解的充分必要条件是 $\text{rank}(\boldsymbol{I}-\boldsymbol{A})=n-1$.

综上所述，这就证明了定理 4.6 的结论：

如果决策准则支配关系图无属性节点，那么方程 $\boldsymbol{u}=\boldsymbol{u}\boldsymbol{A}$ 有唯一归一化正解、$\text{rank}(\boldsymbol{I}-\boldsymbol{A})=n-1$ 和方阵 $\boldsymbol{A}$ 以 1 为单重特征根，这三个条件是等价的.

和第 1 类决策问题类似，并非所有的第 2 类决策问题都有意义，即对于一个没有属性节点的准则支配关系图，它表达的决策问题不一定合理. 如果 $\text{rank}(\boldsymbol{I}-\boldsymbol{A})=n-1$，即 $\boldsymbol{A}$ 以 1 为单重特征根，由定理 5.8，随机方阵只能含

一个不可约随机子阵,而不可约随机子阵对应准则支配关系图上的一个封闭互通子集.因此得出,第 2 类决策问题唯一解存在的条件是,在准则支配关系图上,不能存在两个以上的封闭互通子集.

而第 2 类决策问题的目的是分析决策准则之间的关系,如果在准则支配关系图上,存在两个(或更多)封闭互通的准则子集,则在两个封闭互通的准则子集之间不可能存在任何的联系,当然这样的决策问题不合理.因此,和第 1 类决策问题的结论类似,第 2 类决策问题合理与有唯一解的条件是等价的.

判定第 2 类决策问题是否有唯一解有两种方法:用 $\mathrm{rank}(\boldsymbol{I}-\boldsymbol{A})=n-1$进行判定的代数方法,这个方法判断容易实施;也可以用图论的方法判定准则支配关系图上是否有两个以上的封闭互通子集,此方法比较麻烦,不予讨论.

5.4.2 求唯一解的方法

在第 4 章给出了求第 2 类决策问题唯一解的解析方法,这个方法已能满足实用需求,但是由于传统方法使用极限方法求解,为了便于比较本书提出的方法与传统方法的区别,发现传统方法的缺陷,所以有必要给出极限求解方法并对其进行详细的讨论.

现在由简到繁,逐步分析极限求解方法.

1. 当极限$\lim\limits_{k\to\infty}\boldsymbol{A}^k$ 存在时的算法

从第 4 章定理 4.7 可知,当解存在且唯一时,如果$\lim\limits_{k\to\infty}\boldsymbol{A}^k$ 存在,则极限$\lim\limits_{k\to\infty}\boldsymbol{A}^k$ 的各个列向量都是一样的,任取一列都是唯一解.因此在这种情况下,可选用一个特殊的归一化正向量 $\boldsymbol{v}=\boldsymbol{e}/n$ ($\boldsymbol{e}$ 为分量全为 1 的向量)作为初始值,计算 $\boldsymbol{A}$ 的属于特征根 1 的正特征向量 $\boldsymbol{\omega}$.

算法 5.1 极限$\lim\limits_{k\to\infty}\boldsymbol{A}^k$ 存在时第 2 类问题的求解算法.

步骤 1(判断唯一解是否存在)

检查 $\mathrm{rank}(\boldsymbol{I}-\boldsymbol{A})$.如果 $\mathrm{rank}(\boldsymbol{I}-\boldsymbol{A})<n-1$,则没有有意义的解,终止;否则转步骤 2.

步骤 2(迭代初始化)

$1\to k$;选取归一化的正向量 $\boldsymbol{v}=\boldsymbol{e}/n$;

$\boldsymbol{Av} \rightarrow \boldsymbol{b}(1)$；读入允许误差 $\boldsymbol{\varepsilon}$.

步骤3(迭代计算)

$\boldsymbol{Ab}(k) \rightarrow \boldsymbol{b}(k+1)$.

步骤4(算法终止判断)

如果 $\max_{1 \leqslant i \leqslant n} |(b_i(k) - b_i(k+1))| < \varepsilon$，则转步骤5；

否则 $[k+1 \rightarrow k$；转步骤3$]$.

步骤5(获得最终结果)

$\boldsymbol{b}(k+1) \rightarrow \boldsymbol{\omega}$.

在算法5.1中，向量 $\boldsymbol{b}$ 的存储只需要两个与 k 无关的数组，一个存 $\boldsymbol{b}(k)$，另一个存 $\boldsymbol{b}(k+1)$ 就够了，为了逻辑清楚，写成了随 k 变化的数组. 此外，步骤3的迭代还可以参照附录1算法1修改而提高效率，具体改造过程不再赘述.

2. 极限 $\lim_{k \to \infty} \boldsymbol{A}^k$ 不存在时的算法

在极限求解方法中使用了两个条件：$\operatorname{rank}(\boldsymbol{I} - \boldsymbol{A}) = n - 1$ 和 $\lim_{k \to \infty} \boldsymbol{A}^k$ 存在. 如果 $\operatorname{rank}(\boldsymbol{I} - \boldsymbol{A}) = n - 1$，而 $\lim_{k \to \infty} \boldsymbol{A}^k$ 不存在，还能否用极限求解方法？

首先，现举例说明，存在这样的情况：$\operatorname{rank}(\boldsymbol{I} - \boldsymbol{A}) = n - 1$，而 $\lim_{k \to \infty} \boldsymbol{A}^k$ 不存在.

例5.5 $\lim_{k \to \infty} \boldsymbol{A}^k$ 不存在的例子.

设图5.8描述的准则支配关系图似邻接方阵为

$$\boldsymbol{A} = \begin{pmatrix} 0 & 1 \\ 1 & 0 \end{pmatrix}$$

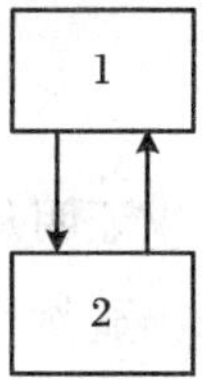

图5.8

则 $\operatorname{rank}(\boldsymbol{I} - \boldsymbol{A}) = n - 1$，但 $\lim_{k \to \infty} \boldsymbol{A}^k$ 不存在.

易知，$\boldsymbol{A}$ 的特征根为1和 -1.

$\operatorname{rank}(\boldsymbol{I} - \boldsymbol{A}) = n - 1$，符合有唯一解的条件，但是 $\lim_{k \to \infty} \boldsymbol{A}^k$ 并不存在. 因为当 k 为奇数时，$\boldsymbol{A}^k = \begin{pmatrix} 0 & 1 \\ 1 & 0 \end{pmatrix}$，当 k 为偶数时，$\boldsymbol{A}^k = \begin{pmatrix} 1 & 0 \\ 0 & 1 \end{pmatrix}$.

当极限 $\lim_{k \to \infty} \boldsymbol{A}^k$ 不存在时，引进一个新的概念——Cesaro平均的极限，可以用方阵序列 $\boldsymbol{A}^k$ 的Cesaro平均的极限替代 $\lim_{k \to \infty} \boldsymbol{A}^k$ 进行求解.

定义5.4 设有方阵序列 $\{\boldsymbol{A}_n\}$，对这个序列的前 k 项求平均 $(k = 1, 2, \cdots)$，记为 $\boldsymbol{B}_k = (\boldsymbol{A}_1 + \boldsymbol{A}_2 + \cdots + \boldsymbol{A}_k)/k$，则得到一个新的方阵序列 $\{\boldsymbol{B}_n\}$，称

序列$\{\boldsymbol{B}_n\}$是由序列$\{\boldsymbol{A}_n\}$Cesaro 平均得到的序列，简称 $\boldsymbol{B}_n$ 是$\boldsymbol{A}_n$ 的 Cesaro 平均.

引理 5.2 对数序列 a_k，如果极限$\lim\limits_{k\to\infty}a_k$ 存在，则 a_k 的 Cesaro 平均的极限存在，且

$$\lim_{k\to\infty}a_k = \lim_{k\to\infty}(a_1 + a_2 + \cdots + a_k)/k$$

引理可以用极限的定义和 Cesaro 平均的定义证明，这里不赘述.

但是在很多情况下，即使$\lim\limits_{k\to\infty}a_k$ 不存在时，序列 a_k 的 Cesaro 平均的极限仍然存在.

考虑两个数列：一个是由数字 +1 和 −1 相间构造出的数字序列$(1,-1,1,-1,\cdots,1,-1,\cdots)$；另一个是由数字 0 和自然数构造出的序列$(\underset{1}{0},1,\underbrace{0,0}_{2},2,\underbrace{0,0,0}_{3},3,\cdots,\underbrace{0,\cdots,0}_{n},n,\cdots)$，其中每一个自然数前面 0 的个数就是这个自然数.这两个数列的极限都不存在，但是它们 Cesaro 平均的极限仍然存在.所以数序列 Cesaro 平均极限存的条件在要比数序列极限存在的条件宽泛一些.

将引理 5.2 的条件进一步放宽，有：

引理 5.3 对数序列 a_k，如果有一个有限的正整数 s，使得 a_k 的子序列a_{ks+i}的极限存在，$\lim\limits_{k\to\infty}a_{ks+i}=\alpha_i^*\ (i=1,2,\cdots,s)$，则序列 a_k 的 Cesaro 平均的极限存在，且

$$\lim_{k\to\infty}(a_1 + a_2 + \cdots + a_k)/k = \sum_{i=1}^{s}\alpha_i^*/s$$

证明从略.

显然，引理 5.2 是引理 5.3 的特例.

利用引理 5.3，可以得出：

引理 5.4 对方阵 $\boldsymbol{A}$，如果有一个有限的正整数 s，对 $1\leqslant i\leqslant s$，$\lim\limits_{k\to\infty}\boldsymbol{A}^{ks+i}$存在，极限值为 $\boldsymbol{A}_i^*$，则序列 $\boldsymbol{A}^k$ 的 Cesaro 平均的极限存在，且

$$\lim_{k\to\infty}(\boldsymbol{A} + \boldsymbol{A}^2 + \cdots + \boldsymbol{A}^k)/k = (\boldsymbol{A}_1^* + \boldsymbol{A}_2^* + \cdots + \boldsymbol{A}_s^*)/s$$

上述引理的结论并未用到随机方阵的特性.对于随机方矩阵 $\boldsymbol{A}$，序列 $\boldsymbol{A}^k$ 的 Cesaro 平均极限存在的条件还可以减弱，事实上，$\mathrm{rank}(\boldsymbol{I}-\boldsymbol{A})=n-1$ 也能导出 $\boldsymbol{A}^k$ 的 Cesaro 平均极限存在.

定理 5.9 对随机方矩阵 $\boldsymbol{A}$，如果 $\mathrm{rank}(\boldsymbol{I}-\boldsymbol{A})=n-1$，则方阵序列 $\boldsymbol{A}^k$

的 Cesaro 平均的极限存在，且 $\boldsymbol{A}$ 的属于特征根 1 的、归一化的非负特征向量就是序列 $\boldsymbol{A}^k$ 的 Cesaro 平均极限的列向量.

证明　由于 $\operatorname{rank}(\boldsymbol{I}-\boldsymbol{A})=n-1$，$\boldsymbol{A}$ 的特征根 1 是一重根，从若尔当标准型理论可知，存在非异方阵 $\boldsymbol{P}$，使

$$\boldsymbol{PAP}^{-1}=\operatorname{diag}(1,\boldsymbol{J}_2,\cdots,\boldsymbol{J}_r)$$

其中，$\boldsymbol{J}_l$ 是若尔当标准型的若尔当块，其对角元素为 $d_l\ (l=2,\cdots,r)$.

由随机方阵本身特点及 $\boldsymbol{A}$ 的特征根 1 为一重的条件可知

$$|d_l|\leqslant 1\quad 且\quad d_l\neq 1\ (l=2,\cdots,r)$$

对任意正整数 k，有

$$\boldsymbol{P}(\boldsymbol{A}+\boldsymbol{A}^2+\cdots+\boldsymbol{A}^k)\boldsymbol{P}^{-1}=\operatorname{diag}\left(\sum_{s=1}^{k}1,\sum_{s=1}^{k}\boldsymbol{J}_2^s,\cdots,\sum_{s=1}^{k}\boldsymbol{J}_r^s\right)$$

式中每一个对角块都是上三角方阵. 第 1 块为 k，其他的第 l 块为 $\sum_{s=1}^{k}\boldsymbol{J}_l^s\ (l=2,\cdots,r)$.

任取 l，现在讨论第 l 块 $\sum_{s=1}^{k}\boldsymbol{J}_l^s$ 的对角元素 $\sum_{s=1}^{k}d_l^s$.

由 $d_l\neq 1$，可知

$$\sum_{s=0}^{k}d_l^s=\frac{1-d_l^{k+1}}{1-d_l}$$

从 $|d_l|\leqslant 1$，可知

$$\left|\sum_{s=0}^{k}d_l^s\right|\leqslant\left|\frac{2}{1-d_l}\right|$$

即 $\left|\sum_{s=1}^{k}d_l^s\right|$ 有一个与 k 无关的上界，所以

$$\lim_{k\to\infty}\left|\sum_{s=1}^{k}d_l^s\right|/k\to 0$$

由于方阵 $\sum_{s=1}^{k}\boldsymbol{J}_l^s$ 的特征根就是它的对角元素，由附录 1 的引理 1，可知方阵的极限 $\lim_{k\to\infty}\frac{1}{k}\sum_{s=1}^{k}\boldsymbol{J}_l^s\to\boldsymbol{0}$. 故当 k 充分大后，在 $\operatorname{diag}\left(\sum_{i=1}^{k}1,\sum_{i=1}^{k}\boldsymbol{J}_2^i,\cdots,\sum_{i=1}^{k}\boldsymbol{J}_r^i\right)/k$ 中，除第 1 行、第 1 列元素恒为 1 外，其余元素均为 $o(1)$.

所以极限 $\lim_{k\to\infty}\boldsymbol{P}(\boldsymbol{A}+\boldsymbol{A}^2+\cdots+\boldsymbol{A}^k)\boldsymbol{P}^{-1}/k$ 存在，为

$$\lim_{k\to\infty}\boldsymbol{P}(\boldsymbol{A}+\boldsymbol{A}^2+\cdots+\boldsymbol{A}^k)\boldsymbol{P}^{-1}/k=\begin{pmatrix}\boldsymbol{1}&\boldsymbol{0}\\\boldsymbol{0}&\boldsymbol{0}\end{pmatrix}$$

即

$$\lim_{k\to\infty}(\boldsymbol{A}+\boldsymbol{A}^2+\cdots+\boldsymbol{A}^k)/k=\boldsymbol{P}\begin{pmatrix}1&0\\0&0\end{pmatrix}\boldsymbol{P}^{-1}$$

记 $\boldsymbol{B}=\lim_{k\to\infty}\frac{\boldsymbol{A}+\boldsymbol{A}^2+\cdots+\boldsymbol{A}^k}{k}$,可知 $\mathrm{rank}(\boldsymbol{B})=1$.

因为 $\boldsymbol{A}$ 是随机方阵,所以对任何正整数 k,$\boldsymbol{A}^k$ 也是随机方阵,序列 $\boldsymbol{A}^k$ 的 Cesaro 平均 $(\boldsymbol{A}+\boldsymbol{A}^2+\cdots+\boldsymbol{A}^k)/k$ 以及极限 $\boldsymbol{B}=\lim_{k\to\infty}\frac{\boldsymbol{A}+\boldsymbol{A}^2+\cdots+\boldsymbol{A}^k}{k}$ 也都是随机方阵.

由第 4 章定理 4.3,对于任一随机方阵,存在属于特征根 1 的非负特征向量.

不妨设 $\boldsymbol{\beta}$ 为 $\boldsymbol{A}$ 的、特征根 1 的、归一化的非负(右)特征向量,则 $\boldsymbol{A\beta}=\boldsymbol{\beta}$,所以得到

$$\frac{\boldsymbol{A}+\boldsymbol{A}^2+\cdots+\boldsymbol{A}^k}{k}\boldsymbol{\beta}=\boldsymbol{\beta}$$

即 $\boldsymbol{\beta}$ 为序列 $\boldsymbol{A}^k$ 的 Cesaro 平均的、特征根 1 的(右)特征向量,取极限后得到 $\boldsymbol{B\beta}=\boldsymbol{\beta}$,即 $\boldsymbol{\beta}$ 亦为序列 $\boldsymbol{A}^k$ 的 Cesaro 平均极限的、特征根 1 的(右)特征向量.

由 $\mathrm{rank}(\boldsymbol{B})=1$,$\boldsymbol{B}$ 的各列元素非负,且和为 1,得出 $\boldsymbol{B}$ 的各列必须完全一样,即

$$\boldsymbol{B}=(\boldsymbol{\alpha},\cdots,\boldsymbol{\alpha})$$

其中,$\boldsymbol{\alpha}=(a_1,\cdots,a_n)^{\mathrm{T}}$ 是一个分量非负,且和为 1 的列向量.

易知 $\boldsymbol{B}$ 只有一个非 0 的特征根 1,其余特征根都为 0.

容易验证 $\boldsymbol{B}$ 的列向量 $\boldsymbol{\alpha}$ 就是 $\boldsymbol{B}$ 的属于特征根 1 的、归一化的非负特征向量,即 $\boldsymbol{B\alpha}=\boldsymbol{\alpha}$,从而 $\boldsymbol{\alpha}=\boldsymbol{\beta}$.

定理证毕.

有了定理 5.9,立刻得知:如果 $\mathrm{rank}(\boldsymbol{I}-\boldsymbol{A})=n-1$,序列 $\boldsymbol{A}^k$ 的 Cesaro 平均的极限依然存在,可以用 Cesaro 平均的极限代替极限 $\lim_{k\to\infty}\boldsymbol{A}^k$,$\boldsymbol{A}$ 的属于特征根 1 的、归一化的非负右征向量就是序列 $\boldsymbol{A}^k$ 的 Cesaro 平均极限的列向量.

例 5.6 回顾第 4 章 4.5.3 小节给出的第 2 类决策问题——分析影响购车因素的例子,得到的准则支配关系图似邻接方阵(加权超矩阵)$\boldsymbol{A}$ 如表 5.1 所示.

表 5.1 加权超矩阵

		Ⅰ			Ⅱ		
		C	R	D	A	E	J
Ⅰ	C	0	0	0	0.634	0.250	0.400
	R	0	0	0	0.192	0.250	0.200
	D	0	0	0	0.174	0.500	0.400
Ⅱ	A	0.637	0.582	0.105	0	0	0
	E	0.105	0.109	0.637	0	0	0
	J	0.259	0.309	0.259	0	0	0

第 4 章对直接求加权超矩阵 $\boldsymbol{A}$ 的、属于特征根 1 的右特征向量的问题给出了结果，现在再用求序列 $\boldsymbol{A}^k$ 的 Cesaro 平均极限的方法求解.

在已知有唯一解的情况下，矩阵 $\boldsymbol{A}$ 的极限以周期 2 稳定在表 5.2 和 5.3 所示的两个方阵.

表 5.2 超矩阵 $\boldsymbol{A}$ 的一个极限点

		Ⅰ			Ⅱ		
		C	R	D	A	E	J
Ⅰ	C	0	0	0	0.464	0.464	0.464
	R	0	0	0	0.210	0.210	0.210
	D	0	0	0	0.326	0.326	0.326
Ⅱ	A	0.452	0.452	0.452	0	0	0
	E	0.279	0.279	0.279	0	0	0
	J	0.269	0.269	0.269	0	0	0

表 5.3 超矩阵 $\boldsymbol{A}$ 的另一个极限点

		Ⅰ			Ⅱ		
		C	R	D	A	E	J
Ⅰ	C	0.464	0.464	0.464	0	0	0
	R	0.210	0.210	0.210	0	0	0
	D	0.326	0.326	0.326	0	0	0

续表

		I			II		
		C	R	D	A	E	J
II	A	0	0	0	0.452	0.452	0.452
	E	0	0	0	0.279	0.279	0.279
	J	0	0	0	0.269	0.269	0.269

由引理 5.4,$\boldsymbol{A}^k$ 的 Cesaro 平均的极限就是两个极限点的平均值,结果列于表 5.4.

表 5.4　$\boldsymbol{A}^k$ 的 Cesaro 平均极限

		I			II		
		C	R	D	A	E	J
I	C	0.232	0.232	0.232	0.232	0.232	0.232
	R	0.105	0.105	0.105	0.105	0.105	0.105
	D	0.163	0.163	0.163	0.163	0.163	0.163
II	A	0.226	0.226	0.226	0.226	0.226	0.226
	E	0.140	0.140	0.140	0.140	0.140	0.140
	J	0.134	0.134	0.134	0.134	0.134	0.134

可见 Cesaro 平均极限方阵的列向量与直接求似邻接方阵属于特征根 1 的特征向量一样,结果完全相同.

现在讨论用 Cesaro 平均极限求解第 2 类决策问题的一般算法.

设 $\boldsymbol{e}$ 为分量全为 1 的向量,取归一化的正向量 $\boldsymbol{v}=\boldsymbol{e}/n$,记 k 为迭代次数,向量序列 $\boldsymbol{b}(k)$满足

$$\boldsymbol{b}(1) = \boldsymbol{A}\boldsymbol{v}$$

当 $k>1$,令 $\boldsymbol{b}(k+1)=\boldsymbol{A}[\boldsymbol{v}+\boldsymbol{b}(k)]$.容易验证

$$\frac{\boldsymbol{b}(k)}{k} = \frac{\boldsymbol{A}+\boldsymbol{A}^2+\cdots+\boldsymbol{A}^k}{k}\boldsymbol{v}$$

仿算法 5.1,利用 $\boldsymbol{A}^k$ 的 Cesaro 平均极限,给出求 $\boldsymbol{A}$ 的属于特征根 1 的、归一化的、正特征向量 $\boldsymbol{\omega}$ 的算法.

算法 5.2　用 $\boldsymbol{A}^k$ 的 Cesaro 平均极限求解第 2 类问题的算法.

步骤 1(判断唯一解是否存在)

检查 rank($\boldsymbol{I}-\boldsymbol{A}$). 如果 rank($\boldsymbol{I}-\boldsymbol{A}$)$<n-1$, 则决策问题没有意义, 终止; 否则转步骤 2.

步骤 2(迭代初始化)

$1\rightarrow k$; 选取归一化的正向量 $\boldsymbol{v}=\boldsymbol{e}/n$;

$\boldsymbol{Av}\rightarrow\boldsymbol{b}(1)$; 读入允许误差 ε.

步骤 3(迭代计算)

$\boldsymbol{A}[\boldsymbol{v}+\boldsymbol{b}(k)]\rightarrow\boldsymbol{b}(k+1)$.

步骤 4(算法终止判断)

如果 $\max\limits_{1\leqslant i\leqslant n}\left|[b_i(k)-b_i(k+1)]/k\right|<\varepsilon$, 则转步骤 5;

否则 $[k+1\rightarrow k$; 转步骤 3$]$.

步骤 5(获得最终结果)

$$\frac{\boldsymbol{b}(k+1)}{k+1}\rightarrow\boldsymbol{\omega}$$

和算法 5.1 一样, 向量 $\boldsymbol{b}$ 的存储只需要两个与 k 无关的数组, 一个存 $\boldsymbol{b}(k)$, 另一个存 $\boldsymbol{b}(k+1)$, 为了逻辑清楚, 写成了随 k 变化的数组. 步骤 3 可以参照附录 1 算法 1 修改以提高效率.

实际上, 序列 $\boldsymbol{A}^k$ 的 Cesaro 平均极限存在的条件还可以进一步放宽 (将在下节证明, 对任何随机方阵 $\boldsymbol{A}$, 序列 $\boldsymbol{A}^k$ 的 Cesaro 平均极限总是存在的). 但是如果没有条件 rank($\boldsymbol{I}-\boldsymbol{A}$)$=n-1$ 的限制, 其代表的意义就不明确了. 在第 4 章的例 4.8 中, 条件 rank($\boldsymbol{I}-\boldsymbol{A}$)$=n-1$ 不能得到满足, $\boldsymbol{A}$ 的属于特征 1 的非负归一化特征向量不唯一, 即使序列 $\boldsymbol{A}^k$ 的 Cesaro 平均极限存在, 其代表的意义也不好解释.

3. 唯一解的结构分析

现在分析, 当 rank($\boldsymbol{I}-\boldsymbol{A}$)$=n-1$ 时, 唯一解(即 $\boldsymbol{A}$ 的、属于特征 1 的非负右特征向量)的结构问题.

由随机方阵的标准型结构及定理 5.8 关于 $\boldsymbol{A}$ 的特征根 1 的重数就是其所含的不可约随机子方阵的数目的结论, 得知: 当 $\boldsymbol{A}$ 的特征根 1 的重数为 1 时, $\boldsymbol{A}$ 的标准型只含一个不可约的随机子方阵块, 其表达形式有两种: 要么 $\boldsymbol{A}$ 本身就是一个不可约的随机方阵, 要么 $\boldsymbol{A}$ 是一个型为 $\begin{pmatrix}\boldsymbol{A}_{11} & \boldsymbol{0}\\ \boldsymbol{A}_{21} & \boldsymbol{A}_{22}\end{pmatrix}$ 的可约方阵, 其中 $\boldsymbol{A}_{22}$ 是一个不可约的随机方阵. 所以分两种情况讨论唯一解的结构：

(1) $\boldsymbol{A}$ 本身是一个不可约的随机方阵

因为 $\boldsymbol{A}$ 本身是一个不可约的随机方阵，由推论 5.9，$\boldsymbol{A}$ 有属于特征根 1 的、归一化的、唯一的正右特征向量，因此无属性节点决策问题唯一解的各个分量都是正数.

(2) $\boldsymbol{A}=\begin{pmatrix}\boldsymbol{A}_{11} & \boldsymbol{0}\\ \boldsymbol{A}_{21} & \boldsymbol{A}_{22}\end{pmatrix}$，$\boldsymbol{A}_{22}$是一个不可约的随机方阵

记 $\boldsymbol{A}$ 的、属于特征根 1 的右正特征向量为

$$\boldsymbol{y}=\begin{pmatrix}\boldsymbol{y}_1\\ \boldsymbol{y}_2\end{pmatrix}$$

其中，$\boldsymbol{y}_1$ 和 $\boldsymbol{y}_2$ 是 $\boldsymbol{y}$ 相应于 $\boldsymbol{A}$ 分块的分块，即 $\boldsymbol{y}_2$ 对应于不可约子阵 $\boldsymbol{A}_{22}$所对应的行(或列)，$\boldsymbol{y}_1$ 对应于剩余的行(或列). 则由

$$\begin{pmatrix}\boldsymbol{A}_{11} & \boldsymbol{0}\\ \boldsymbol{A}_{21} & \boldsymbol{A}_{22}\end{pmatrix}\begin{pmatrix}\boldsymbol{y}_1\\ \boldsymbol{y}_2\end{pmatrix}=\begin{pmatrix}\boldsymbol{y}_1\\ \boldsymbol{y}_2\end{pmatrix}$$

导出

$$\boldsymbol{A}_{11}\boldsymbol{y}_1=\boldsymbol{y}_1,\quad \boldsymbol{A}_{21}\boldsymbol{y}_1+\boldsymbol{A}_{22}\boldsymbol{y}_2=\boldsymbol{y}_2$$

由于 $\boldsymbol{A}_{11}-\boldsymbol{I}$ 的特征根不是 1，所以 $\det(\boldsymbol{A}_{11}-\boldsymbol{I})\neq 0$，导出 $\boldsymbol{y}_1=\boldsymbol{0}$，以及 $\boldsymbol{y}_2$ 是 $\boldsymbol{A}_{22}$的、属于特征根 1 的右特征向量.

今 $\boldsymbol{A}_{22}$是一个不可约的随机方阵，再用推论 5.9，得知 $\boldsymbol{y}_2$ 可以是 $\boldsymbol{A}_{22}$的、属于特征根 1 的、归一化的、唯一的正右特征向量.

综合(1)和(2)可以得出，作为第 2 类决策问题唯一解的、$\boldsymbol{A}$ 的、属于特征根 1 的非负右特征向量，它的分量有这样的特点：对应于不可约子方阵的分量一定大于 0，其余的分量一定等于 0. 因此有：

推论 5.16 当 $\operatorname{rank}(\boldsymbol{I}-\boldsymbol{A})=n-1$ 时，第 2 类决策问题有唯一解(即 $\boldsymbol{A}$ 的、属于特征根 1 的、归一化的非负右特征向量)，这个解的全部非 0 分量对应的 $\boldsymbol{A}$ 的子阵是不可约的随机方阵.

因此，求解第 2 类决策问题唯一解的过程可以看成是寻找似邻接方阵的不可约随机子方阵的过程，也可以看成是寻找准则支配关系图中封闭支配关系子图的过程. **对第 2 类决策问题，只有那些封闭支配关系中的准则在系统中起作用.**

5.5 Cesaro 平均极限存在和使用的进一步讨论

在引进 Cesaro 平均极限的概念后，当判定决策问题合理（即解存在且唯一）的情况下，可以使用 $\boldsymbol{A}^k$ 的 Cesaro 平均极限求解. 本节将证明序列 $\boldsymbol{A}^k$ 的 Cesaro 平均极限总是存在的，即使决策问题不合理，也能用 $\boldsymbol{A}^k$ 的 Cesaro 平均极限求得解. 本书的方法强调，只有在已知决策问题的解存在且唯一的情况下，才可以使用序列 $\boldsymbol{A}^k$ 的 Cesaro 平均极限求解，而在传统的 ANP 中无条件地使用 Cesaro 平均是不妥的.

5.5.1 序列 $\boldsymbol{A}^k$ 的 Cesaro 平均极限存在的证明

定理 5.10 对于任意的随机方阵 $\boldsymbol{A}$，序列 $\boldsymbol{A}^k$ 的 Cesaro 平均极限总是存在的.

证明 从本章 5.1.4 小节随机方阵的结构的讨论中可知，任何一个随机方阵 $\boldsymbol{A}$ 都可以写成式(5.6)的标准型

$$\boldsymbol{A} = \begin{pmatrix} \boldsymbol{A}_{11} & \boldsymbol{0} & \cdots & \boldsymbol{0} \\ \boldsymbol{A}_{21} & \boldsymbol{A}_{22} & \cdots & \boldsymbol{0} \\ \boldsymbol{A}_{31} & \boldsymbol{0} & \cdots & \boldsymbol{0} \\ \vdots & \vdots & & \vdots \\ \boldsymbol{A}_{s1} & \boldsymbol{0} & \cdots & \boldsymbol{A}_{ss} \end{pmatrix}$$

在 $\boldsymbol{A}$ 对应的状态转移图上，当 $i>1$ 时，$\boldsymbol{A}_{ii}$ 对应一个封闭的互通点集，是不可约的随机方阵，以 1 为单重特征根. $\boldsymbol{A}_{11}$ 对应去除所有封闭互通点集后剩余的点集合，$\boldsymbol{A}_{11}$ 的谱半径严格小于 1.

从若尔当标准型理论可知，存在非异方阵 $\boldsymbol{P}$，使

$$\boldsymbol{PAP}^{-1} = \mathrm{diag}(\boldsymbol{J}_1, \boldsymbol{J}_2, \cdots, \boldsymbol{J}_r)$$

其中，$\boldsymbol{J}_1, \boldsymbol{J}_2, \cdots, \boldsymbol{J}_r$ 为方阵 $\boldsymbol{A}$ 的若尔当块，它们可以分成如下几种类型：特征根等于 1 的若尔当块；特征根模等于 1，但特征根不等于 1 的若尔当块；特征

根模严格小于 1 的若尔当块.其中特征根等于 1 的若尔当块只能是 1 阶的.

对特征根等于 1 的 1 阶若尔当块,它的 k 次幂的 Cesaro 平均极限为 1.

任取一个特征根不等于 1 的若尔当块 $\boldsymbol{J}_l$,不妨记其特征根为 $d_l \neq 1$,可知

$$\sum_{s=0}^{k} d_l^s = \frac{1-d_l^{k+1}}{1-d_l}$$

从 $|d_l| \leqslant 1$,可知

$$\left|\sum_{s=0}^{k} d_l^s\right| \leqslant \left|\frac{2}{1-d_l}\right|$$

即 $\left|\sum_{s=1}^{k} d_l^s\right|$ 有一个与 k 无关的上界,所以

$$\lim_{k\to\infty}\left|\sum_{s=1}^{k} d_l^s\right| / k \to 0$$

因此,对于特征根不等于 1 的若尔当块 $\boldsymbol{J}_l$,它的特征根的 k 次幂的 Cesaro 平均极限为 0.

由于方阵 $\sum_{s=1}^{k} \boldsymbol{J}_l^s$ 的特征根就是它的对角元素,由附录 1 引理 1 可知,对特征根不等于 1 若尔当块 $\boldsymbol{J}_l$,序列 $\boldsymbol{J}_l^k$ 的 Cesaro 平均的极限 $\lim_{k\to\infty}\frac{1}{k}\sum_{s=1}^{k}\boldsymbol{J}_l^s \to \boldsymbol{0}$.

故当 k 充分大后,在 $\mathrm{diag}\left(\sum_{i=1}^{k}\boldsymbol{J}_1^i, \sum_{i=1}^{k}\boldsymbol{J}_2^i, \cdots, \sum_{i=1}^{k}\boldsymbol{J}_r^i\right)/k$ 中,除对应于特征根等于 1 的若尔当块外,其余元素均为 $o(1)$.

所以极限 $\lim_{k\to\infty}\boldsymbol{P}(\boldsymbol{A}+\boldsymbol{A}^2+\cdots+\boldsymbol{A}^k)\boldsymbol{P}^{-1}/k$ 存在,极限为 $s-1$ 个对角元素为 1(对应特征根等于 1 的 1 阶若尔当块)、其余元素均为 0 的方阵 $\widetilde{\boldsymbol{A}}$:

$$\lim_{k\to\infty}\boldsymbol{P}(\boldsymbol{A}+\boldsymbol{A}^2+\cdots+\boldsymbol{A}^k)\boldsymbol{P}^{-1}/k = \begin{pmatrix} 0 & & & & & & \\ & \ddots & & & & & \\ & & 1 & & & & \\ & & & \ddots & & & \\ & & & & 0 & & \\ & & & & & 1 & \\ & & & & & & \ddots \\ & & & & & & & 0 \end{pmatrix} = \widetilde{\boldsymbol{A}}$$

即

$$\lim_{k\to\infty}(\boldsymbol{A}+\boldsymbol{A}^2+\cdots+\boldsymbol{A}^k)/k=\boldsymbol{P}\widetilde{\boldsymbol{A}}\boldsymbol{P}^{-1}$$

证毕.

定理 5.10 的结论并未对 $\boldsymbol{A}$ 提出任何特殊要求，即没有对决策准则支配关系提出任何限制.

5.5.2 序列 $\boldsymbol{A}^k$ 的 Cesaro 平均极限使用条件及传统求解方法存在的问题

记准则支配关系图的似邻接方阵为 $\boldsymbol{A}$，对任意正整数 k，序列 $\boldsymbol{A}^k$ 的 Cesaro 平均记为 $\boldsymbol{A}_{\mathrm{C}}^k$.

1. 用序列 $\boldsymbol{A}^k$ 的 Cesaro 的平均极限表达第 1 类决策问题的解

对第 1 类决策问题，当采用和合成模型时，若记准则的重要性向量初值为 $\boldsymbol{u}_0=(\boldsymbol{0},\boldsymbol{x})$，由于极限 $\lim\limits_{k\to\infty}\boldsymbol{A}_{\mathrm{C}}^k$ 总是存在的，所以总能从

$$\boldsymbol{u}=\boldsymbol{u}_0\lim_{k\to\infty}\boldsymbol{A}_{\mathrm{C}}^k$$

算出准则重要性向量.

当决策问题有意义、唯一解存在时

$$\lim_{k\to\infty}\boldsymbol{A}_{\mathrm{C}}^k=\lim_{k\to\infty}\boldsymbol{A}^k,\quad \boldsymbol{u}_0\lim_{k\to\infty}\boldsymbol{A}_{\mathrm{C}}^k=\boldsymbol{u}_0\lim_{k\to\infty}\boldsymbol{A}^k$$

使用序列 $\boldsymbol{A}^k$ 的 Cesaro 平均极限与使用 $\boldsymbol{A}^k$ 极限求解的结果是一样的.

当决策问题的唯一解不存在时

$$\boldsymbol{u}=\boldsymbol{u}_0\lim_{k\to\infty}\boldsymbol{A}_{\mathrm{C}}^k$$

仍然存在，但是这个结果的意义就不明确了.

采用积合成模型的结论类似，不再重复.

2. 用序列 $\boldsymbol{A}^k$ 的 Cesaro 平均极限表达第 2 类决策问题的解

由定理 5.9，只有当 $\mathrm{rank}(\boldsymbol{I}-\boldsymbol{A})=n-1$ 时决策问题才是合理的，且有唯一解，这时 $\lim\limits_{k\to\infty}\boldsymbol{A}_{\mathrm{C}}^k$ 的秩为 1，各列都相同，任取一个列向量都是 $\boldsymbol{A}$ 的属于特征根 1 的、非负归一化的特征向量，可以作为决策问题的解.

当 $\mathrm{rank}(\boldsymbol{I}-\boldsymbol{A})<n-1$ 时，$\lim\limits_{k\to\infty}\boldsymbol{A}_{\mathrm{C}}^k$ 仍然存在，但是它的意义就不好解释了.

为了说明这一点，构造如下的例子：

例 5.7　借用第 4 章例 4.8 的数据(见图 4.7 和表 4.10)，其决策支配

关系图的似邻接方阵为

$$A = \begin{pmatrix} 0 & 1/2 & 0 & 0 & 0 & 0 \\ 1 & 0 & 0 & 0 & 0 & 0 \\ 0 & 1/4 & 0 & 1 & 0 & 0 \\ 0 & 0 & 1 & 0 & 0 & 0 \\ 0 & 1/4 & 0 & 0 & 0 & 1 \\ 0 & 0 & 0 & 0 & 1 & 0 \end{pmatrix}$$

这个矩阵的特征多项式为$(\lambda^2 - 1/2)(\lambda^2 - 1)(\lambda^2 - 1)$.

将 $\boldsymbol{A}$ 分成四块,其中第 1、第 2 行和第 1、第 2 列在一起,得到

$$\boldsymbol{A} = \begin{pmatrix} \boldsymbol{B} & \boldsymbol{0} \\ \boldsymbol{C} & \boldsymbol{D} \end{pmatrix}$$

其中

$$\boldsymbol{B} = \begin{pmatrix} 0 & 1/2 \\ 1 & 0 \end{pmatrix}, \quad \boldsymbol{C} = \begin{pmatrix} 0 & 1/4 \\ 0 & 0 \\ 0 & 1/4 \\ 0 & 0 \end{pmatrix}, \quad \boldsymbol{D} = \begin{pmatrix} 0 & 1 & 0 & 0 \\ 1 & 0 & 0 & 0 \\ 0 & 0 & 0 & 1 \\ 0 & 0 & 1 & 0 \end{pmatrix}$$

记 $\boldsymbol{A}^k = \begin{pmatrix} \widetilde{\boldsymbol{B}}(k) & \boldsymbol{0} \\ \widetilde{\boldsymbol{C}}(k) & \widetilde{\boldsymbol{D}}(k) \end{pmatrix}$,则

$$\widetilde{\boldsymbol{B}}(k) = \boldsymbol{B}^k, \quad \widetilde{\boldsymbol{D}}(k) = \boldsymbol{D}^k$$

$$\widetilde{\boldsymbol{C}}(k) = \boldsymbol{D}^0 \boldsymbol{C}\boldsymbol{B}^{k-1} + \boldsymbol{D}^1 \boldsymbol{C}\boldsymbol{B}^{k-2} + \cdots + \boldsymbol{D}^{k-2}\boldsymbol{C}\boldsymbol{B} + \boldsymbol{D}^{k-1}\boldsymbol{C}\boldsymbol{B}^0$$

注意到:当 k 为偶数时,$\boldsymbol{D}^k = \boldsymbol{I}$;$k$ 为奇数时,$\boldsymbol{D}^k = \boldsymbol{D}$,所以:

当 k 为偶数时

$$\widetilde{\boldsymbol{C}}(k) = \boldsymbol{C}\boldsymbol{B}^{k-1} + \boldsymbol{C}\boldsymbol{B}^{k-3} + \cdots + \boldsymbol{C}\boldsymbol{B} + \boldsymbol{D}(\boldsymbol{C}\boldsymbol{B}^{k-2} + \boldsymbol{C}\boldsymbol{B}^{k-4} + \cdots + \boldsymbol{C}\boldsymbol{B}^2) \tag{5.9}$$

当 k 为奇数时

$$\widetilde{\boldsymbol{C}}(k) = \boldsymbol{C}\boldsymbol{B}^{k-1} + \boldsymbol{C}\boldsymbol{B}^{k-3} + \cdots + \boldsymbol{C}\boldsymbol{B}^2 + \boldsymbol{D}(\boldsymbol{C}\boldsymbol{B}^{k-2} + \boldsymbol{C}\boldsymbol{B}^{k-4} + \cdots + \boldsymbol{C}\boldsymbol{B}) \tag{5.10}$$

由于 $\boldsymbol{B}$ 的特征模严格小于 1,故$\lim\limits_{k \to \infty} \boldsymbol{B}^k = \boldsymbol{0}$,所以

$$(\boldsymbol{I} - \boldsymbol{B}^2)^{-1} = \lim_{k \to \infty} \sum_{i=0}^{k} \boldsymbol{B}^{2i} \tag{5.11}$$

考虑 $k \to \infty$时 $\widetilde{\boldsymbol{C}}(k)$的极限,将式(5.11)中$(\boldsymbol{I} - \boldsymbol{B}^2)^{-1}$的表达式代入式

(5.9)和(5.10),得到:

当 k 为偶数时

$$\lim_{k\to\infty}\widetilde{C}(k) = CB(I-B^2)^{-1} + DCB^2(I-B^2)^{-1} = (C+DCB)B(I-B^2)^{-1}$$

当 k 为奇数时

$$\lim_{k\to\infty}\widetilde{C}(k) = CB^2(I-B^2)^{-1} + DCB(I-B^2)^{-1} = (CB+DC)B(I-B^2)^{-1}$$

现在分别对 k 为奇、偶数的情形讨论 $k\to\infty$ 时 A^k 的两种极限情况:

当 k 为偶数时

$$\lim_{k\to\infty}\boldsymbol{A}^k = \begin{pmatrix} 0 & 0 \\ (C+DCB)B(I-B^2)^{-1} & I \end{pmatrix} \tag{5.12}$$

当 k 为奇数时

$$\lim_{k\to\infty}\boldsymbol{A}^k = \begin{pmatrix} 0 & 0 \\ (CB+DC)B(I-B^2)^{-1} & D \end{pmatrix} \tag{5.13}$$

因此极限 $\lim\limits_{k\to\infty}\boldsymbol{A}^k$ 是不存在的,但是奇、偶序列各有一个稳定的极限点,所以序列 $\boldsymbol{A}^k$ 的 Cesaro 平均极限存在,其值就是两个极限点的平均值.

由于 $\mathrm{rank}(I-A)=4$,可以求出属于特征根 1 的、两个线性无关的、归一化的非负(左)特征行向量

$$\boldsymbol{\alpha}_1 = (1/6,1/6,1/3,1/3,0,0) \quad 和 \quad \boldsymbol{\alpha}_2 = (1/6,1/6,0,0,1/3,1/3)$$

只要 $0<\delta<1$,则 $\boldsymbol{\alpha}_1$ 和 $\boldsymbol{\alpha}_2$ 的任意线性组合

$$\delta\boldsymbol{\alpha}_1 + (1-\delta)\boldsymbol{\alpha}_2$$

都是方程 $\boldsymbol{u}=\boldsymbol{u}\boldsymbol{A}$ 的正解,因此这个决策问题不合理.

不难看出,在本例中,$\mathrm{rank}(I-A)=n-2$,A 含两个不可约的主子阵——点集合{3,4}和{5,6}对应的主子阵.同时也注意到,在点集合{1,2}中也存在圈,节点 1 和 2 之间支配作用结果不能从有限步的作用关系得出.

综合 1 和 2 的分析可知,使用 Cesaro 平均极限表达决策问题的解必须以解存在且唯一为前提,没有这个前提表达式的含义就不明确了.

3. 传统 ANP 方法存在的问题

用本书定义的概念描述传统的 AHP/ANP 方法,即同等地看待方案与准则,方案也纳入"准则支配结构",使用相对测量法获得属性值,认为属性

"支配"方案.在这个将属性和准则放在一起的有向图上,当叶节点的编号都严格大于非叶点的编号时,它的似邻接方阵(超矩阵)$\boldsymbol{A}^{\#}$ 同样有结构

$$\boldsymbol{A}^{\#} = \begin{pmatrix} \overline{\boldsymbol{A}^{\#}} & \boldsymbol{0} \\ \boldsymbol{B}^{\#} & \boldsymbol{I} \end{pmatrix}$$

其中,$\boldsymbol{A}^{\#}$ 是一个阶数为所有属性数和方案数之和的随机方阵.

传统方法用 $\lim\limits_{k\to\infty}(\boldsymbol{A}^{\#})^k$ 作为问题的解,如果这个极限不存在,则用 $\lim\limits_{k\to\infty}(\boldsymbol{A}^{\#})_{\mathrm{C}}^k$ 作为问题的解[7].

当 $\boldsymbol{A}^{\#}$ 中的单位方阵的阶数严格大于 0 时,决策问题对应于本书定义的用和合成的第 1 类问题,传统方法没有对一般情况给出解的解释,但是针对层次结构的特例,指出了极限 $\lim\limits_{k\to\infty}(\boldsymbol{A}^{\#})^k$ 存在,解是极限方阵 $\lim\limits_{k\to\infty}(\boldsymbol{A}^{\#})^k$ 中总准则对应的列、各个方案对应行的元素的值,用这些值的大小排出方案的优劣次序.下文例 5.8 给出了更详尽的解释.对于本书方法认为无解的决策问题,极限 $\lim\limits_{k\to\infty}(\boldsymbol{A}^{\#})^k$ 不存在,但是极限 $\lim\limits_{k\to\infty}(\boldsymbol{A}^{\#})_{\mathrm{C}}^k$ 仍然存在,这个极限表达的意义不清楚.

当 $\boldsymbol{A}^{\#}$ 中的单位方阵的阶数等于 0 时,决策问题对应于本书定义的第 2 类问题,$\boldsymbol{A}^{\#}$ 就是用本书方法得到的准则支配关系图似邻接方阵 $\boldsymbol{A}$,在5.5.2 小节第 2 部分中已经讨论过.当 $\mathrm{rank}(\boldsymbol{I}-\boldsymbol{A})=n-1$ 时,$\lim\limits_{k\to\infty}\boldsymbol{A}_{\mathrm{C}}^k$ 的各列相同,决策问题有唯一解,为 $\boldsymbol{A}$ 的属于特征根 1 的、非负的归一化特征向量.当 $\mathrm{rank}(\boldsymbol{I}-\boldsymbol{A})<n-1$ 时,决策问题是不合理的,可是 $\lim\limits_{k\to\infty}\boldsymbol{A}_{\mathrm{C}}^k$ 仍然存在,但是它表达的意义不清楚.

例 5.8 传统方法与本书方法求解 AHP 问题的比较.

考虑例 2.5(图 2.8),假设有两个决策方案 7 和 8,决策的目的是对方案 7 和 8 排序.

(1) 传统方法求解

将方案 7 和 8 也加入到层次结构图,图 2.8 改造成如图 5.9 所示的有向图.

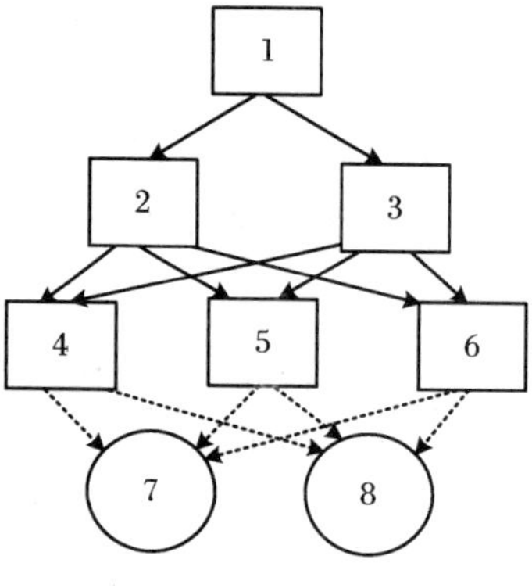

图 5.9

设用相对测量法得到方案 7 的三个属性值分别为 x_{47}, x_{57}, x_{67},方案 8 的三个属

性值分别为 x_{48}, x_{58}, x_{68}，有向图 5.9 的似邻接方阵为

$$
A^{\#} = \begin{pmatrix}
0 & 0 & 0 & 0 & 0 & 0 & 0 & 0 \\
b_1 & 0 & 0 & 0 & 0 & 0 & 0 & 0 \\
b_2 & 0 & 0 & 0 & 0 & 0 & 0 & 0 \\
0 & a_{11} & a_{21} & 0 & 0 & 0 & 0 & 0 \\
0 & a_{12} & a_{22} & 0 & 0 & 0 & 0 & 0 \\
0 & a_{13} & a_{23} & 0 & 0 & 0 & 0 & 0 \\
0 & 0 & 0 & x_{47} & x_{57} & x_{67} & 1 & 0 \\
0 & 0 & 0 & x_{48} & x_{58} & x_{68} & 0 & 1
\end{pmatrix}
$$

将 $\boldsymbol{A}^{\#}$ 分块，分别记为

$$
\underline{\boldsymbol{B}} = \begin{pmatrix} b_1 \\ b_2 \end{pmatrix}, \quad \underline{\boldsymbol{A}} = \begin{pmatrix} a_{11} & a_{21} \\ a_{12} & a_{22} \\ a_{13} & a_{23} \end{pmatrix}, \quad \underline{\boldsymbol{X}} = \begin{pmatrix} x_{47} & x_{57} & x_{67} \\ x_{48} & x_{58} & x_{68} \end{pmatrix}
$$

则

$$
\boldsymbol{A}^{\#} = \begin{pmatrix} \boldsymbol{0} & \boldsymbol{0} & \boldsymbol{0} & \boldsymbol{0} \\ \underline{\boldsymbol{B}} & \boldsymbol{0} & \boldsymbol{0} & \boldsymbol{0} \\ \boldsymbol{0} & \underline{\boldsymbol{A}} & \boldsymbol{0} & \boldsymbol{0} \\ \boldsymbol{0} & \boldsymbol{0} & \underline{\boldsymbol{X}} & \boldsymbol{I} \end{pmatrix}, \quad \lim_{k \to \infty} (\boldsymbol{A}^{\#})^k = \begin{pmatrix} \boldsymbol{0} & \boldsymbol{0} & \boldsymbol{0} & \boldsymbol{0} \\ \boldsymbol{0} & \boldsymbol{0} & \boldsymbol{0} & \boldsymbol{0} \\ \boldsymbol{0} & \boldsymbol{0} & \boldsymbol{0} & \boldsymbol{0} \\ \underline{\boldsymbol{XAB}} & \underline{\boldsymbol{XA}} & \underline{\boldsymbol{X}} & \boldsymbol{I} \end{pmatrix}
$$

$$
\underline{\boldsymbol{XAB}} = \begin{pmatrix} (a_{11}b_1 + a_{21}b_2)x_{47} + (a_{12}b_1 + a_{22}b_2)x_{57} + (a_{13}b_1 + a_{23}b_2)x_{67} \\ (a_{11}b_1 + a_{21}b_2)x_{48} + (a_{12}b_1 + a_{22}b_2)x_{58} + (a_{13}b_1 + a_{23}b_2)x_{68} \end{pmatrix}
$$

方案 7 对应于 $\underline{\boldsymbol{XAB}}$ 的第 1 个分量，方案 8 对应于 $\underline{\boldsymbol{XAB}}$ 的第 2 个分量，比较这两个值以决定方案 7 和 8 的优劣.

(2) 本书的和合成模型求解

准则支配关系似邻接方阵

$$
\boldsymbol{A} = \begin{pmatrix} \boldsymbol{0} & \boldsymbol{0} & \boldsymbol{0} \\ \underline{\boldsymbol{B}} & \boldsymbol{0} & \boldsymbol{0} \\ \boldsymbol{0} & \underline{\boldsymbol{A}} & \boldsymbol{I} \end{pmatrix}, \quad \lim_{k \to \infty} \boldsymbol{A}^k = \begin{pmatrix} \boldsymbol{0} & \boldsymbol{0} & \boldsymbol{0} \\ \boldsymbol{0} & \boldsymbol{0} & \boldsymbol{0} \\ \underline{\boldsymbol{BA}} & \underline{\boldsymbol{A}} & \boldsymbol{I} \end{pmatrix}
$$

对于方案 7，重要性为

$$
(x_{47}, x_{57}, x_{67})\underline{\boldsymbol{AB}}
$$

$$= (a_{11}b_1 + a_{21}b_2)x_{47} + (a_{12}b_1 + a_{22}b_2)x_{57} + (a_{13}b_1 + a_{23}b_2)x_{67}$$

对于方案 8,重要性为

$$(x_{48}, x_{58}, x_{68})\underline{\underline{AB}}$$

$$= (a_{11}b_1 + a_{21}b_2)x_{48} + (a_{12}b_1 + a_{22}b_2)x_{58} + (a_{13}b_1 + a_{23}b_2)x_{68}$$

两种方法计算的结果完全相同.

5.6 网络决策分析方法的特点

Saaty 教授在创建层次分析方法之初就注意到了带反馈的决策问题,并给出了求解方法,称为"反馈系统的排序"[9,10].1996 年,在加拿大召开的 AHP/ANP 第 4 次国际会议上,Saaty 教授又对 ANP 进行了系统的阐述.之后 AHP/ANP 的宣传重心向 ANP 倾斜.Saaty 教授后来又发表过许多文章,作过多次讲演并出版关于 ANP 的专著,强调 ANP 是 AHP 的发展,指出 ANP 的特色体现在用超矩阵工具处理决策准则支配关系以及用利益(B)、机会(O)、代价(C)、风险(R)模式解决决策问题(关于 BOCR 的应用模式见第 6 章).但是,本书作者在分析掌握的信息后[7~12,20]认为:直到 2008 年文献[6]的发表,他处理反馈决策支配关系的方法自始至今并没有变化,"超矩阵"方法及 BOCR 应用模式与决策准则支配关系是否存在反馈没有必然的联系.

本书提出的网络决策分析方法与 Saaty 教授倡导的方法存在很大的差别.Saaty 的方法没有对"方案"和"准则"进行区分,没有给出明确的合成模型,隐含每个方案的值是 1,利用加权和合成准则支配关系,所以在得到"超矩阵"后,不区分决策问题是否合理,直接利用"超矩阵"幂的 Cesaro 平均极限求出"解".

本书介绍的网络决策分析方法有以下的特点:

(1) 在方法的宏观结构上,考虑了两个过程:一个是决策准则分解以及分解后的决策准则支配关系量化过程,这是一个自上而下的分析过程(top-down);另一个是将基础的量化结果合成,得出决策结果的过程.传统方法在理论上只强调第1个过程.

(2) 为了深入研究合成问题,用有向图描述决策准则支配关系,提出了似邻接方阵的概念,研究了决策问题唯一解存在的条件.用图论、MC和随机方阵等不同的工具表达处理决策准则支配关系,用严格的概念定义了决策问题的解:对于有方案的决策问题,求解就是求准则支配关系图似邻接方阵的属于特征根1的、特殊的正左特征向量,对于无方案的决策问题,解就是似邻接方阵的属于特征根1的非负右特征向量.

(3) 由于构造决策准则支配关系时将方案分离于准则之外,所以能将准则支配关系与方案完全分离,合成模型与其他的处理分离,这为独立选择合成模型奠定了基础,而积合成模型彻底解决了逆序问题.

(4) 这种用积木式框架结构表达方法的方式也为决策者的灵活使用留出了自由的选择空间.

第6章　网络决策分析方法的应用

本章将从方法论和实用案例两个层面讨论网络决策分析的应用.在方法论层面,将网络决策分析方法与几种常用的多指标决策方法进行比较,指出该方法的特点;探讨当决策者不止一个时,如何将网络决策分析方法用于群体决策;对重大的决策问题,综合考虑利益(B)、机会(O)、代价(C)、风险(R)的 BOCR 模式.在实用案例层面,分别介绍应用 BOCR 模式的层次分析案例和带反馈关系的案例.

本章6.4节的案例和6.5节的案例均是Saaty教授的研究成果(见文献[7]及他于2001年在瑞士Berne举行的AHP/ANP第6届国际会议上的讲演稿).为便于了解决策方法的使用过程,除为用本书的概念介绍案例所做的技术处理及订正个别的错误数据外,介绍的案例都尽量保持了原貌.

决策离不开决策者的参与,决策过程和结果当然与决策者的立场有关.案例是Saaty教授为解决美国面临问题的研究成果,分析问题的出发点、分析过程以及得到的结论都是站在美国的立场上以维护美国利益为宗旨的.本书引用这些案例的目的不是认同案例表达的立场、观点和结论,而是让读者更好地理解网络决策分析方法,掌握使用方法的模式和技巧.

在学术观点上,Saaty教授不赞成积合成,容忍逆序的存在,在分析构造决策准则支配关系图时不区分属性和方案,认为使用超矩阵是ANP方法的特点等等;在政治观点上,Saaty教授追求美国国家利益的最大化.尽管我们不认同这些观点,但是这些分歧并未对介绍案例产生障碍.

6.1　网络决策分析方法与其他多指标决策方法的比较

多指标决策是一类特殊的多目标决策问题.多指标决策问题通常是指方案能用一组指标值标识,待评价的方案有限且已经给出(或能够给出)的决策问题.求解多指标决策问题的过程就是依据指标值对决策方案排序或选优的过程.在工商、金融、管理、军事等领域,多指标决策已经成为项目评估、投资决策、体系(系统)选优、方案论证等不可或缺的决策方法.

多指标决策方法主要包括以下几类具体方法[23,24]:将多指标决策简化成一个单指标的决策问题、字典序法、理想点方法、ELECTRE方法、数据包络分析方法(DEA)等,具体内容可参见附录3.

按照运筹学对决策方法的分类,本节提出的网络决策分析方法应归结为多指标决策方法.

用好网络决策分析方法,除了需要掌握该方法的理论、积累解决实际问题的经验外,还需要掌握(至少是了解)其他的多指标决策方法.一个可以用网络决策分析方法决策的问题,只采用网络决策分析方法得到的结论未必是最好的,将网络决策分析方法与其他的决策方法结合使用,有可能会产生更好的效果.

6.1.1　决策者主观认知在网络决策分析方法中的作用

大多数的多指标决策问题是决策方案已经知道,评价方案的指标已经明确,每一个方案的各个指标值已经得到并量化,决策过程就是使用这些数据对方案评价、选优或排序.网络决策分析方法有所不同,它常常是知道了决策的总目标和决策方案,但是总目标比较抽象,方案没有量化,度量方案的属性与总目标之间的关系尚未完全清晰,决策过程需要先构建并量化这些关系,再使用这些数据对方案评价、选优或排序,这是该方法与其他多指标决策方法的主要区别之一.

不同的多指标决策方法,决定了决策者不同的参与方式,同时也决定了决策者主观意向对决策结果的影响程度.

将多指标简化成一个指标的方法是多指标决策经常使用的方法.转化函数是决策者确定的(比如用算术平均加权求和还是用几何平均幂指数求积,决策者有选择的权力).决策者不仅可以选择函数的类型,当函数类型选定后还可以选择其中的参数(比如当选定用算术平均加权求和时,各个指标的权重定多少为好?这些权重数据也需要由决策者决定).函数类型和函数所含的参数都体现了决策者的主观意向.

用字典序法决策时,首先需要将指标按照指标"类"的重要程度排序,对最重要的"类",选出指标"值"达到最优值的那些方案,之后得到一个较小的决策方案集合;再在得到的较小集合中,对次重要的"类",选择"值"达到最优的那些方案,得到更小的决策方案集合;如此反复,直到所有的"类"处理完毕,得到最终的决策方案.

辨别指标"类"和"值"的重要程度,都需要决策者参与并施加主观的影响.

在理想点方法(双理想点法)中,首先需要计算由指标值推测的"理想点".用方案和"理想点"之间的"距离"区分方案的优劣.越靠近"正理想点"、远离"负理想点"的方案越好."理想点"和"距离"的定义是由决策者选择的,体现了决策者的主观意向.

用 ELECTRE 方法决策分成两步:首先利用方案的指标值建立表达方案优先关系的有向图;进而按照有向图的结构将点(方案)分类以区别出优劣.在建立有向图时要使用一些判别条件(即所谓的和谐性检验和非和谐性检验).确立和谐性检验与非和谐性检验的条件以及在有向图上将点分类都需要决策者的参与.

在所有的多指标决策方法中,数据包络分析(DEA)是决策者主观意向对决策结果影响程度最小的方法.对所有的决策单元,当给出决策单元的输入、输出值后,选定某个特定的决策单元,通过求解线性规划来判断这个决策单元是否是有效解(即是否在所有决策单元点凸组合的边界上),当这个决策单元不是有效解时,给出它距离有效解(边界)的差距.这些结论没有一点主观的成分.但是,对同属有效解(或者与有效解差距相同)的决策单元,如果需要进行区分优劣,则需要依靠决策者的主观意向了.

在网络决策分析方法中,需要由决策者主观确定的成分比一般的多指标决策方法都要多,具体表现在:

(1) 建立准则支配关系过程中的分解分析;

(2) 量化单一准则支配关系中的比较判断;

(3) 确定方案的属性值;

(4) 选取合成模型;

(5) 选取评价指标.

可见在所有的多指标决策方法中,网络决策分析方法是决策者主观意向对决策结果影响程度较大的方法.

6.1.2 如何选择、评价多指标决策方法

任何决策过程必须有决策者的参与,多指标决策也不能例外.决策者参与就意味着决策者的主观意向对决策结果产生影响.使用不同的决策方法时,决策者参与的方式和程度也有所不同,决策者主观意向对决策结果影响程度也不同.

决策者参与较多的方法,其优点是使用的数学工具较简单,用起来比较方便;但是决策者过多的主观意向参与决策,必然会降低决策结果的客观性.反之,决策者参与较少的方法,其缺点是使用的数学工具较难,当然优点是结果比较客观.

因此,评判决策方法的好坏不能简单化,更不能以使用数学工具的难易或决策者参与程度的深浅作为评判标准.

对于那些决策方案明确,但是评价指标内容尚不具体的问题,可能需要较多地借助于决策者的主观认知,这类问题比较适合用网络决策分析方法.相反,如果评价决策方案的指标都已经明确,则不一定非用网络决策分析方法.

一般情况下,在进行多指标决策时,不能只靠一种方法得到的结果,往往需要将几种方法的结果对照比较、综合使用.

6.2 群决策的网络决策分析方法

6.2.1 群决策的概念

在绪论中曾经介绍过，决策的类型可以按照决策者的数量区分为单人决策和多人决策，使用网络决策分析方法决策，同样有单人使用和群体使用的区分，第 1～5 章介绍的内容都属于单人使用网络决策分析的范畴.

在群体决策中，决策者是由多个相互独立个体构成的群体.群体使用网络决策分析进行决策时，有一个从个体到群体的整合，整合的方式大致可以归结为以下的三种情形：

(1) 每一个决策者都分别、独立地得出自己的结论，最后将意见整合，给出一个“群体”的结果.这种形式的群体决策称为**结果合成**.

(2) 决策群体能够对决策准则支配关系的结构达成共识，但是在量化准则支配关系时，每个决策者都有自己的独立见解.将不同决策者对准则支配关系的量化结果整合，产生出一个统一的准则支配关系图的似邻接矩阵.这种将准则支配关系的整合称为**准则支配关系合成**.

(3) 决策群体能够对决策方案属性的类型达成共识，但对如何量化方案属性各持独立的意见，这种将决策方案属性的整合称为**属性合成**.

对于第 2 类决策问题(无方案决策)，群体决策可以归结为(1)或(2)；对于第 1 类决策问题(有方案决策)，群体决策可以归结为(1)，或只使用(2)，或只使用(3)，或同时使用(2)和(3).

因此，研究了上述三项最基本的内容，那么群决策使用网络决策分析方法时只要合理地选择组合搭配就可以了.

下面分别对三种基本的合成类型进行讨论.

6.2.2 结果合成

结果合成是将群体中的决策者分别、独立得出的结论进行整合."结果"一词可以代表不同的含义:对于第 1 类决策问题,"结果"指评价**方案**的排序值;对于第 2 类决策问题,"结果"指**准则**的排序值.合成是将各个决策者独立得出的顺序合成为一个统一的顺序.

决策者可以用网络决策分析方法获得排序结果,也可以用其他方法获得排序结果,即便使用相同的方法,不同决策者也可能获得不同的结果.

假设有 m 个决策方案(或准则)、n 个决策者,第 j 个决策者对第 i 个方案(准则)排序使用的值是 y_{ij},结果如表 6.1 所示的矩阵.

表 6.1　群决策中个体决策结果表

	决策者 1	…	决策者 j	…	决策者 n
方案(准则)1	y_{11}	…	y_{1j}	…	y_{1n}
…	…	…	…	…	
方案(准则)i	y_{i1}	…	y_{ij}	…	y_{in}
…	…	…	…	…	…
方案(准则)m	y_{m1}	…	y_{mj}	…	y_{mn}

容易明白,如果把表 6.1 的第 1 行——决策者——看成多指标决策问题的"指标",把表 6.1 的第 1 列——方案(准则)——看成多指标决策问题的"方案"(见附录 3 表 1),则结果合成排序就是以表 6.1 的数据为原始数据的多指标的决策问题.其具体的方法已经在附录 3 中介绍.

需要注意的是,表达决策者的主观意愿必须要经过决策群体的集体协商.

6.2.3 决策准则支配关系合成

如果决策群体能对准则支配关系的结构达成共识,但是在量化准则支配关系时,决策者之间不能达成共识,则需要将群体的意见进行综合,最后给出一个一致的决策准则支配关系图似邻接矩阵.

对一个准则和它所支配的一组子准则,合成又分成两种情况:一种是**权重向量合成**,即决策群体的每一位决策者各自构造两两比较判断方阵,同时分别计算比较判断方阵,得出子准则在支配它的准则中的权重向量,将不同的权重向量整合成一个向量;另一种是**判断矩阵合成**,直接将不同决策者对子准则之间的两两比较结果整合,得到一个统一判断矩阵,求出这个判断矩阵的归一化主特征向量,以作为权重向量.

1. 权重向量的合成

考察决策准则支配关系图的一个准则和它所支配的 m 个子准则.假设有 n 个决策者,每一个决策者都得出了自己的权重向量.设第 j 个决策者对第 i 个子准则的决策答案是 y_{ij},可得如表 6.2 所示的矩阵.

表 6.2 群决策中个体对某个准则的子准则排序结果

	决策者 1	…	决策者 j	…	决策者 n
子准则 1	y_{11}	…	y_{1j}	…	y_{1n}
…	…	…	…	…	
子准则 i	y_{i1}	…	y_{ij}	…	y_{in}
…	…	…	…	…	…
子准则 m	y_{m1}	…	y_{mj}	…	y_{mn}

和 6.2.2 小节结果合成类似,把表 6.2 的第 1 行——决策者——看成多指标决策问题的“指标”,把表 6.2 的第 1 列——子准则——看成多指标决策问题的“方案”(见附录 3 表 1),则权重合成排序就是以表 6.2 的数据为原始数据的多指标的决策问题.

在这里并没有限定每一个决策者获得子准则权重向量的具体方法,任何一种可行的方法(例如第 2 章 2.1 节中介绍的任何一种方法)都可以是备选方法.

2. 判断矩阵的合成

在决策准则支配关系图中,任选一个准则,考察它及其所支配的 m 个子准则.假设有 n 个决策者,每一个决策者都得出了自己的 m 阶两两比较判断方阵.设第 j 个决策者得到的比较判断方阵为 $\boldsymbol{A}(j)=(a_{rs}(j))$.

如果把决策者看成“指标”,两两比较判断方阵的每一个元素看成“方案”,同样可以将这个问题归结为附录 3 介绍的多指标决策问题.

通常更乐于用简单的处理方法.例如假设有 n 个决策者,协商得到了他们的权值 $\lambda_i, 0 \leqslant \lambda_j \leqslant 1, \sum_j \lambda_j = 1$,可将不同决策者的值求一个平均当作合成结果.

平均也有不同的方法,常用的有:

(1) 加权几何平均法

可令

$$a_{rs} = \prod_{j=1}^{n} a_{rs}^{\lambda_j}(j)$$

这种方法得到的综合判断矩阵仍然保持了互反性的特点.在一致性判断上,可利用总体标准差 σ_{rs} 的大小作为判别标准:

$$\sigma_{rs} = \sqrt{\frac{1}{n-1}\sum_{j=1}^{n}\left[a_{rs}(j) - a_{rs}\right]^2}$$

当 $\sigma_{rs} < \varepsilon$ 时,认为可以接受,否则将信息反馈回专家进行修改.

(2) 加权算术平均方法

可令

$$a_{rs} = \sum_{j=1}^{n} \lambda_j a_{rs}(j)$$

这种方法得到的综合判断矩阵已经失去了互反性的特点.如果仍然希望保持互反性的特点,可以只计算对比矩阵元素的一半,例如上三角部分.不论怎样,综合后的矩阵都是正方阵,存在唯一主特征根和主特征向量.

(3) 对数最小二乘法

这种方法与直接对判断矩阵用对数最小二乘法求权重向量类似,不同的是用 n 个决策者的判断矩阵直接求出权重向量.

考虑判断矩阵 $\boldsymbol{A}(j) = (a_{rs}(j))$,假设最终的权重向量 $\boldsymbol{\omega}^{\mathrm{T}} = (w_1, w_2, \cdots, w_m)$,以使

$$\sum_{j=1}^{n}\sum_{r=1}^{m}\sum_{s=1}^{m}\left[\log a_{rs}(j) - \log \frac{w_r}{w_s}\right]$$

极小化的 $\boldsymbol{\omega}^{\mathrm{T}} = (w_1, w_2, \cdots, w_m)$ 作为权重向量.

6.2.4 属性的合成

假设有 m 个属性,n 个决策者,第 j 个决策者对第 i 个属性的测量结果

是 y_{ij}，得到如表 6.3 所示的矩阵.

表 6.3 群决策中个体获得的属性结果

	决策者 1	…	决策者 j	…	决策者 n
属性 1	y_{11}	…	y_{1j}	…	y_{1n}
…	…	…	…	…	
属性 i	y_{i1}	…	y_{ij}	…	y_{in}
…	…	…	…	…	…
属性 m	y_{m1}	…	y_{mj}	…	y_{mn}

和 6.2.2 小节结果合成类似，把表 6.3 的第 1 行——决策者——看成多指标决策问题的"指标"，把把表 6.3 的第 1 列——属性——看成多指标决策问题的"方案"(见附录 3 表 1)，则属性合成就是以表 6.3 的数据为原始数据的多指标决策问题.

当然属性合成可以用简化的方法，把一个属性不同决策者的值求平均，将平均值当作合成结果.应当注意的是，此时不同决策者度量同一个属性的单位需要统一.

6.2.5 群体决策的实施步骤

群体决策可以采用如下的步骤：

步骤 1(判断决策群体是否能对准则支配关系结构达成共识)

判断决策群体是否能对准则支配关系结构达成共识?

是，则转步骤 2；

否，每一个决策者单独决策，采用 6.2.2 小节的方法合成；终止.

步骤 2(量化决策准则支配关系)

对每一准则和它所支配的子准则，量化决策准则支配关系，当不能达成共识时采用 6.2.3 小节的方法合成，算出权重向量，得到准则支配关系图的似邻接方阵 $\boldsymbol{A}$；

转步骤 3.

步骤 3(判断决策问题有无属性)

判断是否是无属性决策问题?

是，则转步骤 4；

判断能否能对计算属性值达成共识？

能，则算出属性向量，转步骤 5；

否，采用 6.2.4 小节的方法合成，算出属性向量，转步骤 5.

步骤 4(第 2 类决策问题)

判断问题是否有唯一解，无唯一解则终止；

有唯一解，则算 **A** 的属于特征根 1 的非负的、归一化的(右)特征向量，终止.

步骤 5(第 1 类决策问题)

选择重要性值合成方法，得出方案的重要性值；

选择评价方案的准则；

如果只有一个评价准则，则只需将方案按照这个准则重要性排序，终止；

如果评价准则多于一个，选择多指标决策方法，用多指标决策得出最终结果，终止.

6.3　应用网络决策分析方法解决实际问题的利益、机会、代价、风险模式

实际决策问题往往都是比较复杂的多指标决策问题，一般需要从效益(Benefit)、机会(Opportunity)、代价(Cost)、风险(Risk)四个方面进行分析. 比如评价决策方案，不仅需要分析决策结果可能产生的正面效果，还要考虑决策的开销、产生的负面效果以及可能承担的风险等. 下面介绍Saaty教授提倡的 BOCR 应用模式，即将利益(B)、机会(O)、代价(C)、风险(R)分别计算，然后按照特定规则进行合成的处理方式.

这种模式将决策分成两部分：第 1 部分是分析利益、机会、代价、风险对总目标的影响程度，第 2 部分是计算不同决策方案产生的利益、机会、代价、风险值，最后合成得出最终结果.

6.3.1 利益、机会、代价、风险对总目标的影响程度分析

评价利益、机会、代价、风险在总目标中的分量，本身也是一个决策问题，因此使用上文介绍的 AHP 方法.

首先需要构建决策准则支配关系图，即将决策者追求的总目标分解，得到更为具体、更容易处理的子准则.以涉及国家利益的重大决策问题为例，总目标可以分解为经济、军事、政治以及环境等领域.再将各个领域的内容进一步细化，直到能够判定细化子准则自己的利益、机会、代价、风险的大小.在这里，利益、机会、代价、风险相当于决策方案，其他的因素相当于决策准则.采用 AHP 方法，得到如图 6.1 的准则支配关系示意图.

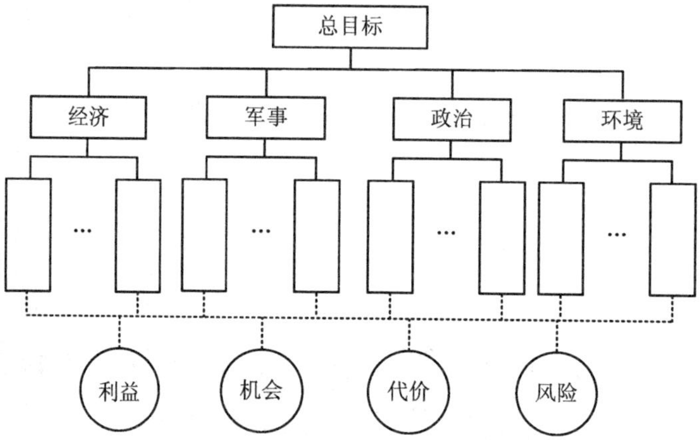

图 6.1 利益、机会、代价和风险影响程度分析的层次结构示意图

在得到的准则支配关系示意图上，用绝对测量法测量方案(利益、机会、代价、风险)的属性值，通过合成求出它们在总目标中所占的分量作为利益、机会、代价、风险对总目标的影响程度，分别记为 $\alpha,\beta,\gamma,\delta$.

6.3.2 不同决策方案的利益、机会、代价、风险值计算

将利益、机会、代价、风险四项分别处理，评价决策方案对它们的贡献.利益、机会、代价、风险每一项都作为总准则构成一个独立的决策问题，根据实际情况选用合适的方法求解，得到每个方案在利益、机会、代价、风险量中

的比例，将这组值作为方案的利益、机会、代价、风险量化值，分别记为 B，O，C，R.

6.3.3 不同决策方案的综合比较

将各个方案的利益 B、机会 O、代价 C、风险值 R 及利益、机会、代价、风险对总目标的影响程度值 $\alpha,\beta,\gamma,\delta$ 进行合成，比较合成结果得到方案的优劣顺序.

有两种计算合成结果的公式，一种是加法合成，另一种是乘法合成.

加法合成计算公式是

$$\alpha \times B + \beta \times O + \gamma / C + \delta / R$$

乘法合成计算公式是

$$\frac{B^{\alpha} O^{\beta}}{C^{\gamma} R^{\delta}}$$

6.3.4 利益、机会、代价、风险应用模式点评

应用的利益、机会、代价、风险模式进行决策，考虑的因素比较全面，但是有两点要值得注意：

(1) 不论是传统的 AHP/ANP 还是本书的网络决策分析方法，利益、机会、代价、风险模式与使用它们方法的理论无关，也与决策准则支配关系结构无关(当然与准则支配关系是否存在反馈关系无关)，它只是解决多目标决策的一种手段.

(2) 在使用这个模式时，所有的决策方案都能用 6.3.1 小节的方法分析利益、机会、代价、风险对总目标的影响程度.这隐含着所有的决策方案应属于同一个类型，不同的方案只存在程度上的差异.如果不能满足这个假设，在所讨论的方案集合中存在完全不同类型的方案，那么就难以用统一的度量标准度量利益、机会、代价、风险对总目标的影响程度了.

6.4 美国国会对给予中国最惠国待遇的表决问题(层次结构问题)

中美两国政府经过多年的谈判,在 1999 年 11 月签署双边协议,美国支持中国加入世界贸易组织(World Trade Organization,WTO),但是协议只有国会批准才能生效.2000 年 3 月克林顿总统要求国会立法,给予中国永久正常贸易国(Permanent Normal Trade Relations,1998 年前称为最惠国)待遇.美国国会议员们对于这个问题意见分歧.Saaty 教授用层次分析方法,对可能采取的不同决策方案进行了系统的分析,在充分考虑了可能带给美国的利益和机遇,同时也充分注意到美国需要付出的代价及承担的风险后,得出无条件给予中国永久正常贸易国地位的决策是美国的最佳选择.研究报告在美国国会表决前送交多名议员,为促成表决的通过做出了贡献.

6.4.1 背景分析

中美两国于 1979 年恢复外交关系,当年就签署了中美贸易关系协议,决定双方相互给予"最惠国待遇".协议于 1980 年生效后,美国按照其国内《1974 年贸易法》的有关规定,坚持对中国"最惠国待遇"实行年度审议.

随着中国改革开放的不断深入,1986 年后,中国政府开始考虑加入世界多边贸易体系 WTO(WTO 的前身是世界关贸总协定(General Agreement on Tariffs and Trade,GATT)).根据 WTO 的规则,申请加入 WTO 的国家(地区)必须与 WTO 的现有成员签署双边协议.1999 年 11 月,中美两国政府就中国入世问题达成双边协议.

2000 年初,克林顿总统向美国国会发出请求,要求国会批准协议.国会面临四个方案可以选择:

(1) 无条件地给予中国永久正常贸易国待遇,这就等于批准了克林顿政府在 1999 年 11 月签署同意中国加入 WTO 的协议,中国将享受 WTO 其他待遇，直接改变美中之间的经济、安全和政治关系.

(2) 有条件地给予中国永久正常贸易国待遇，在批准中国永久正常贸易国地位的同时，附加其他的非贸易条件，如人权问题、劳动权问题、环境问题等.

(3) 维持现状，仍然是一年一度地审批正常贸易国待遇问题.

(4) 彻底否定，不仅拒绝给予中国永久正常贸易国待遇，同时今后也不再一年一度地审批，彻底与中国断绝关系.

美国国会议员们对此有很大的争议，赞成无条件给予中国永久正常贸易国待遇的意见强调了中国成为 WTO 成员后对美国带来的利益和机会(主要是经济利益)，反对者则强调了这样做付出的代价和风险，如潜在的失业问题，担心给予中国永久正常贸易国待遇后最终会使中国国力增强，加大对军事现代化的投资，以及增加对台湾的武力威慑等.

双方的争论和必须对中国贸易问题的表决，需要客观正确地评价不同方案可能带来的后果. 估计后果必须综合考虑不同方案的利益、机会、代价和风险，这为使用 AHP 方法提供了契机.

由于分歧主要集中于在什么条件下处理与中国的贸易问题，彻底否定与中国贸易的第 4 个方案显然是不合适的，所以不列入分析范围，只需对前三个方案进行比较和评估.

方案之间的区别来自两个方面：一方面是与中国贸易给美国带来的利益、机会、代价、风险在总目标所占的比例，另一方面是不同方案给美国带来利益、机会、代价、风险值. 因此需要解决两个问题：一是量化利益、机会、代价、风险在总目标中所占的比例，二是量化不同方案所产生的利益、机会、代价、风险值.

为了节省篇幅，在量化准则支配关系时，这里直接写出了计算结果而省略了构造两两比较判断方阵及检验计算判断矩阵一致性的过程. 实际上两两比较判断方阵是依据大多数美国国会议员们的意见给出的，所反映出的结果是他们的真实想法.

6.4.2　利益、机会、代价、风险对总目标的影响程度分析

从美国的立场考虑，分析对中国的贸易可能产生的利益、机会、代价和

风险，当然决策以“对美国最有利”为追求的总目标.但是“对美国最有利”这个总目标太笼统，需要具体化.将总目标分解为三个方面:发展美国的“经济”、增强美国的“安全”和追求美国的“政治”价值，三个子准则的权值为(0.56,0.32,0.12).

发展“经济”又分解成经济的“增长性”和“保值性”两个子准则，权值为(0.33,0.67);

增强“安全”又分解成“地区安全”、“防武器扩散”和“对美威胁”最小三个子准则，权值为(0.09,0.24,0.67);

美国“政治”价值又分解成“选民支持”程度和“美国价值观”两个子准则，权重为(0.8,0.2).

准则的分解和权重计算结果都标于图6.2.

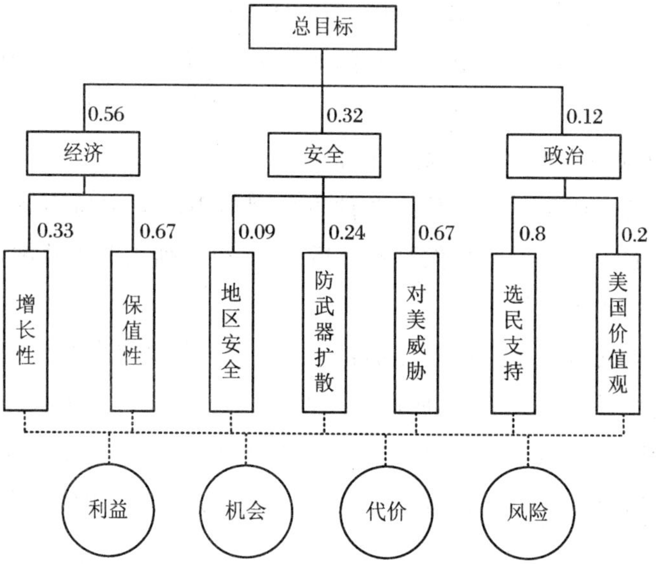

图6.2 最惠国待遇问题利益、机会、代价和风险对总目标影响程度的层次结构图

首先定性地描述图6.2中每一个最底层子目标(子准则)的利益、机会、代价和风险，所得到的结论列于表6.4.

表6.4中“增长性”一行的值说明，对促进“经济增长”而言，对中国贸易“利益”“很高”、“机会”“中等”、“代价”“很低”、“风险”“很低”.其他各行类似，不一一解释.

表 6.4　最惠国待遇表决问题利益、机会、代价、风险影响程度定性分析表

准则	子准则	利益	机会	代价	风险
经济	增长性	高	中等	很低	很低
	保值性	中等	低	高	低
安全	地区安全	低	中等	中等	高
	防武器扩散	中等	高	中等	高
	对美威胁	高	高	很高	很高
政治	选民支持	高	中等	很高	高
	美国价值观	很低	低	低	中等

使用绝对测量法量化定性判断结论，得到：很高(0.42)、高(0.26)、中等(0.16)、低(0.10)、很低(0.06)．

将绝对测量法量化值代入表 6.4，得到利益、机会、代价、风险的量化值(表 6.5)．

表 6.5　最惠国待遇表决问题利益、机会、代价、风险影响程度量化值表

准则	子准则	利益	机会	代价	风险
经济	增长性	0.26	0.16	0.06	0.06
	保值性	0.16	0.10	0.26	0.10
安全	地区安全	0.1	0.16	0.16	0.26
	防武器扩散	0.16	0.26	0.16	0.26
	对美威胁	0.26	0.26	0.42	0.42
政治	选民支持	0.26	0.16	0.42	0.26
	美国价值观	0.06	0.10	0.10	0.16
综合影响值		0.25	0.20	0.31	0.24

进一步将利益、机会、代价、风险量化值按照图 6.2 所示的准则支配关系，用加权和模型合成，分别得到利益、机会、代价、风险相对于总目标的综合值，将利益、机会、代价、风险的综合值归一化为(0.25,0.20,0.31,0.24)(见表 6.5 的最后一行)．

6.4.3 计算各个方案的利益、机会、代价和风险值

1. 利益

(1) 增加美国对中国的出口，抢占中国市场

如果中国享受永久正常贸易国待遇，美国在短期内每年增加的出口额将达到3亿美元，到2005年，每年的出口额有望将达到127～139亿美元.同时中国许诺平均关税将从25%降到9%.美国公司将加速进军中国的市场，特别是农业、服务业和金融业领域的市场.

(2) 有助于依法办事

在中美贸易中，存在大量有争议并侵害美国利益的问题，这些问题的根源是中国缺少法制，知识产权保护问题就是最典型的代表.根据WTO的规则，所有成员必须服从TRIPs（Trade - Related aspects of Intellectual Property rights），即解决贸易纠纷不仅仅限于纠纷本身，而且延伸到相应的服务部分和知识产权）.中国许诺，一旦加入WTO将立即按照TRIPs的规则办事，不需要留过渡期.这就意味着，中国一旦加入WTO，在许多领域（特别是软件、音像产品及其他高科技和文化领域）处理纠纷将对美国有利.同时，这也将增加中国行动的透明性和可预知性，从而进一步导致中国投资环境的改善.

(3) 中国许诺尊重美国的规定

中国同意美国可以继续执行保护国内工业的两项规定：

① 在中国加入WTO后的15年内，美国仍然可以保留反倾销措施.如果美国国际贸易委员会（US International Trade Commission）和美国商业部（US Department of Commerce）确认倾销事件发生，而且倾销影响到国内保护的工业，政府可以征收反倾销税，征收的税率可以等于倾销差价.这就为美国使用反倾销手段留出了充分的空间.

② 1974年贸易法案的第201条款规定，为了减少某些外国产品的进口，总统有权设置若干限制，期限可以长达五年.

(4) 增加就业

增加出口可以创造更多的就业机会，特别是在美国具备优势的高科技、电子通信和农业领域.

(5) 有利于低收入群体的消费

降低关税可以使美国的低收入家庭购得便宜的日用产品，如服装、玩具、家用电器等，从而使他们获得更多的实惠.

按照上文的分析，将利益因素分解成五个子准则，通过两两比较得出五个子准则的权重为(0.44,0.26,0.18,0.07,0.05)(图 6.3).

对每一个子准则，用相对测量法，通过对方案之间的两两比较，得到每一个方案的属性值(见表 6.6 的第 2～6 列).再考虑利益准则中各个子准则的权重，用和合成模型合成，得出各个方案利益之后，因素综合值(见表 6.6 的第 7 列).

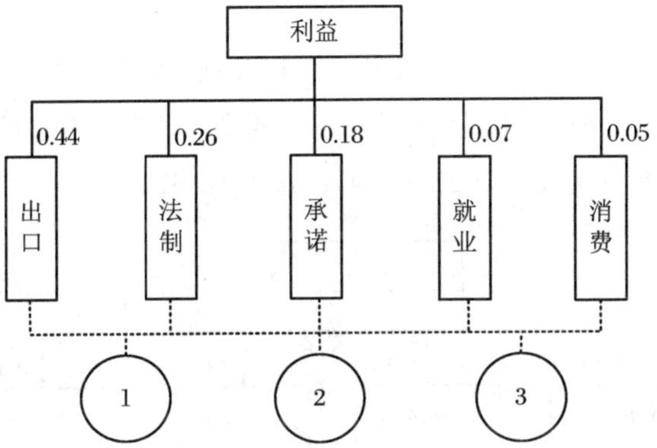

图 6.3　利益因素分解图

表 6.6　利益因素量化表

	出口	法制	承诺	就业	消费	利益综合
方案 1	0.59	0.58	0.65	0.54	0.58	0.60
方案 2	0.28	0.31	0.23	0.30	0.31	0.28
方案 3	0.13	0.11	0.12	0.16	0.11	0.12

2. 机会

(1) 改善中美关系

如果美国国会能批准中国的正常贸易国地位，中美关系将会在经济、政治、社会、文化、安全等领域内产生突破，使中国能更好地执行邓小平提出的改革开放政策，推动中国融入国际社会，促使中国更加开放以及中美关系更加改善.

(2) 改善环境

发展中国家(如现在的中国),没有足够的实力去考虑环境保护问题.中国人口众多,高速增长的经济又消耗大量的能源和其他自然资源,这必然会引起自然环境的恶化.中国经济进一步发展,中美交往增加,有利于美国影响中国的环境保护政策,促使中国实施更多的环境保护措施.中美交往的历史也证明了这一趋势.

(3) 促进民主

推进民主是美国不言自明的目的.美国相信,中美关系可以影响中国的人权状况和民主进程.

(4) 改善人权和劳动权

中国在商品、金融、技术和思想领域越开放,就越有可能变得更加民主.

按照上文的分析,将机会因素分解成四个子准则,通过两两比较得出四个子准则的权重为(0.55,0.23,0.14,0.08)(图 6.4).

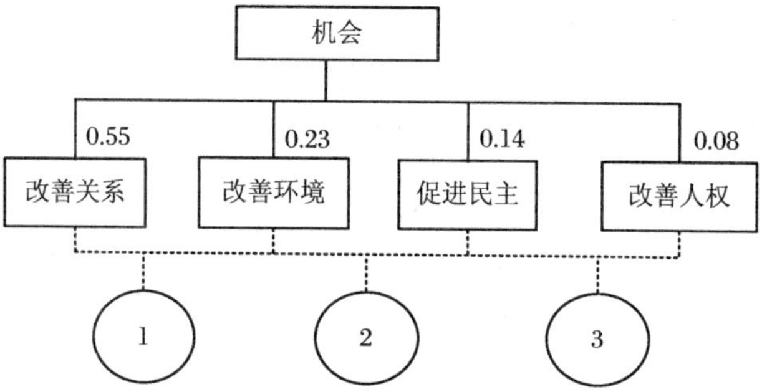

图 6.4 机会因素分解图

处理机会因素和处理利益因素一样,先用相对测量法,通过对方案两两比较,得到每一个方案的属性值(表 6.7 的第 2~5 列).再考虑机会因素四个子准则的权重,用和合成模型合成,得出各个方案机会因素的综合值(表 6.7 的第 6 列).

表 6.7 机会因素量化表

	改善关系	改善环境	促进民主	改善人权	机会综合
方案 1	0.65	0.57	0.57	0.54	0.61
方案 2	0.23	0.33	0.29	0.30	0.27
方案 3	0.12	0.10	0.14	0.16	0.12

3. 代价

(1) 失去中国市场

国际间对中国市场的竞争是很激烈的，如果美国不批准中国的正常贸易国地位，中国肯定会责备美国，减少美国的进口，并将相应的份额转让给其他国家.

(2) 减少就业

如果美国批准中国的正常贸易国地位，有些美国企业为了降低工资开销有可能迁址到中国，从而有些就业机会将会减少，工会对此表示了担忧.

按照上文的分析，将代价因素分解成 2 个子准则，通过两两比较，得出两个子准则的权重为(0.83,0.17)(图 6.5).

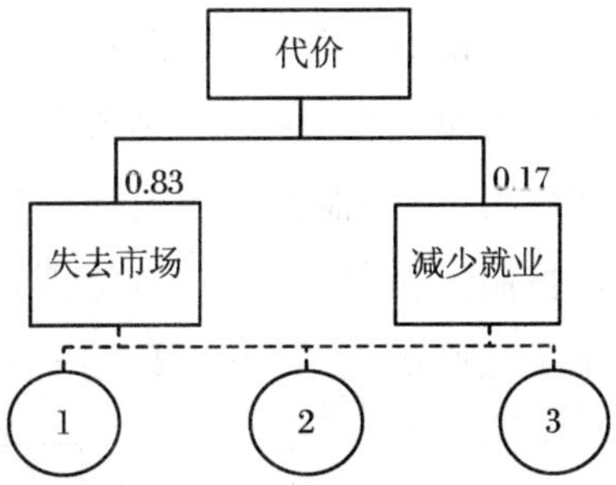

图 6.5　代价因素分解图

处理代价因素和处理利益因素一样，先用相对测量法，通过对方案之间的两两比较，得到每一个方案的属性值(表 6.8 的第 2～3 列). 再考虑代价因素两个子准则的权重，用和合成模型合成，得出各个方案代价因素的综合值(表 6.8 的第 4 列).

表 6.8　代价因素量化表

	失去中国市场	减少就业	代价综合
方案 1	0.10	0.57	0.18
方案 2	0.34	0.29	0.30
方案 3	0.60	0.14	0.52

4. 风险

(1) 失去贸易作为杠杆的作用

有些人认为，一年一度的审批为美国提供了一个用贸易牵扯其他问题(如人权、劳动权、安全局势)的杠杆，所以，批准中国的永久正常贸易国地位就等于放弃了这个杠杆.

(2) 中美冲突

拒绝批准中国的正常贸易国地位必然导致中美之间的冲突，有些分析家认为，中国将会替代前苏联变成威胁美国的主要竞争者，与中国潜在的摩擦可能会成为产生危机的重要原因.

(3) 中国有可能影响地区稳定

与中国交恶可能影响地区的稳定形势，特别是台湾海峡两岸的局势.孤立中国、阻止中国进入 WTO，可能使中国撤销其在朝鲜半岛、印度和巴基斯坦冲突之间承担的义务.

(4) 中国改革的倒退

中国的领导层，力图改革中国的经济体制和政治体制，假设美国不和这种改革力量配合，中国反制改革的力量，包括既得利益集团会对当前的领导施加压力，迫使他们放弃或淡化改革的愿望.

按照上文的分析，将风险因素分解成四个子准则，通过两两比较，得出四个子准则的权重为(0.43，0.25，0.25，0.07)(图 6.6).

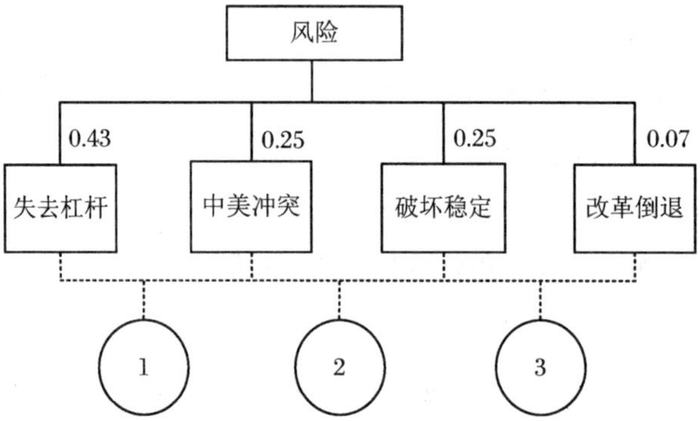

图 6.6　风险因素分解图

处理风险因素和处理利益因素一样，先用相对测量法，通过对方案之间的两两比较，得到每一个方案的属性值(表 6.9 的第 2～5 列).再考虑风险因素四个子准则的权重，用和合成模型合成，得出各个方案风险因素的综合值(表 6.9 的第 6 列).

表 6.9　风险因素量化表

	失去杠杆	中美冲突	破坏稳定	改革倒退	风险综合
方案 1	0.59	0.09	0.09	0.09	0.31
方案 2	0.36	0.29	0.28	0.24	0.31
方案 3	0.05	0.62	0.63	0.67	0.38

6.4.4　综合计算结果

分别将三个方案的利益 B、机会 C、代价 O、风险值 R（表 6.25 第 3～5 行，第 2～5 列的值）及利益、机会、代价、风险对总目标的影响值 $\alpha,\beta,\gamma,\delta$（表 6.10 第 2 行，第 2～5 列中的数字）分别用加法合成及乘法合成，算得的综合结果列于表 6.10 的最后两列.

表 6.10　B,O,C,R 的影响系数 $\alpha,\beta,\gamma,\delta$ 值和三个方案的值及综合合成计算结果

	利益 B	机会 O	代价 C	风险 R	加法合成	乘法合成
影响系数	0.25	0.20	0.31	0.24	$\alpha\times B+\beta\times O+\gamma/C+\delta/R$	$\frac{B^{\alpha}O^{\beta}}{C^{\gamma}R^{\delta}}$
方案 1（无条件批准）	0.60	0.61	0.18	0.31	2.224 4	1.409 3
方案 2（有条件批准）	0.28	0.27	0.30	0.31	1.594 6	0.816 9
方案 3（年度审查）	0.12	0.12	0.52	0.38	1.083 3	0.438 5

显然不论用哪种合成方法，无条件地给予中国的永久正常贸易国待遇的方案(1)都远优于其他方案.

6.5　美国部署国家导弹防御系统的决策问题（有反馈支配关系的问题）

6.5.1　背景分析

在 2000 年，美国的决策者面临是否部署国家弹道导弹防御（National Missile Defense，NMD）系统的选择. 对于这个问题，政治、军事、学术等不同领域的许多专家都表达了不同的见解. 支持的意见认为，部署国家弹道导

弹防御系统可以使美国免受某些国家的潜在威胁.反对者则从技术可行性低、成本高(估计 600 亿美元)、有损政治关系、易引起武器竞争和恶化外交关系等几个方面提出质疑.

截至 2000 年 10 月,综合各方面掌握的材料,在对待 NMD 的态度上美国可选择的政策有四个:

(1) 终止(Termination,简记为 Term)一切与 NMD 相关的项目

停止一切关于 NMD 的研制、开发计划和部署工作,彻底放弃 NMD.

(2) 推进全球安全战略(Global Defense,简记为 Glob)

推进全球安全战略,尽可能地利用经济、政治和外交手段(包括修改 ABM 条约)来确保世界的安全,而不是强调 NMD 的作用.

(3) 部署(Deploy NMD,简记为 NMD)

着手部署 NMD,并继续研究开发 NMD 的技术和使用问题.

(4) 研究开发 NMD(简记为 R & D)

暂时不部署 NMD,但是继续研究开发 NMD 的相关技术问题.

因为这些政策之间也存在联系,比如要部署 NMD 就必须研究开发 NMD,所以在这个问题中备选的政策不是有明确属性的"方案",决策需要研究的是政策的利弊.

6.5.2 利益、机会、代价、风险对总目标影响程度分析

讨论部署 NMD 给美国带来的利益、机会、代价和风险,"总目标"仍然是站在美国的立场上,追求美国国家利益的最大化.和 6.4.2 小节类似,先使用 AHP 方法求解利益、机会、代价、风险对总目标的影响程度.

将总目标分解细化成三个子准则,在军事实力上更利于美国"维护世界和平",在经济和社会环境上促进"人类安康",在政治上更有利于美国的"国际政治"关系.三个子准则的权重向量为(0.648,0.122,0.230).

"维护世界和平"进一步分解为"对敌对国家产生的影响"、"对安全局势产生的影响"和"对反恐怖活动产生的影响"三个因素,得出权重向量为(0.237,0.449,0.314);

"人类安康"进一步分解为"对科技进步产生的影响"和"对经济发展产生的影响"两个因素,得出权重向量为(0.667,0.333);

“国际政治”进一步分解为“军事关系”和“外交关系”两个因素，得出权重向量为(0.600,0.400)；

分解得到准则支配关系及准则的权重标于图 6.7.

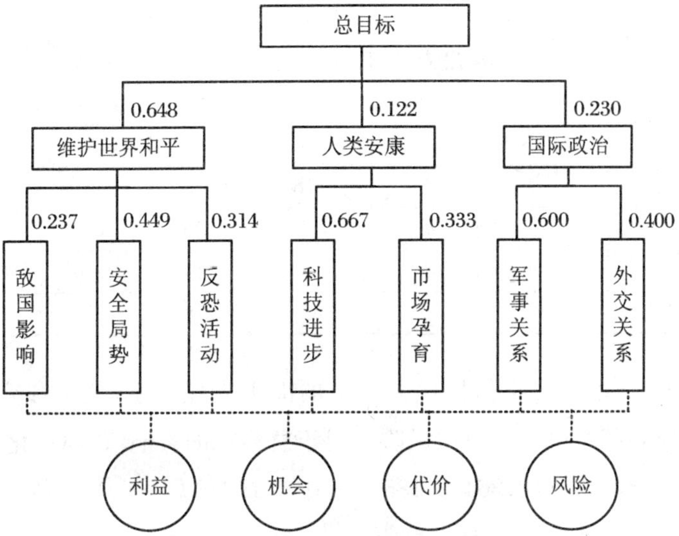

图 6.7　NMD 决策利益、机会、代价和风险对总目标影响程度的层次结构图

定性地描述图 6.7 中最底层各个子准则的利益、机会、代价和风险，得到表 6.11.

表 6.11　NMD 决策利益、机会、代价、风险影响程度的定性分析

		利益	机会	代价	风险
维护世界和平	敌国影响	很高	中等	高	很低
	安全局势	很低	很低	很高	很低
	反恐活动	中等	很低	高	高
人类安康	科技进步	高	高	低	很低
	市场孕育	中等	高	很低	很低
国际政治	军事关系	高	高	中等	很低
	外交关系	低	低	低	很高

用绝对测量法量化定性结果，得到：很高(0.42)、高(0.26)、中等(0.16)、低(0.10)、很低(0.06).

将绝对测量法结果得到的值代入表 6.11,得到表 6.12.

表 6.12 NMD 决策利益、机会、代价、风险影响程度的量化值表

		利益	机会	代价	风险
维护世界和平	敌国影响	0.42	0.16	0.26	0.06
	安全局势	0.06	0.06	0.42	0.06
	反恐活动	0.16	0.06	0.26	0.26
人类安康	科技进步	0.26	0.26	0.10	0.06
	市场孕育	0.16	0.26	0.06	0.06
国际政治	军事关系	0.26	0.26	0.16	0.06
	外交关系	0.10	0.10	0.10	0.42
综合影响值		0.264	0.185	0.361	0.190

将表 6.12 中的量化值按照图 6.7 的准则支配关系,使用和合成模型合成,分别得到利益、机会、代价、风险相对于总目标的影响值,归一化后利益、机会、代价、风险的值为(0.264,0.185,0.361,0.190)(见表 6.12 的最后一行).

6.5.3 不同政策的利益、机会、代价和风险分析

首先分别对利益、机会、代价和风险按照 AHP 的思想进行细化分解,得到表 6.13 的结构和量化结果.

表 6.13 利益、机会、代价和风险的分解

	准则	子准则	子准则在全局中所占的权重
利益 *B* (0.264)	经济 (0.157)	地方经济(0.141)	0.006
		国防工业(0.859)	0.036
	政治 (0.074)	增加讨价筹码(0.859)	0.017
		美军领导地位(0.141)	0.003
	安全 (0.481)	增加威慑手段(0.267)	0.034
		增强军事能力(0.590)	**0.075**
		反恐(0.143)	0.018
	技术 (0.288)	**促进技术进步(0.834)**	**0.063**
		技术领导地位(0.166)	0.013

续表

	准则	子准则	子准则在全局中所占的权重
机会 O(0.185)	**武器销售(0.520)**		**0.096**
	副产品(0.326)		**0.060**
	空间力量发展(0.051)		0.009
	对盟友的保护(0.103)		0.019
代价 C(0.361)	**军事安全代价(0.687)**		**0.248**
	经济代价(0.228)	**隐性成本(0.539)**	**0.044**
		长远投资(0.461)	**0.038**
	政治代价(0.085)	反导条约(0.589)	0.018
		外国关系(0.411)	0.013
风险 R(0.190)	**技术失败风险(0.430)**		**0.082**
	军备竞赛风险(0.268)		**0.051**
	激发恐怖活动风险(0.052)		0.010
	环境损害风险(0.080)		0.015
	美国声誉受损风险(0.170)		0.032

在表 6.13 中，利益细化为四部分：经济利益(0.157)、政治利益(0.074)、安全获益(0.481)和技术获利(0.288). 对细化后的子准则再细化，如经济利益再细化成地方经济利益(0.141)和国防工业利益(0.859)，等等，将利益分解成九项子准则(见表 6.13 中利益栏对应的各行).

机会、代价和风险三项的分解类同，不一一赘述.

表 6.13 的最后一列是各级准则量化值的乘积，它代表了这个子准则在总目标中所占的权重.

比如表 6.13 中的第 2 行数据，"地方经济利益"在"经济利益"中占 0.141，"经济利益"在"利益"中占 0.157，而"利益"在"总目标"中占 0.264，所以认为"地方经济利益"子准则在"总目标"中占的比例为 $0.141\times0.157\times0.264\approx0.006$.

在表 6.13 中，利益、机会、代价、风险四项细化成 23 个子准则，这些子准则在"总目标"中占的比例列于表的最后一列.

为了简化问题，只从 23 个子准则中选出份额最大的九项(表 6.13 中标

为黑体者),将其名称和所占比例分列如下:

(利益)增强军事能力获益	0.075
(利益)促进技术进步获利	0.063
(机会)提供武器销售机会	0.096
(机会)获得副产品的机会	0.060
(代价)军事安全代价	0.248
(代价)隐性成本经济代价	0.044
(代价)长远投资经济代价	0.038
(风险)技术失败风险	0.082
(风险)引起军备竞赛风险	0.051

因为这九个子准则分量之和已经占到总量的 75% 以上,所以近似地认为这九个子准则代表了整个问题,因此下面的分析仅仅使用这九个子准则.

对选出的这九个子准则,分别分析不同政策的影响和作用.对每一个子准则而言,分析不同政策的影响都是一个独立的决策问题.这些决策问题,备选的政策可能相互影响而且没有明确的属性,属于第 2 类问题.对每一个独立的第 2 类准则问题,通过分析准则(包括四个备选政策)的相互作用关系,求出各个准则在问题中所起的作用,得出它们的影响程度值.

下面对选出的九个子准则一一地进行分析.

1. 军事能力的决策准则支配关系分析及量化

影响军事能力强弱的因素不仅和采取的政策有关,还和其他因素有关.根据实际的关系,影响军事能力的六个方面是:总统/军队、技术专家、国会、国防工业、外国以及对待 NMD 采取的政策.

沿用第 4 章 4.2 节中决策准则分级处理的概念,每一个方面是一组准则(宏观准则),它分解细化后的因素为准则(或微观准则).不过在这个具体问题中,除 NMD 政策组准则含四个准则(政策)外,其余各组准则只含一个准则.用两个图表示准则支配关系,一个是组准则之间的支配关系图(见图 6.8),另一个是(微观)准则之间的支配关系图(见图 6.9).图中双向箭头代表了两个有向边的叠加.

(1) 量化组准则之间的支配关系

下面按照图 6.8 所示的支配关系分别量化各个组准则的支配关系值.

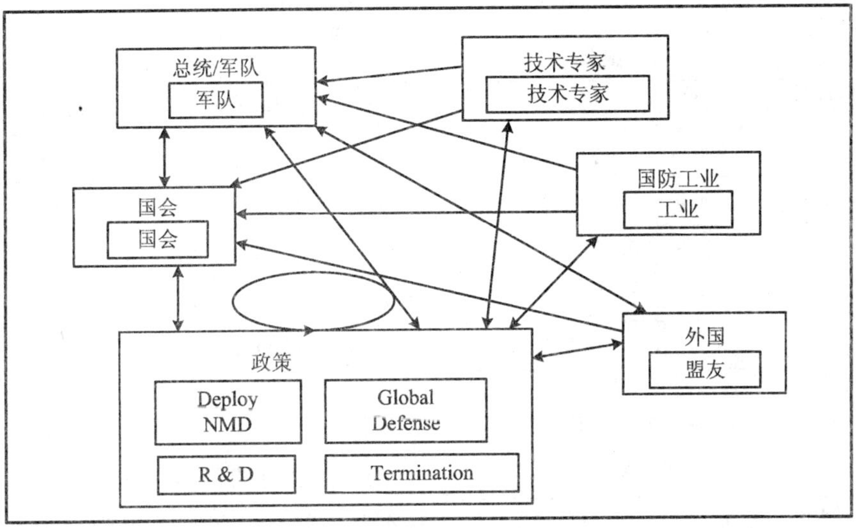

图 6.8 与军事能力相关的组准则支配关系图

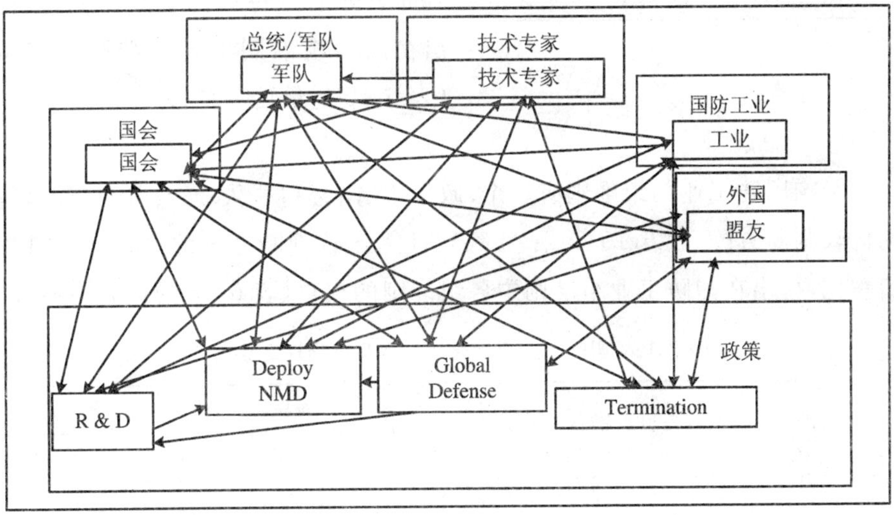

图 6.9 与军事能力相关的微观准则支配关系图

① 政策组准则

所有的组准则都对政策组有影响(政策组自身也存在自己支配自己的环).采用两两比较,得到比较判断方阵(表 6.14 第 2~6 列),计算比较判断方阵的主特征向量并归一化,得出在政策组准则中各组准则的权重(表 6.14 的最后一列).

表 6.14 政策组准则的比较数据及排序权重数据

	政策	国会	工业	外国	军队	专家	权重
政策	1.000 0	0.166 7	0.250 0	1.330 0	0.142 9	0.555 6	0.048 6
国会	5.999 9	1.000 0	2.200 0	6.200 0	0.740 7	3.200 0	0.288 9
工业	4.000 0	0.454 6	1.000 0	4.000 0	0.411 5	2.260 0	0.165 3
外国	0.751 9	0.161 3	0.250 0	1.000 0	0.125 0	0.526 3	0.042 5
军队	7.000 0	1.350 0	2.430 0	8.000 0	1.000 0	5.100 0	0.374 2
专家	1.800 0	0.312 5	0.442 5	1.900 0	0.196 1	1.000 0	0.080 5

表 6.15 国会组准则的比较数据及排序权重数据表

	政策	军队	权重
政策	1.000 0	0.563 8	0.360 5
军队	1.773 6	1.000 0	0.639 5

② 国会

影响国会的组准则有两个：政策和军队.通过两两比较，得到比较判断方阵(表 6.15 第 2～3 列)，计算比较判断方阵的主特征向量并归一化，得出在国会组准则中各组准则的权重(表 6.15 的最后一列).

③ 国防工业

影响国防工业的组准则有三个：政策组、国会和军队.通过两两比较，得到比较判断方阵(表 6.16 第 2～4 列)，计算比较判断方阵的主特征向量并归一化，得出在国防工业组准则中各组准则的权重(表 6.16 的最后一列).

表 6.16 国防工业组的比较数据及排序权重数据表

	政策	国会	军队	权重
政策	1.000 0	0.676 9	0.538 8	0.229 2
国会	1.477 3	1.000 0	0.660 0	0.318 1
军队	1.856 1	1.515 2	1.000 0	0.452 8

④ 外国组准则

影响外国组准则的组准则有三个：政策组、国会和军队.通过两两比较，得到比较判断方阵(表 6.17 第 2～4 列)，计算比较判断方阵的主特征向量并归一化，得出在外国组准则中各组准则的权重(表 6.17 的最后一列).

表 6.17　外国组准则的比较数据及排序权重数据表

	政策	国会	军队	权重
政策	1.000 0	0.555 6	0.325 9	0.167 1
国会	1.800 0	1.000 0	0.463 2	0.278 1
军队	3.068 2	2.159 1	1.000 0	0.554 8

⑤ 军队

影响军队的组准则有三个：政策组、国方工业和外国.通过两两比较，得到比较判断方阵（表 6.18 第 2～4 列），计算比较判断方阵的主特征向量并归一化，得出在军队组准则中各组准则的权重（表 6.18 的最后一列）.

表 6.18　军队组准则的比较数据及排序权重数据表

	政策	国会	外国	权重
政策	1.000 0	2.188 7	3.660 4	0.573 5
国会	0.456 9	1.000 0	2.037 7	0.279 9
外国	0.273 2	0.490 7	1.000 0	0.146 7

⑥ 技术专家

影响技术专家的组准则有三个：政策组、国会和军队.通过两两比较，得到比较判断方阵（表 6.19 第 2～4 列），计算比较判断方阵的主特征向量并归一化，得出在技术专家组准则中各组准则的权重（表 6.19 的最后一列）.

表 6.19　技术专家组的比较数据及排序权重数据表

	政策	国会	军队	权重
政策	1.000 0	2.537 9	2.537 9	0.559 3
国会	0.394 0	1.000 0	1.000 0	0.220 4
军队	0.394 0	1.000 0	1.000 0	0.220 4

将组准则的支配关系“扩大化”，假定每一个组准则都在形式上支配所有（包括自己）的组准则，那些没有支配关系而扩大进来的组准则补一个 0 值.这样将上面针对各个组准则的主特征向量综合到一起，得到度量组准则之间支配关系值的矩阵——权矩阵（表 6.20）.

表 6.20 组准则的准则支配关系量化值(权矩阵)

	政策组	国会	工业	外国	军队	专家
政策组	0.048 6	0.360 5	0.229 2	0.167 1	0.573 5	0.559 3
国会	0.288 9	0.000 0	0.318 1	0.278 0	0.279 9	0.220 4
工业	0.165 3	0.000 0	0.000 0	0.000 0	0.000 0	0.000 0
外国	0.042 5	0.000 0	0.000 0	0.000 0	0.146 7	0.000 0
军队	0.374 2	0.639 5	0.452 8	0.554 8	0.000 0	0.220 4
专家	0.080 5	0.000 0	0.000 0	0.000 0	0.000 0	0.000 0

(2) 量化(微观)准则之间的支配关系值以得出未加权超矩阵

使用 4.2.3 小节的方法计算图 6.9 所示的支配关系的未加权的超矩阵,对每一个(微观)准则,找出影响它的所有(微观)准则,对这些(微观)准则,按照它们所在的组准则,分别单独计算组内(微观)准则的权重向量.

在本例中,除政策对应的组准则外,其他的组准则都只含一个(微观)准则,所以将计算结果直接列入表 6.21.表 6.21 中非 0 项对应图中相应的支配关系.

表 6.21 未加权超矩阵数据表

		政策组				国会	工业	外国	军队	专家
		NMD	Glob	R & D	Term	国会	工业	盟友	军队	专家
政策组	NMD	0.000 0	0.576 0	1.000 0	0.000 0	0.506 0	0.558 7	0.000 0	0.515 8	0.287 8
	Glob	0.000 0	0.000 0	0.000 0	0.000 0	0.289 0	0.257 4	1.000 0	0.292 9	0.262 3
	R&D	0.000 0	0.424 0	0.000 0	0.000 0	0.130 7	0.138 2	0.000 0	0.136 7	0.236 9
	Term	0.000 0	0.000 0	0.000 0	0.000 0	0.074 4	0.045 7	0.000 0	0.054 6	0.213 0
国会	国会	1.000 0	1.000 0	1.000 0	1.000 0	0.000 0	1.000 0	1.000 0	1.000 0	1.000 0
工业	工业	1.000 0	1.000 0	1.000 0	1.000 0	0.000 0	0.000 0	0.000 0	0.000 0	0.000 0
外国	盟友	1.000 0	1.000 0	1.000 0	1.000 0	0.000 0	0.000 0	0.000 0	1.000 0	0.000 0
军队	军队	1.000 0	1.000 0	1.000 0	1.000 0	1.000 0	1.000 0	1.000 0	0.000 0	1.000 0
专家	专家	1.000 0	1.000 0	1.000 0	1.000 0	0.000 0	0.000 0	0.000 0	0.000 0	0.000 0

对表 6.21 中"国会"一列的数据进行解释:对应于政策组的四个值代表了在政策组准则内各个政策在国会准则中的权重,其和为 1;在其他各组准

则中，只有军队一个准则影响国会，所以对应的值为 1；其他与“国会”没有关系，对应的值为 0.

表中其他各列的值代表的意义类似，不再一一解释.

(3) 合成加权超矩阵

使用第 4 章 4.2.3 小节的方法，将表 6.20 的数据乘到表 6.21 的相应区域的数据上，然后对每一列归一化，得到最终的加权超矩阵(表 6.22).

表 6.22　归一化后的加权超矩阵数据表

		政策组				国会	工业	外国	军队	专家
		NMD	Glob	R & D	Term	国会	工业	盟友	军队	专家
政策组	NMD	0.000 0	0.028 0	0.048 6	0.000 0	0.182 4	0.128 0	0.000 0	0.295 8	0.161 0
	Glob	0.000 0	0.000 0	0.000 0	0.000 0	0.104 2	0.059 0	0.167 1	0.168 0	0.146 7
	R&D	0.000 0	0.020 6	0.000 0	0.000 0	0.047 1	0.031 7	0.000 0	0.078 4	0.132 5
	Term	0.000 0	0.000 0	0.000 0	0.000 0	0.026 8	0.010 5	0.000 0	0.031 3	0.119 1
国会	国会	0.303 7	0.288 9	0.288 9	0.303 7	0.000 0	0.318 1	0.278 0	0.279 9	0.220 4
工业	工业	0.173 7	0.165 3	0.165 3	0.173 7	0.000 0	0.000 0	0.000 0	0.000 0	0.000 0
外国	盟友	0.044 6	0.042 5	0.042 5	0.044 6	0.000 0	0.000 0	0.000 0	0.146 7	0.000 0
军队	军队	0.393 3	0.374 2	0.374 2	0.393 3	0.639 5	0.452 8	0.554 8	0.000 0	0.220 4
专家	专家	0.084 6	0.080 5	0.080 5	0.084 6	0.000 0	0.000 0	0.000 0	0.000 0	0.000 0

(4) 用无属性网络决策分析方法(第 2 类决策问题)求解

表 6.22 对应的方阵满足唯一解存在条件，而且方阵的极限存在，方阵的极限如表 6.23 所示.

表 6.23　加权超矩阵自乘积的极限数据表

		政策组				国会	工业	外国	军队	专家
		NMD	Glob	R & D	Term	国会	工业	盟友	军队	专家
政策组	NMD	0.153 2	0.153 2	0.153 2	0.153 2	0.153 2	0.153 2	0.153 2	0.153 2	0.153 2
	Glob	0.096 8	0.096 8	0.096 8	0.096 8	0.096 8	0.096 8	0.096 8	0.096 8	0.096 8
	R&D	0.043 8	0.043 8	0.043 8	0.043 8	0.043 8	0.043 8	0.043 8	0.043 8	0.043 8
	Term	0.020 1	0.020 1	0.020 1	0.020 1	0.020 1	0.020 1	0.020 1	0.020 1	0.020 1
国会	国会	0.222 4	0.222 4	0.222 4	0.222 4	0.222 4	0.222 4	0.222 4	0.222 4	0.222 4

续表

		政策组				国会	工业	外国	军队	专家
		NMD	Glob	R & D	Term	国会	工业	盟友	军队	专家
工业	工业	0.051 3	0.051 3	0.051 3	0.051 3	0.051 3	0.051 3	0.051 3	0.051 3	0.051 3
外国	盟友	0.061 9	0.061 9	0.061 9	0.061 9	0.061 9	0.061 9	0.061 9	0.061 9	0.061 9
军队	军队	0.325 5	0.325 5	0.325 5	0.325 5	0.325 5	0.325 5	0.325 5	0.325 5	0.325 5
专家	专家	0.025 0	0.025 0	0.025 0	0.025 0	0.025 0	0.025 0	0.025 0	0.025 0	0.025 0

在结果数据中，取政策组准则所含的四个((微观)准则)政策对应的值：0.153 2(NMD)，0.096 8(Glob)，0.043 8(R & D)，0.020 1(Term).这些值代表了当准则支配关系达到平衡时它们所起的作用.将它们归一化，得到各个政策的值为：0.488(NMD)，0.308(Glob)，0.140(R & D)，0.064(Term).

其他八个子准则的计算过程完全一样，在下文的叙述中省去了具体计算细节，仅给出组准则支配关系图和计算结果.

2. 技术进步子准则的决策准则支配关系分析及量化

在利益准则中，与技术进步子准则相关的决策准则支配关系如图 6.10 所示.

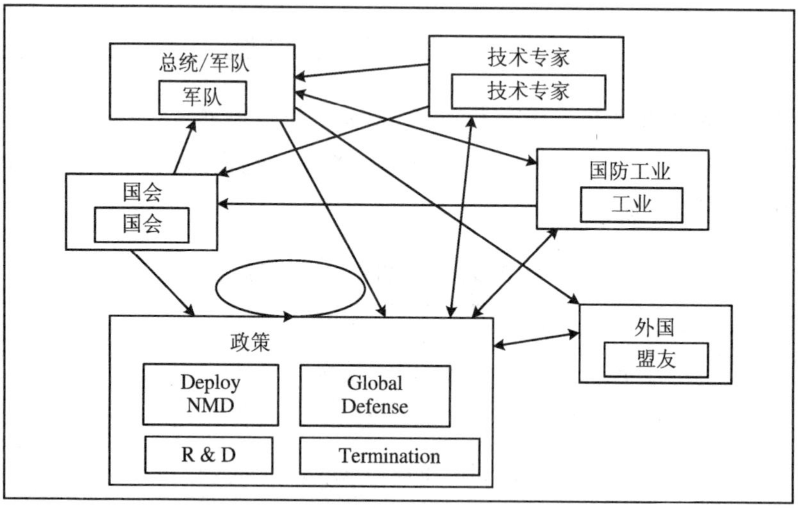

图 6.10 与技术进步相关的决策准则支配关系图

技术进步子准则的四个政策值(结果归一化)为：0.364(NMD)，0.398(Glob)，0.172(R & D)，0.066(Term).

3. 武器销售子准则的决策准则支配关系分析及量化

在机会因素中,与武器销售子准则相关的决策准则支配关系如图 6.11 所示.

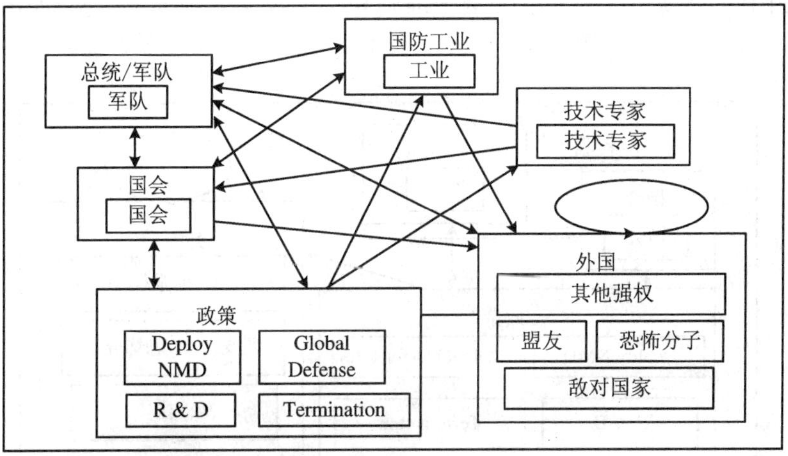

图 6.11　与武器销售相关的决策准则支配关系图

武器销售子准则的四个政策值(结果归一化)为:0.483(NMD),0.300(Glob),0.145(R & D),0.072(Term).

4. 副产品子准则的决策准则支配关系分析及量化

在机会因素中,与副产品子准则相关的决策准则支配关系如图 6.12 所示.

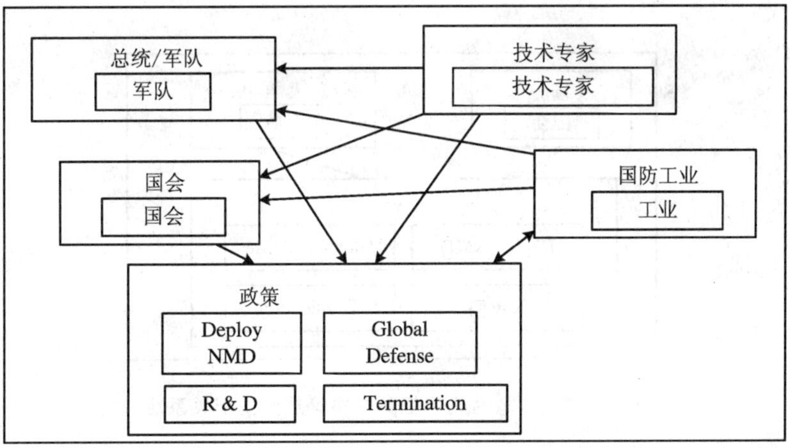

图 6.12　与副产品相关的决策准则支配关系图

副产品子准则的四个政策值(结果归一化)为:0.506(NMD),0.264(Glob),0.146(R & D),0.084(Term).

5. 军事安全子准则的决策准则支配关系分析及量化

在代价因素中,与军事安全子准则相关的决策准则支配关系如图 6.13 所示.

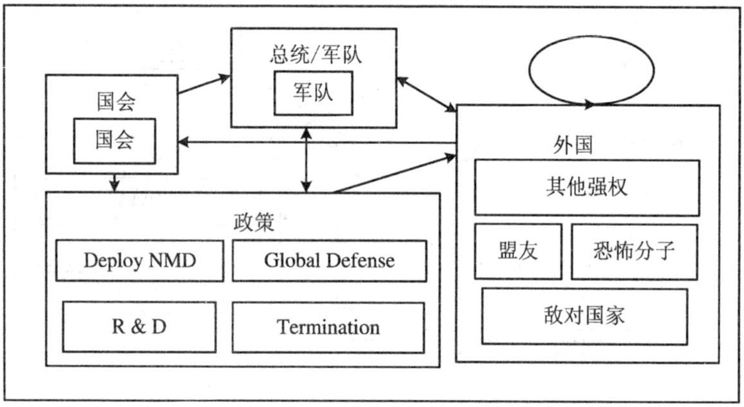

图 6.13 与安全威胁相关的决策准则支配关系图

军事安全子准则的四个政策值(结果归一化)为:0.087(NMD),0.164(Glob),0.275(R & D),0.475(Term).

6. 经济隐性成本子准则的决策准则支配关系分析及量化

在经济代价因素中,隐性成本子准则决策准则支配关系如图 6.14 所示.

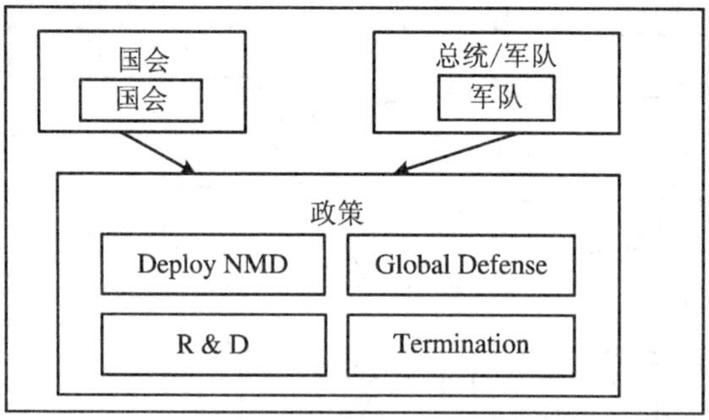

图 6.14 与隐性成本相关的决策准则支配关系图

隐性成本子准则的四个政策值(结果归一化)为:0.476(NMD),0.273(Glob),0.158(R & D),0.092(Term).

7. 经济长远投资子准则的决策准则支配关系分析及量化

在代价因素中,与经济长远投资子准则相关的决策准则支配关系如图6.15所示.

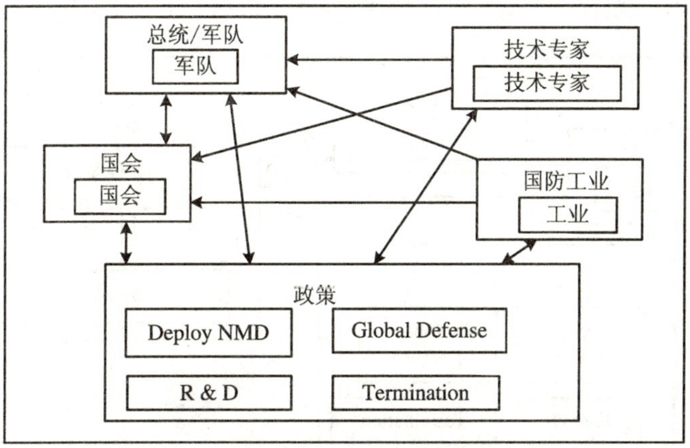

图6.15　与长远投资相关的决策支配关系图

经济长远投资子准则的四个政策值(结果归一化)为:0.525(NMD),0.258(Glob),0.143(R & D),0.074(Term).

8. 技术失败子准则的决策准则支配关系分析及量化

在风险因素中,与技术失败子准则相关的决策准则支配关系如图6.16所示.

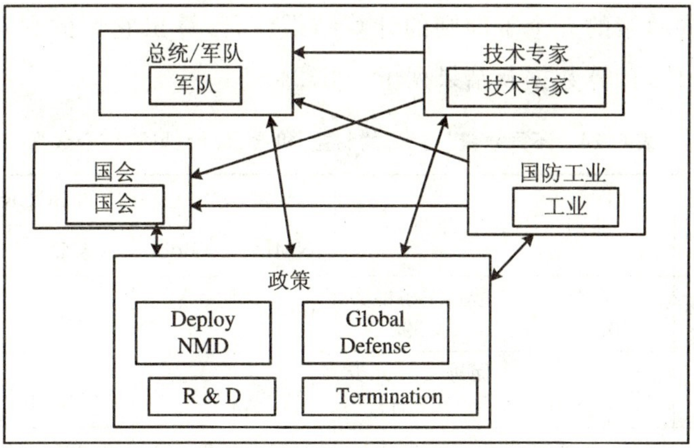

图6.16　与技术失败相关的决策准则支配关系图

技术失败子准则的四个政策值(结果归一化)为:0.473(NMD),0.269

(Glob),0.154(R & D),0.103(Term).

9. 军备竞赛子准则的决策准则支配关系分析及量化

在风险因素中,与军备竞赛子准则相关的决策准则支配关系如图 6.17 所示.其中除“政策”组准则外,“外国”组准则也包含五个(微观)准则.

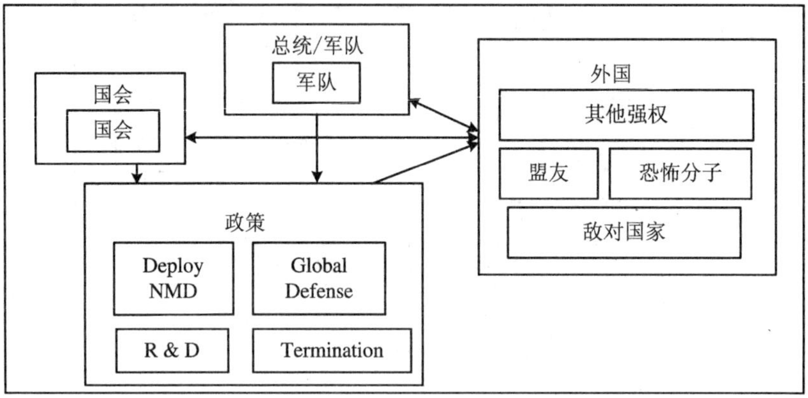

图 6.17 与武器竞赛相关的决策准则支配关系图

最终得到的军备竞赛子准则的四个政策值(结果归一化)为:0.410 (NMD),0.284(Glob),0.181(R & D),0.124(Term).

6.5.4 不同政策对利益、机会、代价、风险影响的综合

将不同政策的九个子准则的计算结果综合,算出它们的利益、机会、代价、风险总值,计算数据及结果列于表 6.24.

表 6.24 不同政策(方案)的利益、机会、代价、风险综合数据

	准则	子准则	政策(方案)及相应的 BOCR 值			
			NMD	Glob	R & D	Term
利益	安全 (0.481)	增强军事能力 (0.590)	0.488	0.308	0.140	0.064
	技术 (0.288)	促进技术进步 (0.834)	0.364	0.398	0.172	0.066
利益综合值			**0.226**	**0.183**	**0.081**	**0.034**
归一化后的利益综合值			0.431	0.349	0.155	0.065

续表

	准则	子准则	政策(方案)及相应的 BOCR 值			
			NMD	Glob	R & D	Term
机会	武器销售(0.520)		0.483	0.300	0.145	0.072
	副产品(0.326)		0.506	0.264	0.146	0.084
机会综合值			**0.416**	**0.242**	**0.123**	**0.065**
归一化后的机会综合值			0.492	0.286	0.145	0.077
代价	安全威胁(0.687)		0.087	0.164	0.275	0.475
	经济(0.228)	隐性成本(0.539)	0.476	0.273	0.158	0.092
		长远投资(0.461)	0.525	0.258	0.143	0.074
代价综合值			**0.173**	**0.173**	**0.223**	**0.345**
归一化后的代价综合值			0.189	0.189	0.244	0.377
代价值倒数的归一化值			0.305	0.305	0.236	0.153
风险	技术失败(0.430)		0.473	0.269	0.154	0.103
	军备竞赛(0.268)		0.410	0.284	0.181	0.124
风险综合值			**0.313**	**0.192**	**0.115**	**0.078**
归一化后的风险综合值			0.448	0.275	0.165	0.112
风险值倒数的归一化值			0.107	0.174	0.291	0.428

在表 6.24 中,含三部分数据:第 1 部分是四个政策、九个子准则分别计算的利益、机会、代价、风险值,这就是上文 6.5.3 小节中对九个子准则的计算结果;第 2 部分是将这九个子准则的计算结果综合后得到的四个政策的利益、机会、代价、风险值(表 6.24 中黑体字行);第 3 部分是将综合后利益、机会、代价、风险值归一化得到的值(表 6.24 中标出归一化的行).

换一个角度考虑问题,把四个"政策"当成决策"方案",九个"子准则"当成"方案的属性",则可以把表 6.24 的计算结果看成是四个决策"方案"的九个"属性"值.将九个"属性"按照它们原来所在的利益、机会、代价和风险归并,得到四个决策"方案"的利益、机会、代价和风险值(黑体部分).

以"利益"栏为利说明综合的计算过程.

在 6.5.4 小节计算的九项子准则中,"利益"的子准则占了两项:"增强军事能力"与"促进技术进步".将一个政策(方案)的"利益"综合值看成它的子准则"利益"值与子准则在"利益"中权重的加权和.如部署 MND 的"利益

综合”值为“增强军事能力”的“利益”值与权重之积再加上“促进技术进步”的“利益”值与权重积，即

$$0.481 \times 0.590 \times 0.488 + 0.288 \times 0.834 \times 0.364 = 0.226$$

四个政策(方案)的“利益”综合值为分别为：0.226，0.183，0.081，0.034，将其归一化为：0.431，0.349，0.155，0.065.

其他三栏(利益、机会、风险)的数据类同，不一一解释.

6.5.5 最终综合计算结果

使用 6.5.4 小节算出的不同政策(方案)的利益 B、机会 O、代价 C、风险值 R(表 6.25 第 3～6 行，第 2～5 列)和 6.5.2 小节算出的不同政策(方案)的利益、机会、代价、风险对总目标的影响系数 $\alpha,\beta,\gamma,\delta$(表 6.25 第 2 行中的第 2～5 列)，分别按照加法合成及乘法合成，得到综合结果(列于表 6.25的最后两列).

表 6.25 B,O,C,R 的影响系数 $\alpha,\beta,\gamma,\delta$ 及不同政策(方案)的最终合成结果

	利益 B	机会 O	代价 C	风险 R	加法合成	乘法合成
影响系数	0.264	0.185	0.361	0.190	$\alpha\times B+\beta\times O+\gamma/C+\delta/R$	$\frac{B^{\alpha}O^{\beta}}{C^{\gamma}R^{\delta}}$
NMD	0.431	0.492	0.305	0.107	0.335	0.357
Glob	0.349	0.286	0.305	0.174	0.288	0.286
R & D	0.155	0.145	0.236	0.291	0.208	0.207
Term	0.065	0.077	0.153	0.428	0.168	0.149

从表 6.25 的值立刻看出，部署 NMD(表 6.25 倒数第 4 行)比其他政策更为重要，所以应当首选部署 NMD，其次才是推进全球安全战略(Glob)，而终止一切 NMD 相关项目(Term)是最不可取的.

附录 1　向量和矩阵的若干性质

本附录列出了本书用到的一些代数知识.可以从普通代数学教科书中查到的部分,只给出定义和重要的结论,不易查到的非负方阵性质,则给出了较为详细的论述和证明.

1.1　向量和矩阵的基本概念

1. 向量和线性空间

对于一个确定的数域 K,设 $a_1,a_2,\cdots,a_n\in K$,称有序数列 $a_1,a_2,\cdots,a_n$ 为一个 n **维向量**,用 $\boldsymbol{a}^{\mathrm{T}}=(a_1,a_2,\cdots,a_n)$表示,$a_i$ $(i=1,2,\cdots,n)$称为向量的第 i 个**分量**或**坐标**.所有 n 维向量构成的集合称为 n **维空间**,记为 K^n.

$\boldsymbol{a}^{\mathrm{T}}$ 指的是 $\boldsymbol{a}$ 的转置.用列表示的向量称为列向量,用行表示的向量称为行向量.在本书中,如果不作说明,向量一般指的是列向量.为了简便,在不引起混淆的情况下将不严格地区分向量和它转置的书写方式.

记定义于复数域的 n 维向量空间为$\mathbb{C}^n$,记定义于实数域的 n 维向量空间为$\mathbb{R}^n$.

分量全为 0 的向量称为 **0 向量**.

向量有两种运算——加法和纯量积.

对给定的两个向量 $\boldsymbol{a},\boldsymbol{b}$,**向量的加法**定义为

$$\boldsymbol{a}+\boldsymbol{b}=(a_1+b_1,a_2+b_2,\cdots,a_n+b_n)$$

对于任取的向量 $\boldsymbol{a},\boldsymbol{b},\boldsymbol{c}$,加法有性质:

(1) 交换律：$\boldsymbol{a}+\boldsymbol{b}=\boldsymbol{b}+\boldsymbol{a}$；

(2) 结合律：$(\boldsymbol{a}+\boldsymbol{b})+\boldsymbol{c}=\boldsymbol{a}+(\boldsymbol{b}+\boldsymbol{c})$；

(3) $\boldsymbol{a}+\boldsymbol{0}=\boldsymbol{0}+\boldsymbol{a}=\boldsymbol{a}$；

(4) 存在 $-\boldsymbol{a}$，使 $(-\boldsymbol{a})+\boldsymbol{a}=\boldsymbol{a}+(-\boldsymbol{a})=\boldsymbol{0}$，称 $-\boldsymbol{a}$ 为 $\boldsymbol{a}$ 的**负元素**.

对于一个数域 F，任取一个 $\lambda\in F$，称为**纯量**，任取一个向量 $\boldsymbol{a}$，定义 $\lambda\boldsymbol{a}=(\lambda a_1,\lambda a_2,\cdots,\lambda a_n)$ 为 λ 和 $\boldsymbol{a}$ 的**纯量积**.

对于任意的纯量 λ,μ，纯量积有性质：

(5) 纯量积中纯量对向量和的分配律：$\lambda(\boldsymbol{a}+\boldsymbol{b})=\lambda\boldsymbol{a}+\lambda\boldsymbol{b}$；

(6) 纯量积中纯量和对向量的分配律：$(\lambda+\mu)\boldsymbol{a}=\lambda\boldsymbol{a}+\mu\boldsymbol{a}$；

(7) 纯量积中纯量的结合律：$(\lambda\mu)\boldsymbol{a}=\lambda(\mu\boldsymbol{a})$；

(8) 纯量 1 与向量的纯量积就是向量本身，即 $1\boldsymbol{a}=\boldsymbol{a}$.

称满足上述性质(1)～(8)的向量空间为**线性空间**. 当纯量的数域为实数域时称为**实线性空间**，当纯量的数域为复数域时称为**复线性空间**.

2. 向量的极限

设 k 为正整数，记 n 维向量 $\boldsymbol{x}(k)=(x_1(k),x_2(k),\cdots,x_n(k))$，$\boldsymbol{x}=(x_1,x_2,\cdots,x_n)$.

如果 $\lim\limits_{k\to\infty}x_i(k)=x_i\ (i=1,2,\cdots,n)$，则称向量序列 $\{\boldsymbol{x}(k)\}$ **收敛**于向量 $\boldsymbol{x}$，记为 $\lim\limits_{k\to\infty}\boldsymbol{x}(k)=\boldsymbol{x}$.

推论 1 向量序列 $\{\boldsymbol{x}(k)\}$ 收敛于向量 $\boldsymbol{x}$ 的充分必要条件是向量 $\boldsymbol{x}(k)-\boldsymbol{x}$ 收敛于各个分量都为 0 的 $\boldsymbol{0}$ 向量.

3. 矩阵的概念和矩阵运算

对于一个确定的数域 K，$\boldsymbol{a}_i=(a_{i1},a_{i2},\cdots,a_{in})(i=1,2,\cdots,m)$ 为定义在数域 K 上的 n 维行向量，称由向量 $\boldsymbol{a}_1,\boldsymbol{a}_2,\cdots,\boldsymbol{a}_m$ 构成的阵列

$$\boldsymbol{A}=\begin{pmatrix} a_{11} & a_{12} & \cdots & a_{1n} \\ a_{21} & a_{22} & \cdots & a_{2m} \\ \vdots & \vdots & & \vdots \\ a_{m1} & a_{m2} & \cdots & a_{mn} \end{pmatrix}$$

为 $m\times n$ 矩阵.

可以将 $m\times n$ 矩阵看成是定义在 $\boldsymbol{K}$ 上的 $m\times n$ 维空间的向量，同样可以定义矩阵的加法和纯量积，向量空间加法运算及纯量积运算的八条性质可同样得到满足.

在引进矩阵后需要定义矩阵之间的乘法运算.

两个矩阵 $\boldsymbol{A}$ 和 $\boldsymbol{B}$,只有 $\boldsymbol{A}$ 的列数与 $\boldsymbol{B}$ 的行数相同时,$\boldsymbol{A}$ 和 $\boldsymbol{B}$ 才能相乘.

设 $\boldsymbol{A}$ 为 $m\times n$ 矩阵,设 $\boldsymbol{B}$ 为 $n\times p$ 矩阵,$\boldsymbol{A}$ 和 $\boldsymbol{B}$ 相乘的结果是一个 $m\times p$ 矩阵 $\boldsymbol{C}=(c_{ij})$,其中 $c_{ij}=\sum\limits_{k=1}^{n}a_{ik}b_{kj}$.

矩阵的乘法满足:

(1) 结合律:$(\boldsymbol{AB})\boldsymbol{C}=\boldsymbol{A}(\boldsymbol{BC})$;

(2) 定义**单位方阵**是对角元素为1,其余元素全为0的方阵,记 n 阶单位方阵为

$$\boldsymbol{I}_{(n)}=\begin{pmatrix}1&0&\cdots&0\\0&1&\cdots&0\\\vdots&\vdots&&\vdots\\0&0&\cdots&1\end{pmatrix}_{n\times n}$$

对任意一个 $m\times n$ 矩阵 $\boldsymbol{A}$,均有 $\boldsymbol{I}_{(m)}\boldsymbol{A}=\boldsymbol{A}\boldsymbol{I}_{(n)}=\boldsymbol{A}$;

(3) 对于任何纯量 λ,$\lambda(\boldsymbol{AB})=\boldsymbol{A}(\lambda\boldsymbol{B})=(\lambda\boldsymbol{A})\boldsymbol{B}$;

(4) 加乘分配律:对满足可乘条件的任意 $\boldsymbol{A},\boldsymbol{B},\boldsymbol{C},\boldsymbol{D}$,有

$$(\boldsymbol{A}+\boldsymbol{B})\boldsymbol{C}=\boldsymbol{AC}+\boldsymbol{BC},\quad \boldsymbol{D}(\boldsymbol{A}+\boldsymbol{B})=\boldsymbol{DA}+\boldsymbol{DB}$$

和向量极限的定义一样,同样定义**矩阵的极限**.

对正整数 k,设有矩阵序列 $\boldsymbol{A}(k)=(a_{ij}(k))$,记 $\boldsymbol{A}=(a_{ij})$,如果

$$\lim_{k\to\infty}a_{ij}(k)=a_{ij}\quad(i=1,2,\cdots,n;j=1,2,\cdots,m)$$

则称矩阵序列 $\{\boldsymbol{A}(k)\}$ **收敛**于矩阵 $\boldsymbol{A}$,记为 $\lim\limits_{k\to\infty}\boldsymbol{A}(k)=\boldsymbol{A}$.

推论2 矩阵序列 $\{\boldsymbol{A}(k)\}$ 收敛于矩阵 $\boldsymbol{A}$ 的充分必要条件是矩阵 $\boldsymbol{A}(k)-\boldsymbol{A}$ 收敛于各个元素都为0的 $\boldsymbol{0}$ 矩阵.

在正文中,经常需要计算一个方阵的幂乘积的极限.设 $\boldsymbol{A}$ 是需要计算的 n 阶方阵,k 是正整数.当 $\lim\limits_{k\to\infty}\boldsymbol{A}^k$ 存在时,可用如下的算法计算 $\lim\limits_{k\to\infty}\boldsymbol{A}^k$.

算法1 计算方阵幂乘积极限算法.

步骤1(初始化)

$\boldsymbol{A}^2\to\boldsymbol{B}$;$\boldsymbol{A}\to\boldsymbol{C}$;读入允许误差 ε.

步骤2

如果 $\max\limits_{1\leqslant i\leqslant n,1\leqslant j\leqslant n}|b_{ij}-c_{ij}|<\varepsilon$,则终止;

否则[$\boldsymbol{B}\to\boldsymbol{C}$;$\boldsymbol{B}^2\to\boldsymbol{B}$;转步骤 2].

在算法中幂乘积的指数以 2^k 的量级增长,能较快地收敛到极限.

1.2 向量和矩阵的若干基本性质

1. 向量的线性相关与无关

在线性空间中,考虑由 k 个 n 维向量构成的向量组,记第 k 个向量为 $\boldsymbol{x}(k)=(x_1(k),x_2(k),\cdots,x_n(k))$,如果存在不全为 0 的纯量 $\lambda_1,\lambda_2,\cdots,\lambda_k$,使得

$$\sum_{i=1}^{k}\lambda_i\boldsymbol{x}(k)=\boldsymbol{0}$$

则称这一组向量是**线性相关**的.

如果一组向量不能线性相关,则称为是**线性无关**的.

2. 矩阵的行列式及秩

定义在数域 K 上的 n 阶方阵 $\boldsymbol{A}=\begin{pmatrix} a_{11} & a_{12} & \cdots & a_{1n} \\ a_{21} & a_{22} & \cdots & a_{2n} \\ \vdots & \vdots & & \vdots \\ a_{n1} & a_{n2} & \cdots & a_{nn}\end{pmatrix}$ 的**行列式**是属于数域 K 的一个数,用 $|\boldsymbol{A}|$ 或 $\det\boldsymbol{A}$ 表示,递归定义如下:

当 $n=1$,$|\boldsymbol{A}|=a_{11}$.假设 $n-1$ 阶方阵的行列式已经定义好,则 n 阶方阵的行列式为

$$|\boldsymbol{A}|=\sum_{i=1}^{n}a_{1i}A_{1i}$$

其中,$\boldsymbol{A}_{ij}$ 为从方阵 $\boldsymbol{A}$ 划去第 i 行、第 j 列后剩余的 $n-1$ 阶方阵的行列式与符号 $(-1)^{i+j}$ 的乘积.

n 阶方阵 $\boldsymbol{A}$ 的行列式有许多基本性质,如方阵 $\boldsymbol{A}$ 和它的转置 $\boldsymbol{A}^{\mathrm{T}}$ 有相同的行列式,方阵 $\boldsymbol{A}$ 的两行(或列)互换后行列式改变符号,一个纯量 λ 乘以方阵 $\boldsymbol{A}$ 的一个行(或列)后行列式扩大 λ 倍,等等.

从 n 阶方阵 $\boldsymbol{A}$ 中选出 p 行 $(i_1,i_2,\cdots,i_p)$、p 列 $(j_1,j_2,\cdots,j_p)$,其中 $1\leqslant i_1<i_2<\cdots<i_p\leqslant n$,以及 $1\leqslant j_1<j_2<\cdots<j_p\leqslant n$,由这 p^2 个元素构成的 p 阶方阵的行列式称为方阵 $\boldsymbol{A}$ 的 **p 阶子式**,记为 $\boldsymbol{A}\binom{i_1 i_2\cdots i_p}{j_1 j_2\cdots j_p}$,

$(-1)^{i_1+i_2+\cdots+i_p+j_1+j_2+\cdots+j_p}\boldsymbol{A}\binom{i_1 i_2\cdots i_p}{j_1 j_2\cdots j_p}$称为 $\boldsymbol{A}$ 的 p 阶**代数子式**；从 n 阶方阵 $\boldsymbol{A}$ 中除去 p 行$(i_1,i_2,\cdots,i_p)$、p 列$(j_1,j_2,\cdots,j_p)$后剩余的 $n-p$ 阶方阵的行列式为方阵 $\boldsymbol{A}$ 的 p **阶余子式**，记为 $\boldsymbol{A}\binom{i_{p+1}\cdots i_n}{j_{p+1}\cdots j_n}$，而$(-1)^{i_{p+1}+\cdots+i_n+j_{p+1}+\cdots+j_n}$ $\cdot\boldsymbol{A}\binom{i_{p+1}\cdots i_n}{j_{p+1}\cdots j_n}$称为 $\boldsymbol{A}$ 的 p 阶**代数余子式**.

n 阶方阵 $\boldsymbol{A}$ 的、非 0 子式的最大的阶数称为 $\boldsymbol{A}$ 的**秩**，记为 $\mathrm{rank}(\boldsymbol{A})$ 或 $\mathrm{r}(\boldsymbol{A})$.

对于 n 阶方阵 $\boldsymbol{A}$，如果存在 n 阶方阵 $\boldsymbol{B}$，使得 $\boldsymbol{AB}=\boldsymbol{BA}=\boldsymbol{I}$，则称方阵 $\boldsymbol{A}$ 是**可逆**的，称方阵 $\boldsymbol{B}$ 是方阵 $\boldsymbol{A}$ 的逆，记为 $\boldsymbol{B}=\boldsymbol{A}^{-1}$.

n 阶方阵 $\boldsymbol{A}$ 可逆与 $\det\boldsymbol{A}\neq 0$，$\mathrm{rank}(\boldsymbol{A})=n$ 都是等价的.

当 n 阶方阵 $\boldsymbol{A}$ 可逆，逆方阵还可以用 $\boldsymbol{A}$ 的余子式形式表出.

记 $\boldsymbol{A}^*=(a_{ij}^*)$是 $\boldsymbol{A}$ 的伴随方阵，其中 a_{ij}^* 是 $\boldsymbol{A}$ 的划去第 i 行、第 j 列后得到的 1 阶代数余子式，则

$$\boldsymbol{A}^{-1}=\frac{\boldsymbol{A}^*}{\det\boldsymbol{A}} \tag{1}$$

3. 齐次线性方程组

考虑由 m 个方程、n 个变量的齐次线性方程组

$$\begin{cases} a_{11}x_1+\cdots+a_{1n}x_n=0 \\ \cdots \\ a_{m1}x_1+\cdots+a_{mn}x_n=0 \end{cases}$$

用矩阵的形式表示为

$$\boldsymbol{Ax}=\boldsymbol{0}$$

其中，$\boldsymbol{A}$ 是 $m\times n$ 阶矩阵，$\boldsymbol{x}$ 是 n 维列向量.

齐次线性方程组 $\boldsymbol{Ax}=\boldsymbol{0}$ 有非 0 解的充分必要条件是 $\mathrm{rank}(\boldsymbol{A})<n$.

4. 矩阵的特征根和特征向量

设矩阵 $\boldsymbol{A}=(a_{ij})$是一个 $n\times n$ 阶实或复方阵，如果存在 n 维向量 $\boldsymbol{x}\neq\boldsymbol{0}$ 和纯量 λ，使得

$$\boldsymbol{Ax}=\lambda\boldsymbol{x}$$

则称 λ 是方阵 $\boldsymbol{A}$ 的**特征根**，$\boldsymbol{x}$ 是属于特征根 λ 的**特征向量**.

显然 $\boldsymbol{Ax}=\lambda\boldsymbol{x}$ 等价于$(\boldsymbol{A}-\lambda\boldsymbol{I})\boldsymbol{x}=\boldsymbol{0}$，$(\boldsymbol{A}-\lambda\boldsymbol{I})\boldsymbol{x}=\boldsymbol{0}$ 有非 0 解的充要条件是方阵 $\boldsymbol{A}-\lambda\boldsymbol{I}$ 不是满秩的，即

$$\mathrm{rank}(\boldsymbol{A}-\lambda\boldsymbol{I})<n$$

或者方阵 $\boldsymbol{A}-\lambda\boldsymbol{I}$ 的行列式为0,即

$$\det(\boldsymbol{A}-\lambda\boldsymbol{I})=0$$

将 $\det(\boldsymbol{A}-\lambda\boldsymbol{I})$ 展开,得到的 λ 的 n 次多项式称为方阵 $\boldsymbol{A}$ 的**特征多项式**.特征根是特征多项式的根.如果方阵 $\boldsymbol{A}$ 和纯量都在复数范围内取值,则 n 次特征多项式有 n 个复数根(可能有重根).

对同一个特征根,如果它是多重根,则可能有属于这个特征根的线性无关的特征向量,但是属于不同特征根的特征向量一定线性无关.

1.3 范数和谱半径

1. 向量的范数

假设 K^n 是一个 n 维的实或复线性空间,如果有一个定义在 K^n 上的非负实函数 $\|\cdot\|$,使得对于任何 $\boldsymbol{u},\boldsymbol{v}\in K^n$ 及所有的数 a,都满足:

(1) $\|\boldsymbol{u}\|\geqslant 0$, $\|\boldsymbol{u}\|=0$ 的充分必要条件为 $\boldsymbol{u}=\boldsymbol{0}$;

(2) $\|a\boldsymbol{u}\|=|a|\,\|\boldsymbol{u}\|$;

(3) $\|\boldsymbol{u}+\boldsymbol{v}\|\leqslant\|\boldsymbol{u}\|+\|\boldsymbol{v}\|$(三角不等式).

则称这个非负实函数是定义在 K^n 上的一个**范数**.

定义了范数的线性空间称为赋范空间.在赋范空间上,称 $\|\boldsymbol{u}\|$ 为 $\boldsymbol{u}$ 的**长度**,$\|\boldsymbol{u}-\boldsymbol{v}\|$ 为 $\boldsymbol{u}$ 到 $\boldsymbol{v}$ 的距离.

最常用的范数是欧几里得范数 $\|\cdot\|_2$,即当 $\boldsymbol{u}=(x_1,x_2,\cdots,x_n)$ 时,$\boldsymbol{u}$ 的欧几里得范数定义为 $\|\boldsymbol{u}\|_2=(x_1^2+x_2^2+\cdots+x_n^2)^{1/2}$.

$\boldsymbol{u}$ 的 ∞-范数定义为 $\|\boldsymbol{u}\|_\infty=\max\limits_{1\leqslant i\leqslant n}(|x_i|)$,$\boldsymbol{u}$ 的1-范数定义为 $\|\boldsymbol{u}\|_1=\sum\limits_{i=1}^{n}|x_i|$.

令 $p\geqslant 1$ 为正整数,如果定义 $\|\boldsymbol{u}\|_p=\left(\sum\limits_{i=1}^{n}|x_i|^p\right)^{1/p}$ 为 p-范数,则上面定义的范数都可以看成是 p-范数的特例.

尽管范数可以有不同的定义,但是它们之间是相互等价的,不加证明地给出范数等价定理.

定理1(范数等价定理) 假设 $\|\cdot\|_\alpha$, $\|\cdot\|_\beta$ 是定义于 K^n 上的任意两个 p-范数,则存在两个常数 m,M $(0<m\leqslant M)$,使得对任意的 $\boldsymbol{u}$,总满足

$$m\|\boldsymbol{u}\|_\alpha\leqslant\|\boldsymbol{u}\|_\beta\leqslant M\|\boldsymbol{u}\|_\alpha$$

2. 矩阵的范数

可以将矩阵当成向量(例如将第 $i+1$ 列接在第 i 列的下方,将矩阵当成一个列向量),直接使用向量的范数作为矩阵的范数.但是这样的推广没有考虑矩阵的乘法,使用不方便.

假设 K 是一个实数域或复数域,对于 $\boldsymbol{A}\in K^{n\times n}$,如果有一个非负的实函数 $\|\cdot\|$ 满足:

(1) $\|\boldsymbol{A}\|\geqslant 0$, $\|\boldsymbol{A}\|=0$ 的充分必要条件为 $\boldsymbol{A}=\boldsymbol{0}$;

(2) 对任意常数 a,都有 $\|a\boldsymbol{A}\|=|a|\,\|\boldsymbol{A}\|$;

(3) 对任意 $\boldsymbol{A}\in K^{n\times n}$, $\boldsymbol{B}\in K^{n\times n}$,有

$$\|\boldsymbol{A}+\boldsymbol{B}\|\leqslant\|\boldsymbol{A}\|+\|\boldsymbol{B}\|\quad(\text{三角不等式})$$

(4) 对任意 $\boldsymbol{A},\boldsymbol{B}\in K^{n\times n}$,有

$$\|\boldsymbol{AB}\|\leqslant\|\boldsymbol{A}\|\,\|\boldsymbol{B}\|$$

则称这个非负实函数 $\|\cdot\|$ 是一个**范数**.

如果矩阵范数 $\|\cdot\|$ 和向量范数 $\|\cdot\|$ 能够满足:对任意给定的矩阵 $\boldsymbol{A}\in K^{n\times n}$ 和向量 $\boldsymbol{x}$,不等式

$$\|\boldsymbol{Ax}\|\leqslant\|\boldsymbol{A}\|\,\|\boldsymbol{x}\|$$

总能成立,则称矩阵范数 $\|\cdot\|$ 和向量范数 $\|\cdot\|$ 是**协调**的.

不加证明地给出,如果已经给出向量范数 $\|\cdot\|$ 的定义,定义矩阵的函数 $\|\cdot\|$ 为

$$\|\boldsymbol{A}\|=\sup_{x\neq 0}\frac{\|\boldsymbol{Ax}\|}{\|\boldsymbol{x}\|}=\sup_{\|x\|=1}\|\boldsymbol{Ax}\|=\max_{\|x\|=1}\|\boldsymbol{Ax}\|$$

则 $\|\cdot\|$ 是一种协调的范数,称为向量范数的**从属范数**.

在本书中,如果不作说明,使用的矩阵范数是欧几里得向量范数的从属范数.

3. 方阵的谱半径

假设在复数域上讨论问题.设 n 阶方阵 $\boldsymbol{A}$ 的 n 个特征根为 $\lambda_1,\lambda_2,\cdots,\lambda_n$.特征根模的最大值 $\rho(\boldsymbol{A})$ 称为方阵 $\boldsymbol{A}$ 的谱半径,即

$$\rho(\boldsymbol{A})=\max(|\lambda_1|,|\lambda_2|,\cdots,|\lambda_n|)$$

1.4 方阵的若尔当标准型

设有两个 n 阶复方阵 $\boldsymbol{A}$ 和 $\boldsymbol{B}$,如果存在 n 阶非奇异复方阵 $\boldsymbol{P}$,使得 $\boldsymbol{B}=$

$\boldsymbol{PAP}^{-1}$，则称 $\boldsymbol{A}$ 和 $\boldsymbol{B}$ 是(复)**相似**的. 不加证明地给出若尔当标准型的基本定理.

定理 2 对于任何一个 n 阶复方阵 $\boldsymbol{A}$，存在 n 阶非异复方阵 $\boldsymbol{P}$，使得

$$\boldsymbol{PAP}^{-1} = \boldsymbol{J} = \begin{pmatrix} \boldsymbol{J}_1 & \boldsymbol{0} & \cdots & \boldsymbol{0} \\ \boldsymbol{0} & \boldsymbol{J}_2 & \cdots & \boldsymbol{0} \\ \vdots & \vdots & & \vdots \\ \boldsymbol{0} & \boldsymbol{0} & \cdots & \boldsymbol{J}_s \end{pmatrix}$$

其中，$\boldsymbol{J}$ 是分块的对角方阵，且

$$\boldsymbol{J}_i = \begin{pmatrix} \lambda_i & 1 & 0 & 0 & 0 \\ 0 & \lambda_i & 1 & 0 & 0 \\ \vdots & \vdots & \ddots & \ddots & \vdots \\ 0 & 0 & 0 & \lambda_i & 1 \\ 0 & 0 & 0 & 0 & \lambda_i \end{pmatrix}$$

式中，λ_i 是 $\boldsymbol{A}$ 的特征根，$\boldsymbol{J}_i$ 为 r_i 阶的若尔当块($i = 1,2,\cdots,s$)，满足 $n = \sum_{i=1}^{s} r_i$.

1.5 非负矩阵的若干性质

1. 非负向量和非负矩阵的定义

考虑定义于实数空间的向量 $\boldsymbol{a} = (a_1, a_2, \cdots, a_n)$，如果它的每一个分量非负，即 $a_i \geqslant 0\ (\forall i)$，则称向量 $\boldsymbol{a}$ 是一个**非负向量**.

如果它的每一个分量为正数，即 $a_i > 0\ (\forall i)$，则称向量 $\boldsymbol{a}$ 是一个**正向量**.

对两个向量 $\boldsymbol{a}, \boldsymbol{b}$，$\boldsymbol{a} \geqslant \boldsymbol{b}$ 的充要条件是 $\boldsymbol{a} - \boldsymbol{b}$ 是非负向量，即 $\boldsymbol{a} - \boldsymbol{b} \geqslant \boldsymbol{0}$.

类似可以定义非负矩阵和正矩阵.

设矩阵 $\boldsymbol{A} = (a_{ij})$，如果它的每一个元素非负，即 $a_{ij} \geqslant 0\ (\forall i, j)$，则称矩阵 $\boldsymbol{A}$ 是一个非负矩阵；如果它的每一个元素为正数，即 $a_{ij} > 0\ (\forall i, j)$，则称矩阵 $\boldsymbol{A}$ 是一个正矩阵.

对两个矩阵 $\boldsymbol{A}$ 和 $\boldsymbol{B}$，$\boldsymbol{A} \geqslant \boldsymbol{B}$ 的充要条件是 $\boldsymbol{A} - \boldsymbol{B} \geqslant \boldsymbol{0}$.

2. 关于正方阵的特征根和特征向量的 Perron 定理

定理 3(Perron 定理) 对正方阵 $\boldsymbol{A}$，谱半径 $\rho(\boldsymbol{A})$ 是 $\boldsymbol{A}$ 的唯一模最大

的单重特征根，对应这个特征根，存在唯一的归一化的正特征向量.

定理的结论意味着：

① 正方阵的谱半径是它的特征根：

② 谱半径不是重根，而且也没有这样的特征根，它的模等于谱半径而它不是谱半径；

③ 有属于谱半径的正特征向量，在归一化限制下，这个向量是唯一的.

将定理的内容分解，按照如下的思路逐步证明：

① 证明正方阵以谱半径为它的正特征根，存在属于这个特征根的正特征向量(引理2)，为了证明引理2，需先证明引理1；

② 正方阵模最大的特征根是唯一的(引理3)；

③ 正方阵属于谱半径的归一化正特征向量是唯一的(推论4)，为了得出推论4需要先证明引理4；

④ 谱半径作为正方阵的特征根只能是单重根(引理7)，为了证明引理7，需先证明引理5和6.

(1) 证明正方阵以谱半径为正特征根，存在属于这个特征根的正特征向量

引理1　对方阵 $\boldsymbol{A}$，$\lim\limits_{k\to\infty}\boldsymbol{A}^k=\boldsymbol{0}$ 的充分必要条件是 $\boldsymbol{A}$ 的谱半径严格小于1，即 $\rho(\boldsymbol{A})<1$.

证明　先证必要性.

设 λ 是达到方阵 $\boldsymbol{A}$ 谱半径的那个特征根，$\boldsymbol{x}$ 是属于特征根 λ 的特征向量，则

$$\rho(\boldsymbol{A}) = |\lambda|, \quad \lambda\boldsymbol{x} = \boldsymbol{A}\boldsymbol{x}$$

故对任意正整数 k，有

$$\lambda^k\boldsymbol{x} = \boldsymbol{A}^k\boldsymbol{x}$$

等式两边取范数，可知

$$\rho^k(\boldsymbol{A})\|\boldsymbol{x}\| = \|\lambda^k\boldsymbol{x}\| = \|\boldsymbol{A}^k\boldsymbol{x}\| \leqslant \|\boldsymbol{A}^k\|\,\|\boldsymbol{x}\|$$

所以 $\rho^k(\boldsymbol{A})\leqslant\|\boldsymbol{A}^k\|$.

故如果 $k\to\infty$，$\boldsymbol{A}^k\to\boldsymbol{0}$ 则有 $\|\boldsymbol{A}^k\|\to 0$，推出 $\rho^k(\boldsymbol{A})\to 0$，$\rho(\boldsymbol{A})<1$.

再证充分性.

考虑方阵 $\boldsymbol{A}$ 在相似变换下的若尔当标准型(见定理2).

先假设方阵 $\boldsymbol{A}$ 在相似变换下的标准型只是一个若尔当块，结论正确.

假设存在非奇异方阵 $\boldsymbol{P}$,使

$$\boldsymbol{P}^{-1}\boldsymbol{A}\boldsymbol{P}=\begin{pmatrix}\lambda & 1 & 0 & \cdots & 0 & 0\\ 0 & \lambda & 1 & \cdots & 0 & 0\\ 0 & 0 & \lambda & \cdots & 0 & 0\\ \vdots & \vdots & \vdots & & \vdots & \vdots\\ 0 & 0 & 0 & \cdots & \lambda & 1\\ 0 & 0 & 0 & \cdots & 0 & \lambda\end{pmatrix}=\boldsymbol{J}$$

其中,λ 是 $\boldsymbol{A}$ 的特征根.

记 $\boldsymbol{B}=\boldsymbol{J}-\lambda\boldsymbol{I}$.对任意正整数 k,

$$\boldsymbol{P}^{-1}\boldsymbol{A}^k\boldsymbol{P}=\boldsymbol{J}^k=(\lambda\boldsymbol{I}+\boldsymbol{B})^k=\lambda^k\boldsymbol{I}+\sum_{l=1}^{k}c_k^l\lambda^{k-l}\boldsymbol{B}^l$$

容易验证,如果 n 为方阵 $\boldsymbol{A}$ 的阶数,当 $k\geqslant n$ 时,必然有 $\boldsymbol{B}^k=\boldsymbol{0}$.

所以当 k 充分大时,$\sum_{l=1}^{k}c_k^l\lambda^{k-l}\boldsymbol{B}^l$ 的求和只需考虑前面的 $n-1$ 项,即

$$\boldsymbol{P}^{-1}\boldsymbol{A}^k\boldsymbol{P}=\boldsymbol{J}^k=(\lambda\boldsymbol{I}+\boldsymbol{B})^k=\lambda^k\boldsymbol{I}+\sum_{l=1}^{n-1}c_k^l\lambda^{k-l}\boldsymbol{B}^l$$

其中,方阵 $\lambda^k\boldsymbol{I}+\sum_{l=1}^{n-1}c_k^l\lambda^{k-l}\boldsymbol{B}^l$ 是一个上三角方阵,对角线元素为 λ^k,对角线上方与对角线平行的第 l 条斜线上的元素为 $c_k^l\lambda^{k-l}$ $(l=1,2,\cdots,n-1)$.

当 $|\lambda|<1$ 时,级数 $\sum_{k=0}^{\infty}\lambda^k$ 收敛于 $\frac{1}{1-\lambda}$,即

$$\sum_{k=0}^{\infty}\lambda^k=\frac{1}{1-\lambda}$$

对这个等式两边求微商,可知,对任意正整数 l,

$$\sum_{k=l}^{\infty}c_k^l\lambda^{k-l}=\frac{1}{(1-\lambda)^{l+1}}$$

即级数 $\sum_{k=l}^{\infty}c_k^l\lambda^{k-l}$ 收敛于 $\frac{1}{(1-\lambda)^{l+1}}$.

考虑对角线上方与对角线平行的第 1 条斜线上的元素 $c_k^1\lambda^{k-1}$,$c_k^1\lambda^{k-1}=k\lambda^{k-1}$.注意到,当 $|\lambda|<1$,级数 $\sum_{k=1}^{\infty}k\lambda^{k-1}$ 收敛于 $\frac{1}{(1-\lambda)^2}$,得知 $k\lambda^{k-1}$ 是收敛级数 $\sum_{k=1}^{\infty}k\lambda^{k-1}$ 的通项,所以 $\lim_{k\to\infty}k\lambda^{k-1}=0$.

一般地,考虑对角线上方与对角线平行的第 l 条斜线上的元素

$c_k^l\lambda^{k-l}$ $(l=1,2,\cdots,n-1)$. 对确定的正整数 $l<n$,级数 $\sum_{k=l}^{\infty}c_k^l\lambda^{k-l}$ 收敛于 $\frac{1}{(1-\lambda)^{l+1}}$,$c_k^l\lambda^{k-l}$ 是收敛级数 $\sum_{k=1}^{\infty}c_k^l\lambda^{k-l}$ 的通项,所以 $\lim_{k\to\infty}c_k^l\lambda^{k-l}=0$.

当 $|\lambda|<1$ 时,显然有 $\lim_{k\to\infty}\lambda^k=0$.

因此对固定的 n,当 $k\to\infty$时,方阵 $\lambda^k\boldsymbol{I}+\sum_{l=1}^{n}c_k^l\lambda^{k-l}\boldsymbol{B}^l\to\boldsymbol{0}$,即

$$\lim_{k\to\infty}\boldsymbol{P}^{-1}\boldsymbol{A}^k\boldsymbol{P}=\boldsymbol{0}$$

从而有

$$\lim_{k\to\infty}\boldsymbol{A}^k=\boldsymbol{0}$$

再证明一般情况.

假设方阵 $\boldsymbol{A}$ 在相似变换下的若尔当标准型含多个若尔当块,即存在非奇异方阵 $\boldsymbol{P}$,使

$$\boldsymbol{P}^{-1}\boldsymbol{A}\boldsymbol{P}=\begin{pmatrix}\boldsymbol{J}_1 & \boldsymbol{0} & \cdots & \boldsymbol{0}\\ \boldsymbol{0} & \boldsymbol{J}_2 & \cdots & \boldsymbol{0}\\ \vdots & \vdots & & \vdots\\ \boldsymbol{0} & \boldsymbol{0} & \cdots & \boldsymbol{J}_s\end{pmatrix}=\boldsymbol{J}$$

其中

$$\boldsymbol{J}_i=\begin{pmatrix}\lambda_i & 1 & 0 & \cdots & 0 & 0\\ 0 & \lambda_i & 1 & \cdots & 0 & 0\\ 0 & 0 & \lambda_i & \cdots & 0 & 0\\ \vdots & \vdots & \vdots & & \vdots & \vdots\\ 0 & 0 & 0 & \cdots & \lambda_i & 1\\ 0 & 0 & 0 & \cdots & 0 & \lambda_i\end{pmatrix}$$

式中,λ_i 是 $\boldsymbol{A}$ 的特征根,则

$$\boldsymbol{P}^{-1}\boldsymbol{A}^k\boldsymbol{P}=\boldsymbol{J}^k=\begin{pmatrix}\boldsymbol{J}_1^k & \boldsymbol{0} & \cdots & \boldsymbol{0}\\ \boldsymbol{0} & \boldsymbol{J}_2^k & \cdots & \boldsymbol{0}\\ \vdots & \vdots & & \vdots\\ \boldsymbol{0} & \boldsymbol{0} & \cdots & \boldsymbol{J}_s^k\end{pmatrix}$$

因为 $1>\rho(\boldsymbol{A})=\max(|\lambda_1|,|\lambda_2|,\cdots,|\lambda_s|)$,所以 $\lim_{k\to\infty}|\lambda_i|^k=0$ $(i=$

$1,2,\cdots,s$). 由上文的证明可知,每个若尔当块的极限 $\lim\limits_{k\to\infty}\boldsymbol{J}_i^k=\boldsymbol{0}$ ($i=1,2,\cdots,s$),因此得出 $\lim\limits_{k\to\infty}\boldsymbol{J}^k=\boldsymbol{0}$,即 $\lim\limits_{k\to\infty}\boldsymbol{P}^{-1}\boldsymbol{A}^k\boldsymbol{P}=\boldsymbol{0}$. 而方阵 $\boldsymbol{P}$ 是一个与 k 无关的常数方阵,所以 $\lim\limits_{k\to\infty}\boldsymbol{A}^k=\boldsymbol{0}$.

证毕.

引理 2 对正方阵 $\boldsymbol{A}$,谱半径是它的正特征根,且存在属于这个特征根的正特征向量.

证明 假设 λ 是达到方阵 $\boldsymbol{A}$ 谱半径的那个特征根,$\boldsymbol{x}$ 是属于特征根 λ 的特征向量,则

$$\rho(\boldsymbol{A})=|\lambda|,\quad \boldsymbol{A}\boldsymbol{x}=\lambda\boldsymbol{x}$$

定义非负向量 $\boldsymbol{p}^{\mathrm{T}}=(p_1,p_2,\cdots,p_n)=(|x_1|,|x_2|,\cdots,|x_n|)$.

现在证明 $\rho(\boldsymbol{A})$ 是 $\boldsymbol{A}$ 的特征根,$\boldsymbol{p}$ 是属于 $\rho(\boldsymbol{A})$ 的特征向量.

设方阵 $\boldsymbol{A}$ 的第 i 个行向量为 $\boldsymbol{a}_i$,考虑向量等式 $\lambda\boldsymbol{x}=\boldsymbol{A}\boldsymbol{x}$ 的第 i 个分量,则有

$$\lambda x_i=\boldsymbol{a}_i\cdot\boldsymbol{x}$$

等式两边取模,利用正方阵元素全为正数的性质,得到

$$\begin{aligned}\rho(\boldsymbol{A})p_i&=|\lambda x_i|=|\boldsymbol{a}_i\cdot\boldsymbol{x}|\\&\leqslant\sum_{j=1}^{n}|a_{ij}x_j|=\sum_{j=1}^{n}a_{ij}|x_j|=\sum_{j=1}^{n}a_{ij}|p_j|=\boldsymbol{a}_i\cdot\boldsymbol{p}\end{aligned}$$

所以

$$\rho(\boldsymbol{A})\boldsymbol{p}\leqslant\boldsymbol{A}\boldsymbol{p}\quad 即\quad[\boldsymbol{A}-\rho(\boldsymbol{A})\boldsymbol{I}]\boldsymbol{p}\geqslant\boldsymbol{0}\tag{2}$$

下面证明式(2)只能取等号,且 $\boldsymbol{p}$ 是正向量,即 $\boldsymbol{p}>\boldsymbol{0}$.

先证明式(2)只能取等号.

记 $\boldsymbol{z}=[\boldsymbol{A}-\rho(\boldsymbol{A})\boldsymbol{I}]\boldsymbol{p}$. 用反证法,若不然,由 $\boldsymbol{z}\neq\boldsymbol{0}$,知 $\boldsymbol{z}\geqslant\boldsymbol{0}$,又 $\boldsymbol{A}>\boldsymbol{0}$,所以必然有 $\boldsymbol{A}\boldsymbol{z}>\boldsymbol{0}$.

又 $\boldsymbol{p}\geqslant\boldsymbol{0}$,$\boldsymbol{A}>\boldsymbol{0}$,故 $\boldsymbol{A}\boldsymbol{p}>\boldsymbol{0}$.

从 $\boldsymbol{A}\boldsymbol{z}>\boldsymbol{0}$,$\boldsymbol{A}\boldsymbol{p}>\boldsymbol{0}$ 知,存在 $\varepsilon>0$,使得 $\boldsymbol{A}\boldsymbol{z}\geqslant\varepsilon\boldsymbol{A}\boldsymbol{p}$,即

$$\boldsymbol{A}\boldsymbol{z}=\boldsymbol{A}[\boldsymbol{A}-\rho(\boldsymbol{A})\boldsymbol{I}]\boldsymbol{p}\geqslant\varepsilon\boldsymbol{A}\boldsymbol{p}$$

也即

$$\boldsymbol{A}^2\boldsymbol{p}=\boldsymbol{A}\boldsymbol{z}+\rho(\boldsymbol{A})\boldsymbol{A}\boldsymbol{p}\geqslant[\varepsilon+\rho(\boldsymbol{A})]\boldsymbol{A}\boldsymbol{p}$$

记

$$\boldsymbol{B}=\frac{1}{\varepsilon+\rho(\boldsymbol{A})}\boldsymbol{A}$$

可知 $\boldsymbol{B}$ 是正方阵,且谱半径严格小于1,即 $1>\rho(\boldsymbol{B})$,所以

$$\boldsymbol{BAp} \geqslant \boldsymbol{Ap}$$

从而 $\boldsymbol{B}^k\boldsymbol{Ap}\geqslant\boldsymbol{Ap}$ 对一切正整数 k 成立.

由上面的引理1知,当 $k\to\infty$,$\boldsymbol{B}^k\to\boldsymbol{0}$,从而导出 $\boldsymbol{0}\geqslant\boldsymbol{Ap}$,矛盾.所以式(2)只能取等号,即

$$[\boldsymbol{A}-\rho(\boldsymbol{A})\boldsymbol{I}]\boldsymbol{p}=\boldsymbol{0} \tag{3}$$

从 $[\boldsymbol{A}-\rho(\boldsymbol{A})\boldsymbol{I}]\boldsymbol{p}=\boldsymbol{0}$ 得出,$\rho(\boldsymbol{A})\boldsymbol{p}=\boldsymbol{Ap}$,而从 $\boldsymbol{Ap}>\boldsymbol{0}$ 得知,$\boldsymbol{p}$ 的各个分量都必须严格大于0.

证毕.

由上面的证明过程立刻可以得到:

推论3 设 $\rho(\boldsymbol{A})$ 是正方阵 $\boldsymbol{A}$ 的谱半径,如果向量 $\boldsymbol{x}=(x_1,x_2,\cdots,x_n)$ 是属于 $\rho(\boldsymbol{A})$ 的特征向量,则 $(|x_1|,|x_2|,\cdots,|x_n|)$ 也是属于谱半径 $\rho(\boldsymbol{A})$ 的特征向量,且各个分量严格大于0.

(2) 证明正方阵有唯一的模最大的特征根

引理3 对正方阵 $\boldsymbol{A}$,模最大的特征根是唯一的.

证明 从引理2的证明过程的等式(3)可知,$\boldsymbol{A}$ 的谱半径是它的特征根,现在只要证明模能达到谱半径的特征根是唯一的.

用反正法.假设谱半径不是模最大的唯一特征根,则存在特征根 λ,使得 $|\lambda|=\rho(\boldsymbol{A})$ 且 $\lambda\neq\rho(\boldsymbol{A})$.

设属于 λ 的特征向量为 $\boldsymbol{x}$,则

$$\lambda\boldsymbol{x}=\boldsymbol{Ax} \tag{4}$$

完全重复引理2的证明步骤,可知向量 $\boldsymbol{x}$ 的各个分量取模得到的向量

$$\boldsymbol{p}=(p_1,p_2,\cdots,p_n)=(|x_1|,|x_2|,\cdots,|x_n|)$$

也是属于 $\rho(\boldsymbol{A})$ 的特征向量,即

$$\rho(\boldsymbol{A})\boldsymbol{p}=\boldsymbol{Ap} \tag{5}$$

设方阵 $\boldsymbol{A}$ 的第 i 个行向量为 $\boldsymbol{a}_i$,考虑式(4)的第 i 个分量,有

$$\boldsymbol{a}_i\cdot\boldsymbol{x}=\lambda x_i$$

等式两边取模,与式(5)的第 i 个分量比较,得到

$$\left|\sum_{j=1}^{n}a_{ij}x_j\right|=|\lambda x_i|=\rho(\boldsymbol{A})|x_i|=\sum_{j=1}^{n}a_{ij}|x_j| \tag{6}$$

由模的定义可知,对于两个复数 z_1,z_2,$|z_1+z_2|=|z_1|+|z_2|$ 成立的

充分必要条件是 $z_1, z_2, z_1 + z_2$ 都有相同的辐角.

对于 n 个复数 $z_1, z_2, \cdots, z_n$，由式 $\left|\sum_{i=1}^{n} z_i\right| = \sum_{i=1}^{n} |z_i|$，可以导出

$$\left|z_k + \sum_{i=1, i\neq k}^{n} z_i\right| = |z_k| + \left|\sum_{i=1, i\neq k}^{n} z_i\right| = |z_k| + \sum_{i=1, i\neq k}^{n} |z_i|$$

因此，$\left|\sum_{i=1}^{n} z_i\right| = \sum_{i=1}^{n} |z_i|$ 的充分必要条件是 $z_1, z_2, \cdots, z_n$ 与 $z_1 + z_2 + \cdots + z_n$ 有相同的辐角.

从式(6)得出，对各个不同的 j，$a_{ij}x_j$ 都和 $\sum_{j=1}^{n} a_{ij}x_j$ 有相同的辐角. 又 $a_{ij} > 0$，所以得出 $\boldsymbol{x}$ 的各个分量 $x_1, x_2, \cdots, x_n$ 之间必然有相同的辐角. 设相同的辐角为 φ，则得到

$$(|x_1|, |x_2|, \cdots, |x_n|)\mathrm{e}^{\sqrt{-1}\varphi} = \boldsymbol{p}\mathrm{e}^{\sqrt{-1}\varphi} = \boldsymbol{x}$$

这说明向量 $\boldsymbol{p}$ 和 $\boldsymbol{x}$ 是(复)线性相关的. 而属于不同特征根的特征向量是线性无关的，所以出现了矛盾. 因此只能有 $\lambda = \rho(\boldsymbol{A})$.

这就证明了 $\boldsymbol{A}$ 模最大的特征根是唯一的.

证毕.

(3) 证明正方阵属于谱半径的归一化正特征向量是唯一的

引理 4 对于正方阵 $\boldsymbol{A}$，不存在属于谱半径的两个线性无关的特征向量.

证明 由推论 3，任取正方阵 $\boldsymbol{A}$ 的谱半径 $\rho(\boldsymbol{A})$ 的两个特征向量

$$\boldsymbol{x} = (x_1, x_2, \cdots, x_n) \quad 和 \quad \boldsymbol{y} = (y_1, y_2, \cdots, y_n)$$

可知

$$\bar{\boldsymbol{x}} = (|x_1|, |x_2|, \cdots, |x_n|) \quad 和 \quad \bar{\boldsymbol{y}} = (|y_1|, |y_2|, \cdots, |y_n|)$$

都是属于特征根 $\rho(\boldsymbol{A})$ 的正特征向量，即 $\boldsymbol{x}$ 和 $\boldsymbol{y}$ 的任何一个分量都不可能为 0.

反证法. 如果 $\boldsymbol{x}$ 和 $\boldsymbol{y}$ 线性无关，则一定存在 i 和 $j(1 \leqslant i \leqslant n, 1 \leqslant j \leqslant n)$，使得 $i \neq j$，$x_i/y_i \neq x_j/y_j$. 不失一般性，可认为 $i = 1, j = 2$，即 $x_1/y_1 \neq x_2/y_2$.

取 $\zeta = x_1/y_1$，记

$$\boldsymbol{y}' = \zeta\boldsymbol{y} = (x_1, x_1y_2/y_1, \cdots, x_1y_n/y_1)$$

则 $\boldsymbol{y}'$ 仍然是方阵 $\boldsymbol{A}$ 的谱半径 $\rho(\boldsymbol{A})$ 的特征向量. 所以 $\boldsymbol{x} - \boldsymbol{y}' \neq \boldsymbol{0}$，且 $\boldsymbol{x} - \boldsymbol{y}'$ 也

是方阵 $\boldsymbol{A}$ 的属于谱半径 $\rho(\boldsymbol{A})$ 的特征向量.

再用推论3的结论,从而得出向量 $\boldsymbol{x}-\boldsymbol{y}'$ 的各个分量取模后的向量也是谱半径 $\rho(\boldsymbol{A})$ 的正特征向量.但是,向量 $\boldsymbol{x}-\boldsymbol{y}'$ 的各个分量取模后得到的向量为

$$(0,|x_2-x_1y_2/y_1|,\cdots,|x_n-x_1y_n/y_1|)$$

这个向量的第1个分量为0,矛盾.

证毕.

如果 $\boldsymbol{x}'$ 和 $\boldsymbol{x}''$ 都是属于谱半径 $\rho(\boldsymbol{A})$ 的正特征向量,由引理4,可知 $\boldsymbol{x}'$ 和 $\boldsymbol{x}''$ 一定线性相关,如果再限定 $\boldsymbol{x}'$ 和 $\boldsymbol{x}''$ 是归一化的向量,则 $\boldsymbol{x}'=\boldsymbol{x}''$.这就证明了:

推论4 对正方阵 $\boldsymbol{A}$,如果 $\boldsymbol{x}'$ 和 $\boldsymbol{x}''$ 都是谱半径 $\rho(\boldsymbol{A})$ 的归一化正特征向量,则 $\boldsymbol{x}'=\boldsymbol{x}''$.

(4) 证明谱半径作为正方阵的特征根只能是单重根

记正方阵 $\boldsymbol{A}$ 的特征多项式为 $\Delta(\lambda)$.只要能证明 $\Delta(\lambda)$ 对 λ 的微商 $\Delta'(\lambda)$ 在 $\lambda=\rho(\boldsymbol{A})$ 处的值非0,就可以得出谱半径是单重特征根的结论.为达到此目的,分两步证明:

第1步,设 $\boldsymbol{A}^{[i]}$ 是方阵 $\boldsymbol{A}$ 划去第 i 行、第 i 列后剩余元素构成的 $n-1$ 阶方阵,先证明 $\boldsymbol{A}^{[i]}$ 的谱半径严格小于 $\boldsymbol{A}$ 的谱半径(引理5和6);

第2步,证明 $\Delta'(\lambda)=\sum\limits_{j=1}^{n}\prod\limits_{1\leqslant i\leqslant n,i\neq j}(\lambda-\lambda_i)=\sum\limits_{i=1}^{n}\det(\lambda\boldsymbol{I}-\boldsymbol{A}^{[i]})$ 是 λ 的恒等多项式,并证明 $\det(\rho(\boldsymbol{A})\boldsymbol{I}-\boldsymbol{A}^{[i]})>0$,这样就导出 $\Delta'(\rho(\boldsymbol{A}))>0$(引理7).

对于任意正方阵 $\boldsymbol{A}$,可以构造数学规划问题

$$\max y,\quad \text{s.t.}\begin{cases}\boldsymbol{A}\boldsymbol{x}-y\boldsymbol{x}\geqslant 0\\ \sum\limits_{i=1}^{n}x_i=1\\ \boldsymbol{x}^{\mathrm{T}}=(x_1,x_2,\cdots,x_n)\\ x_i\geqslant 0\quad(i=1,2,\cdots,n)\end{cases}\tag{7}$$

引理5 正方阵 $\boldsymbol{A}$ 对应的式(7)规划问题有最优值 $y^*=\rho(\boldsymbol{A})$ 和唯一的最优解 $y^*,\boldsymbol{x}^*$,其中 $\boldsymbol{x}^*$ 是 $\boldsymbol{A}$ 的属于 $\rho(\boldsymbol{A})$ 的归一化特征向量.

证明 证明过程分三步:先证明 $y^*,\boldsymbol{x}^*$ 是可行解;再证明最优解一定

在约束条件 $\boldsymbol{A}\boldsymbol{x}-y\boldsymbol{x}\geqslant\mathbf{0}$ 取等号时达到；最后证明最优解 $y^*,\boldsymbol{x}^*$ 是唯一的.

① 证明 $y^*,\boldsymbol{x}^*$ 是可行解.

直接验证，可知 $y^*,\boldsymbol{x}^*$ 是 $\boldsymbol{A}$ 的对应的式(7)规划问题的可行解.

② 证明最优解一定在约束条件 $\boldsymbol{A}\boldsymbol{x}-y\boldsymbol{x}\geqslant\mathbf{0}$ 取等号时达到.

反证法.不然，如果存在最优值 y'，这个值在最优解 $y',\boldsymbol{x}'$ 达到，而且 $\boldsymbol{A}\boldsymbol{x}'-y'\boldsymbol{x}'\geqslant\mathbf{0}$，其分量不全为 0.则利用 $\boldsymbol{A}$ 是正方阵的特点，立即得出严格不等式

$$\boldsymbol{A}(\boldsymbol{A}\boldsymbol{x}'-y'\boldsymbol{x}')>\mathbf{0} \tag{8}$$

由 $\boldsymbol{x}'\geqslant\mathbf{0},\sum_{i=1}^{n}x_i'=1$，知 $\boldsymbol{A}\boldsymbol{x}'>\mathbf{0}$，取归一化的正向量 $\boldsymbol{x}''=\boldsymbol{A}\boldsymbol{x}'$，代入式(8)，式(8) 可改写为

$$\boldsymbol{A}\boldsymbol{x}''-y'\boldsymbol{x}''>\mathbf{0} \tag{9}$$

此式是一个严格的不等式，说明能找到满足约束条件的 $\boldsymbol{x}''$，对应于 $\boldsymbol{x}''$，y' 的值还可以增加，使得式(9)中距离 0 最小的那个行达到 0.这与 y' 是式(7)规划问题的最优值矛盾.

③ 证明 $y^*,\boldsymbol{x}^*$ 是唯一最优解.

由(2)的结论可知，最优解一定满足 $\boldsymbol{A}\boldsymbol{x}'-y'\boldsymbol{x}'=\mathbf{0}$，所以式(7)规划问题等价于规划问题

$$\max y,\quad \text{s.t.}\begin{cases}\boldsymbol{A}\boldsymbol{x}-y\boldsymbol{x}=\mathbf{0}\\ \sum_{i=1}^{n}x_i=1\\ \boldsymbol{x}^{\mathrm{T}}=(x_1,x_2,\cdots,x_n)\\ x_i\geqslant 0\quad(i=1,2,\cdots,n)\end{cases}$$

而满足 $\boldsymbol{A}\boldsymbol{x}'-y'\boldsymbol{x}'=\mathbf{0}$ 的解 $y',\boldsymbol{x}'$ 具备性质：y' 是 $\boldsymbol{A}$ 的特征根，$\boldsymbol{x}'$ 是 $\boldsymbol{A}$ 的属于 y' 的归一化特征向量.

由 $\boldsymbol{A}\boldsymbol{x}'-y'\boldsymbol{x}'=\mathbf{0}$ 及 $\boldsymbol{A}$ 为正方阵的特点，得出 $y'>0$，所以式(7)规划问题的最优值 y^* 等于 $\boldsymbol{A}$ 的正特征根的最大值，即 $\rho(\boldsymbol{A})$.

由推论 4 的结论，$\boldsymbol{A}$ 的属于 $\rho(\boldsymbol{A})$ 的、归一化特征向量是唯一的，所以 $y^*,\boldsymbol{x}^*$ 是式(7)规划问题的唯一最优解.

证毕.

如果记 $\boldsymbol{A}^{[i]}$ 是方阵 $\boldsymbol{A}$ 划去第 i 行、第 i 列后剩余元素构成的 $n-1$ 阶方

阵,则有:

引理 6　对正方阵 $\boldsymbol{A}$,$\rho(\boldsymbol{A})>\rho(\boldsymbol{A}^{[i]})(i=1,2,\cdots,n)$.

证明　先证明 $i=1$ 的情况.

设 $\rho(\boldsymbol{A}^{[1]}),\boldsymbol{x}^{[1]*}=(x_2^{[1]},x_3^{[1]},\cdots,x_n^{[1]})$是求解 $n-1$ 阶正方阵 $\boldsymbol{A}^{[1]}$ 的式(7)规划问题的最优解.

构造 n 维向量 $\boldsymbol{x}^{[1]}=(0,x_2^{[1]},x_3^{[1]},\cdots,x_n^{[1]})$,我们断言 $\rho(\boldsymbol{A}^{[1]}),\boldsymbol{x}^{[1]}$是 n 阶正方阵 $\boldsymbol{A}$ 的式(7)规划问题的一个可行解,但不是最优解.

显然 $\boldsymbol{x}^{[1]}$满足非负和归一化条件.

将 $\rho(\boldsymbol{A}^{[1]}),\boldsymbol{x}^{[1]}$直接代入约束条件,可知

$$\boldsymbol{A}\boldsymbol{x}^{[1]}-\rho(\boldsymbol{A}^{[1]})\boldsymbol{x}^{[1]}\geqslant\boldsymbol{0} \tag{10}$$

在式(10)中第 1 行取严格不等号,其余各行取等号.

由引理 5 的证明过程可知,最优解只能在式(10)的所有行都取等号时达到.因此断言成立.所以得出,$\rho(\boldsymbol{A})>\rho(\boldsymbol{A}^{[1]})$.

对 $i=2,3,\cdots,n$ 的情况,可以类推.证毕.

引理 7　谱半径作为正方阵的特征根只能是单重根.

证明　记正方阵 $\boldsymbol{A}$ 的特征多项式为 $\Delta(\lambda)$,则 $\Delta(\lambda)=\det(\lambda\boldsymbol{I}-\boldsymbol{A})$.

在复数域用特征多项式根分解的方式表示 $\Delta(\lambda)$,则

$$\Delta(\lambda)=(\lambda-\lambda_1)(\lambda-\lambda_2)\cdots(\lambda-\lambda_n) \tag{11}$$

其中,$\lambda_1,\lambda_2,\cdots,\lambda_n$ 是 $\boldsymbol{A}$ 的 n 个特征根.

要证明 $\rho(\boldsymbol{A})$是 $\boldsymbol{A}$ 的单重根,只要证明 $\Delta(\lambda)$对 λ 的微商$\Delta'(\lambda)$在 $\lambda=\rho(\boldsymbol{A})$处的值非 0,即 $\Delta'(\rho(\boldsymbol{A}))\neq0$.

从式(11),可知

$$\Delta'(\lambda)=\sum_{j=1}^{n}\prod_{1\leqslant i\leqslant n,i\neq j}(\lambda-\lambda_i)=\prod_{1\leqslant i\leqslant n}(\lambda-\lambda_i)\sum_{j=1}^{n}\frac{1}{\lambda-\lambda_j} \tag{12}$$

由于 $\rho(\boldsymbol{A})$是 $\boldsymbol{A}$ 的模最大特征根,所以当 $\lambda>\rho(\boldsymbol{A})$时,$\det(\lambda\boldsymbol{I}-\boldsymbol{A})\neq0$.因此,先将 λ 的取值限定于实数$(\rho(\boldsymbol{A}),\infty)$的范围内讨论问题.

当 $\lambda\in(\rho(\boldsymbol{A}),\infty)$时,$\lambda\boldsymbol{I}-\boldsymbol{A}$ 的逆总是存在的.根据式(1),用$\lambda\boldsymbol{I}-\boldsymbol{A}$的伴随方阵表达$\lambda\boldsymbol{I}-\boldsymbol{A}$ 的逆,得到

$$(\lambda\boldsymbol{I}-\boldsymbol{A})^{-1}=\frac{(\lambda\boldsymbol{I}-\boldsymbol{A})^*}{\det(\lambda\boldsymbol{I}-\boldsymbol{A})} \tag{13}$$

等式两边同乘以数值 $\det(\lambda\boldsymbol{I}-\boldsymbol{A})$,并对方阵取迹,得到

$$\det(\lambda\boldsymbol{I}-\boldsymbol{A})\mathrm{tr}((\lambda\boldsymbol{I}-\boldsymbol{A})^{-1})=\mathrm{tr}((\lambda\boldsymbol{I}-\boldsymbol{A})^*) \tag{14}$$

从式(14)右端得到

$$\operatorname{tr}((\lambda \boldsymbol{I}-\boldsymbol{A})^{*})=\sum_{i=1}^{n}\det(\lambda \boldsymbol{I}-\boldsymbol{A}^{[i]})$$

其中,$\boldsymbol{A}^{[i]}$是方阵 $\boldsymbol{A}$ 划去第 i 行、第 i 列后剩余元素构成的 $n-1$ 阶正方阵 $(i=1,2,\cdots,n)$.

再分析式(14)的左端.

由若尔当标准形理论知,存在非异方阵 $\boldsymbol{P}$,使得

$$\boldsymbol{PAP}^{-1}=\begin{pmatrix}\lambda_1 & * & \cdots & * \\ 0 & \lambda_2 & \cdots & * \\ \vdots & \vdots & & \vdots \\ 0 & 0 & \cdots & \lambda_n\end{pmatrix}$$

$$\boldsymbol{P}(\lambda \boldsymbol{I}-\boldsymbol{A})\boldsymbol{P}^{-1}=\begin{pmatrix}\lambda-\lambda_1 & * & \cdots & * \\ 0 & \lambda-\lambda_2 & \cdots & * \\ \vdots & \vdots & & \vdots \\ 0 & 0 & \cdots & \lambda-\lambda_n\end{pmatrix} \tag{15}$$

对等式(15)两端求逆,得到

$$\boldsymbol{P}(\lambda \boldsymbol{I}-\boldsymbol{A})^{-1}\boldsymbol{P}^{-1}=\begin{pmatrix}\dfrac{1}{\lambda-\lambda_1} & \# & \cdots & \# \\ 0 & \dfrac{1}{\lambda-\lambda_2} & \cdots & \# \\ \vdots & \vdots & & \vdots \\ 0 & 0 & \cdots & \dfrac{1}{\lambda-\lambda_n}\end{pmatrix} \tag{16}$$

对等式(16)两端取迹,得到

$$\operatorname{tr}(\boldsymbol{P}^{-1}(\lambda \boldsymbol{I}-\boldsymbol{A})^{-1}\boldsymbol{P})=\operatorname{tr}((\lambda \boldsymbol{I}-\boldsymbol{A})^{-1})=\sum_{j=1}^{n}\frac{1}{\lambda-\lambda_j} \tag{17}$$

将此结论代入式(14)的左端,并比较 $\Delta'(\lambda)$在式(12)的表达方式,得到

$$\Delta'(\lambda)=\operatorname{tr}((\lambda \boldsymbol{I}-\boldsymbol{A})^{*})=\sum_{i=1}^{n}\det(\lambda \boldsymbol{I}-\boldsymbol{A}^{[i]}) \tag{18}$$

式(18)的成立须限定 $\lambda\in(\rho(\boldsymbol{A}),\infty)$.现在将这个限制去掉.

考虑式(18)的左端 $\Delta'(\lambda)=\sum_{j=1}^{n}\prod_{1\leqslant i\leqslant n,i\neq j}(\lambda-\lambda_i)$,它是 λ 的 $n-1$ 阶多项式,右端 $\sum_{i=1}^{n}\det(\lambda \boldsymbol{I}-\boldsymbol{A}^{[i]})$ 也是 λ 的 $n-1$ 阶多项式,在$(\rho(\boldsymbol{A}),\infty)$中,能

选出 n 个不同的 λ 值,使得 $\sum_{j=1}^{n}\prod_{1\leqslant i\leqslant n,i\neq j}(\lambda-\lambda_i)=\sum_{i=1}^{n}\det(\lambda\boldsymbol{I}-\boldsymbol{A}^{[i]})$,这就证明了多项式 $\sum_{j=1}^{n}\prod_{1\leqslant i\leqslant n,i\neq j}(\lambda-\lambda_i)$ 就是多项式 $\sum_{i=1}^{n}\det(\lambda\boldsymbol{I}-\boldsymbol{A}^{[i]})$. 因此式(18)是恒等式.

对于任意的 i $(1\leqslant i\leqslant n)$,由于 $\boldsymbol{A}^{[i]}$ 也是正方阵,因此也存在谱半径 $\rho(\boldsymbol{A}^{[i]})$,即 $\rho(\boldsymbol{A}^{[i]})$ 是 $\boldsymbol{A}^{[i]}$ 的最大正特征根,且当 $\lambda\to\infty$ 时,$\det(\lambda\boldsymbol{I}-\boldsymbol{A}^{[i]})\to\infty$,故当 $\lambda>\rho(\boldsymbol{A}^{[i]})$ 时,$\det(\lambda\boldsymbol{I}-\boldsymbol{A}^{[i]})>0$.

由引理6,知 $\rho(\boldsymbol{A})>\rho(\boldsymbol{A}^{[i]})(1\leqslant i\leqslant n)$,所以当 $\lambda=\rho(A)$ 时

$$\det(\lambda\boldsymbol{I}-\boldsymbol{A}^{[i]})_{\lambda=\rho(\boldsymbol{A})}>0\quad(1\leqslant i\leqslant n)$$

将这个结论代入式(18),得到

$$\Delta'(\lambda)_{\lambda=\rho(\boldsymbol{A})}=\sum_{i=1}^{n}\det(\lambda\boldsymbol{I}-\boldsymbol{A}^{[i]})_{\lambda=\rho(\boldsymbol{A})}>0$$

证毕.

(5) 最终的结论

由上面的引理2,3和7就可以得到 Perron 定理.

称方阵的谱半径为其**主特征根**,属于主特征根的特征向量为**主特征向量**.

3. Perron 定理的推广

Perron 定理的结论是针对正方阵的,能否推广到非负方阵?

如果 $\boldsymbol{A}=(a_{ij})\geqslant\boldsymbol{0}$,存在一个正整数 m,使得 $\boldsymbol{A}^m>\boldsymbol{0}$,则称 $\boldsymbol{A}$ 是**素阵**.

Perron 定理的结论可以完全推广到素阵.

定理4 对于素方阵 $\boldsymbol{A}$,谱半径 $\rho(\boldsymbol{A})$ 是 $\boldsymbol{A}$ 的唯一模最大的单重特征根,对应这个特征根,存在唯一的归一化的正特征向量.

证明 设 $\boldsymbol{A}^m>\boldsymbol{0}$,$\lambda=\rho(\boldsymbol{A}^m)$,则由 Perron 定理,$\lambda$ 是 $\boldsymbol{A}^m$ 的模最大的正特征根,且是单重根.

由若尔当标准形理论,存在正整数 s $(0\leqslant s\leqslant m-1)$,使得 $\mu=\lambda^{1/m}\mathrm{e}^{s2\pi\sqrt{-1}/m}$ 是 $\boldsymbol{A}$ 的模最大的特征根.

设向量 $\boldsymbol{\alpha}$ 是 $\boldsymbol{A}$ 的属于特征根 $\mu=\lambda^{1/m}\mathrm{e}^{s2\pi\sqrt{-1}/m}$ 的特征向量,则

$$\mu\boldsymbol{\alpha}=\boldsymbol{A}\boldsymbol{\alpha}\tag{19}$$

对任意正整数 k,有

$$\mu^k\boldsymbol{\alpha}=\boldsymbol{A}^k\boldsymbol{\alpha}\tag{20}$$

所以

$$\lambda\boldsymbol{\alpha} = \boldsymbol{A}^m\boldsymbol{\alpha} \tag{21}$$

即向量 $\boldsymbol{\alpha}$ 也是 $\boldsymbol{A}^m$ 的属于特征根 λ 的特征向量.不妨设特征向量 $\boldsymbol{\alpha}$ 为归一化正向量.

由于 $\boldsymbol{A}^m>\boldsymbol{0}$,利用 Perron 定理的结论,得知 $\boldsymbol{\alpha}$ 是 $\boldsymbol{A}^m$ 的属于特征根 λ 的唯一向量.

对于方阵 $\boldsymbol{A}$,先证明不存在两个属于特征根 μ 的线性无关的特征向量 $\boldsymbol{\beta}_1$ 和 $\boldsymbol{\beta}_2$.不然,由式(21),导出 $\boldsymbol{\beta}_1$ 和 $\boldsymbol{\beta}_2$ 是 $\boldsymbol{A}^m$ 的两个属于特征根 λ 的线性无关的特征向量.又 $\boldsymbol{A}^m>\boldsymbol{0}$,这与 Perron 定理矛盾.所以 $\boldsymbol{A}$ 的属于特征根 μ 的归一化的正特征向量也是唯一的.

由于 $\boldsymbol{\alpha}$ 为正向量,$\boldsymbol{A}$ 为非负方阵,从式(19)推出 μ 只能是正实数,即 $\mu=\lambda^{1/m}$.证毕.

另外,Perron 定理还可以推广到其他类型的非负方阵.

当非负方阵加不可约条件限制时(方阵可约的概念见附录 2),达到最大模的特征根可能不止一个,Perron 定理结论中的其他内容仍然保留.这就是 Perron – Frobenius 定理.

如果非负方阵不加任何限制条件,则谱半径仍然是特征根,属于谱半径的特征向量只能保证非负(不能保证是正的),这就是广义的 Perron 定理.

关于 Perron – Frobenius 定理和广义的 Perron 定理的证明这里不再赘述.

当限定非负方阵的各行(列)元素之和为 1 时,方阵称为随机方阵.关于随机方阵的结构和若干性质在第 5 章的 5.1 节讨论.利用正方阵和随机方阵的关系及随机方阵的性质,同样可以证明 Perron 定理.

4. 正方阵的幂极限和主特征向量的关系

设 $\boldsymbol{A}$ 为正方阵,由 Perron 定理可知,$\boldsymbol{A}$ 存在唯一的主特征根和主特征向量.设 $\boldsymbol{A}$ 的主特征根为 λ,则有:

定理 5 如果 $\boldsymbol{A}>\boldsymbol{0}$,$\rho(\boldsymbol{A})=\lambda$,则 $\lim\limits_{k\to\infty}\dfrac{1}{\lambda^k}\boldsymbol{A}^k$ 存在,且极限的任意一列都是 $\boldsymbol{A}$ 的主特征向量.

证明 从若尔当标准型理论可知,存在非奇异方阵 $\boldsymbol{P}$,使

$$\frac{1}{\lambda}\boldsymbol{PAP}^{-1} = \mathrm{diag}(\boldsymbol{1},\boldsymbol{J}_1,\cdots,\boldsymbol{J}_r)$$

其中，$J_1,\cdots,J_r$ 是若尔当块.

设 $J_1,\cdots,J_r$ 的对角元素分别为 d_l $(l=1,2,\cdots,r)$，则 $|d_l|<1$，以及

$$\frac{1}{\lambda^k}PA^kP^{-1} = \mathrm{diag}(1,J_1^k,\cdots,J_r^k)$$

由 $\lim\limits_{k\to\infty}d_l^k=0$ $(l=1,2,\cdots,r)$，知 $\lim\limits_{k\to\infty}\frac{1}{\lambda^k}A^k$ 存在，且

$$\lim_{k\to\infty}\frac{1}{\lambda^k}A^k = P\begin{pmatrix}1 & 0\\ 0 & 0\end{pmatrix}P^{-1}$$

记 $\lim\limits_{k\to\infty}\frac{1}{\lambda^k}A^k=B$. 易知 $B\geqslant 0$. 由极限结果容易得出 $\mathrm{rank}(B)=1$.

设 β 为 A 的归一化的主特征向量(由 Perron 定理可知，$\beta>0$)，则 $A\beta=\lambda\beta$. 所以对任何正整数 k，都有 $\frac{1}{\lambda^k}A^k\beta=\beta$，即 β 亦为方阵 $\frac{1}{\lambda^k}A^k$ 的特征根 1 的特征向量.

两端取极限，得到 $\beta=\lim\limits_{k\to\infty}\frac{1}{\lambda^k}A^k\beta=B\beta$，即 β 亦为 B 的特征根 1 的特征向量.

由 $\mathrm{rank}(B)=1$，可知 B 的各列必须成比例. 不妨记

$$B = (\mu_1\alpha,\mu_2\alpha,\cdots,\mu_n\alpha)$$

其中，$\alpha=(a_1,\cdots,a_n)^{\mathrm{T}}$ 是一个各个分量非负的列向量，μ_i 是非负的比例常数.

$B\beta=\beta$ 的第 k 行为

$$\mu_1a_k\beta_1+\mu_2a_k\beta_2+\cdots+\mu_na_k\beta_n = \beta_k$$

整理得

$$a_k(\mu_1\beta_1+\mu_2\beta_2+\cdots+\mu_n\beta_n) = \beta_k$$

由于 β_k 是正向量 β 的分量，因此导出 $a_k\neq0$，$\mu_1\beta_1+\mu_2\beta_2+\cdots+\mu_n\beta_n\neq0$，所以 α 为正向量. 从等式 $a_k(\mu_1\beta_1+\mu_2\beta_2+\cdots+\mu_n\beta_n)=\beta_k$ 还可得知，α 和 β 只能差一个比例常数.

定理证毕.

附录2　图和网络的若干基本知识

图是对关系的一种抽象，它是一种解决问题的数学工具．借助于图可以把许多问题表述得直观、深刻而又简洁．用图作为数学工具严格地描述问题需要建立一些概念．图论涉及的内容十分广泛，这里只介绍与本书正文关系密切的、最基本的部分．

2.1　图的若干概念

1．图的定义

图是一个有序的二元组(V,E)，其中，V是一个非空的集合，E是定义在V上的一个二元关系．

通常称V中的元素为节点（结点、顶点），E中的元素为边，将图记为$G(V,E)$．在图$G(V,E)$上，任取$u,v\in V$，用点对(u,v)表示节点u与v的二元关系，则$(u,v)\in E$的充分必要条件是节点u与v存在这种二元关系．

例如，将某一范围内的城镇看成节点，当且仅当两个城镇之间有直达的道路相连时，它们之间有“直达”关系，则城镇和“直达”关系就构成了一个图．

在图$G(V,E)$上，如果E中的点对(u,v)对应多个不同的边，则这种边称为**多重边**

例如，图1(b)含一对多重边．

多重边可以通过添加节点改造成单边，如不作说明，本书讨论的图都指不含多重边的图．

在图 $G(V,E)$ 中，如果 E 中描述边的点对是计较次序的，即 (u,v) 和 (v,u) 代表不同的边，则图 $G(V,E)$ 称为**有向图**.

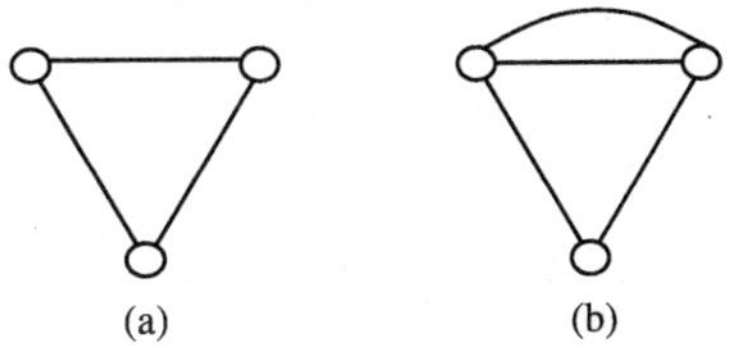

图 1 简单图与多重图示例

例如，在某个家族的男人中，将人看成节点，当且仅当两个人之间有父子关系时他们之间才有关系，则男人和“父子”关系就构成了一个有向图.

在有向图中，有向边的端点区分为起点和终点.

如果将一个无向图的边理解为方向相反的两个边的叠加，则无向图转化成有向图，相反，如果忽略有向图上边的方向，则有向图转化成无向图.

在图 $G(V,E)$ 上，若 $u\in V$，所有以 u 为端点的边的数目称为 u 的**度**(或次). 对于有向图，所有以 u 为起点的弧的数目称为 u 的**出度**(或**出次**)，所有以 u 为终点的弧的数目称为 u 的**入度**(或**入次**).

在图 $G(V,E)$ 上，如果存在 V 的子集 V' 和 E 的子集 E'，(V',E') 也构成图 $G'(V',E')$，则称 $G'(V',E')$ 是 $G(V,E)$ 的**子图**.

在图 $G(V,E)$ 上，如果取 V 的子集 V' 及 E 的子集 $E'=\{e\mid e=(u,v)\in E$ 且 $u\in V',v\in V'\}$，则称 $G'(V',E')$ 是由 V' 生成的子图.

2. 路和连通的概念

在无向图 $G(V,E)$ 上，如果有一个点的序列 $v_1,v_2,\cdots,v_s$，使得相邻的点对都属于边集合，即 $(v_1,v_2)\in E,(v_2,v_3)\in E,\cdots,(v_{s-1},v_s)\in E$，则称这个点序列是一条**路**.

在描述路时，有时用点的序列，有时用边的序列. 如果在一条路 $(v_1,v_2,\cdots,v_s)$ 上，它经过的节点都互不相同，则称为**简单路**.

如果有一条路 $(v_1,v_2,\cdots,v_s)$，它的首尾节点相同，即 $v_1=v_s$，则称为**圈**(**回路**).

如果有一个回路，它只含一条边，则称这样的回路为**环**.

在图 $G(V,E)$ 上，对于 V 中的任何两点 v_1,v_2 都有路连接，则称 $G(V,E)$ 是**连通图**.

一个连通的无圈的图是一个**树**.

定理 1 设 $G(V,E)$ 是一个含 n 个节点的无向图，则在 $G(V,E)$ 上，下面关于树的几个定义是等价的：

(1) 连通且无圈；

(2) 连通且只有 $n-1$ 条边；

(3) 任意两点之间只有一条路相连.

树是最简单的连通图.

如果有一个连通图 $G(V,E)$，从它的边集合 E 中选出一部分 E'，G 的子图 $G'(V,E')$ 是一个树，则称 $G'(V,E')$ 是图 $G(V,E)$ 的**支撑树**. 支撑树上的点与原图的点一样，只是边的数目减少了.

上述概念和结论可以平行地推广到有向图.

在有向图上，只有首尾相连的方向一致的有向边才能构成**有向路**. 它不仅要求在不考虑边方向的无向图上是路，同时还要求路上边的方向一致.

在有向图上，出度或入度为 0 的点是有区别的. 出度为 0 的点称为**叶点**，入度为 0 的点称为**根点**. 一个**有向树**是只有一个根点、若干叶点、从根点到每个叶点只有唯一一条有向路的有向图. 一个有向树，不考虑边的方向时仍然是一个无向树.

在有向树上，"根"和"叶"都是符合生活常识的形象化的比喻. 不过自然界的树总是根长在底下，叶长在上方，而表达抽象概念的有向树则习惯于将根摆在上方，叶摆在下方.

3. 网络图

图 $G(V,E)$ 定性地表达了 V 中点之间是否存在二元关系，但是没有定量地描述关系的程度.

如果在图 $G(V,E)$ 上引进定义于 E 的实函数 c，则称三元组 (V,E,c) 为**网络图**，记为 $N(V,E,c)$.

E 上的边被赋的值也称为边的"权"，所以网络图有时也称为**赋权图**或**有权图**.

在由某一范围内的城镇、"直达"道路关系构成的图上，如果将道路的长度作为描述道路的函数，则得到一个网络图.

如果有一条路 p，表达成边的序列 $p=(e_1,e_2,\cdots,e_s)$ 时，如果边 e 被赋值为 $c(e)$，则**路** p 的**长度** $l(p)=c(e_1)+c(e_2)+\cdots+c(e_s)$.

实际上，**路的长度**不一定是通常的加法运算，可以定义加法 $\oplus$，只要满足结合律就可以了，即：

对任意边数为 2 的路(e_1,e_2)，$c(e_1)\oplus c(e_2)=c(e_2)\oplus c(e_1)$；对任意边数为 3 的路$(e_1,e_2,e_3)$，$(c(e_1)\oplus c(e_2))\oplus c(e_3)=c(e_1)\oplus(c(e_2)\oplus c(e_3))$，则可以定义路 $p=(e_1,e_2,\cdots,e_s)$的长度 $l(p)$为 $c(e_1)\oplus c(e_2)\oplus\cdots\oplus c(e_s)$.

定义了路的长度，就可以研究与长度有关的问题.

2.2　图的矩阵表示及其在计算机上的存储

图非常直观地表达了问题，但是研究图所表达的问题不能只靠直观的感觉.复杂的逻辑推理和运算离不开数学工具，因此必须给出处理图的代数工具.

矩阵是处理图的重要代数工具.当借助计算机处理图论问题时，用矩阵表达图就更必不可少了.用矩阵表达图，最常用的是邻接方阵和关联矩阵方法.

在计算机上对图论问题进行运算必须考虑图的存储问题.用矩阵表达的图自然可以通过存储矩阵达到存储图的目的.二维数组是存储矩阵的最简单方法.由于表达图的矩阵比较特殊，可以用一些特殊的数据结构存储而节省大量的资源.

下面简单介绍图的邻接方阵、关联矩阵以及它们在计算机上的存储方法.

1. 邻接方阵

假设 $G(V,E)$是一个含 n 个节点的图，则称 n 阶方阵 $\boldsymbol{D}=(d_{ij})$是 $G(V,E)$的**邻接方阵**，满足 $d_{ij}=1$ 的充分必要条件是，对 $i,j\in V$，$(j,i)\in E$，其他的 $d_{ij}=0$.

例 1　无向图及其邻接方阵.

考虑图 2 所示的无向图，如果用点的标号作为邻接方阵的行(列)号，则图 2 对应的邻接方阵为

$$\boldsymbol{D}=\begin{pmatrix}0&1&1&1&1\\1&0&1&0&0\\1&1&0&1&0\\1&0&1&0&1\\1&0&0&1&0\end{pmatrix}$$

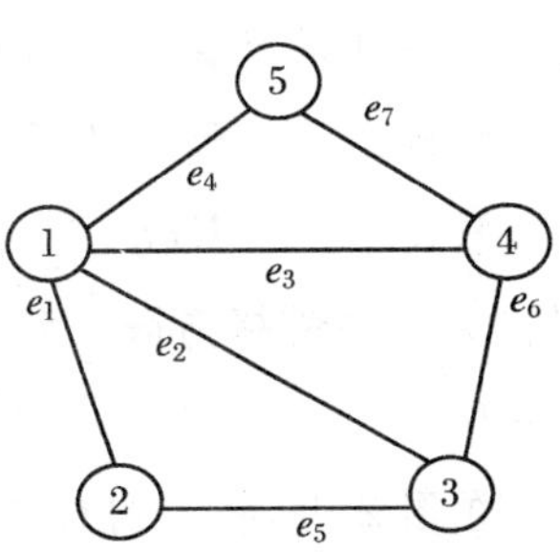

图 2　无向图示例

“邻接”的含义指方阵描述了点和点之间是否有边将其邻接的关系.显然对无向图而言邻接方阵是对称方阵.邻接方阵也可以表达有向图.

假设 $G(V,E)$是一个含 n 个节点的有向图,称 n 阶方阵 $\boldsymbol{D}=(d_{ij})$是 $G(V,E)$的**邻接方阵**,满足 $d_{ij}=1$ 当且仅当 $i,j\in V,(j,i)\in E$,否则 $d_{ij}=0$.

例 2 有向图及其邻接方阵.

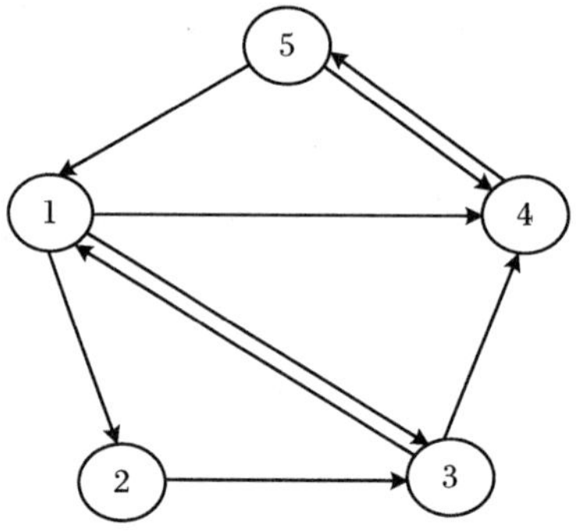

图 3 有向图示例

对图 3 的有向图,其邻接方阵为

$$\boldsymbol{D}=\begin{pmatrix}0&0&1&0&1\\1&0&0&0&0\\1&1&0&0&0\\1&0&1&0&1\\0&0&0&1&0\end{pmatrix}$$

由于边未赋值的无向图邻接方阵的元素非 0 即 1,因此矩阵的一个元素只要一个 bit 就够了,特别是当图的结点数目不大于计算机的字长时,用这种方法可以节省大量的存储空间.

邻接方阵的形式还可以表达边被赋值的有向网络图.

假设 $N(V,E,c)$是一个含 n 个节点的有向网络图,称 n 阶方阵 $\boldsymbol{D}=(d_{ij})$是它的**邻接方阵**,满足 $d_{ij}=c(j,i)$当且仅当 $i,j\in V,(j,i)\in E$,否则 $d_{ij}=0$.

在图 2 上,将无向边看成是双向边的叠加,则图 2 对应的邻接方阵为

$$D = \begin{pmatrix} 0 & d_{21} & d_{31} & d_{41} & d_{51} \\ d_{12} & 0 & d_{33} & 0 & 0 \\ d_{13} & d_{23} & 0 & d_{43} & 0 \\ d_{14} & 0 & d_{34} & 0 & d_{54} \\ d_{15} & 0 & 0 & d_{45} & 0 \end{pmatrix}$$

图表达的是点集合及其中点和点之间的关系，显然点的编号不会影响这种关系．但是当用邻接方阵表达一个图时，矩阵和点的编号次序有关．

同一个图，不同的顶点编号对应不同的邻接方阵，但是它们之间仅差若干置换变换方阵．

对于一个图，它的节点按照某种编号得出的邻接方阵是 $\boldsymbol{A}$，将图中节点 i 和 j 的编号互换，新的邻接方阵 $\boldsymbol{A}^*$ 相当于将 $\boldsymbol{A}$ 的第 i 行和第 j 行互换，然后再将第 i 列和第 j 列互换，即

$$\boldsymbol{A}^* = \boldsymbol{P}(i,j)\boldsymbol{A}\boldsymbol{P}(i,j)^{-1}$$

其中，$\boldsymbol{P}(i,j)$ 是将单位方阵 $\boldsymbol{I}$ 的第 i 行和第 j 行互换后得到的方阵．

因此，对一个邻接方阵同时实施行、列互换的初等变换，不会影响它代表的图的关系．

在有向图的邻接方阵中，每一列代表一个边的集合，这个集合中的边的始点为这个列对应的点，这个边集合以及边的端点构成的子图称为一个丛．显然有向图的边一定属于某个丛．

在矩阵中，如果 0 元素很多，非 0 元素很少，则称为**稀疏矩阵**．有实际背景图的邻接矩阵多为稀疏矩阵．存储稀疏矩阵只要标出非 0 元素所在的行号、列号以及它的值即可．因此可以一个“丛”一个“丛”地存储有向图．“丛”用节点编号标出，在一个“丛”中，边按照它们的终点编号大小依次排列．这相当于把邻接方阵按照列存储，把非 0 的元素压缩．实现这种存储要用到静态 list 数据结构．

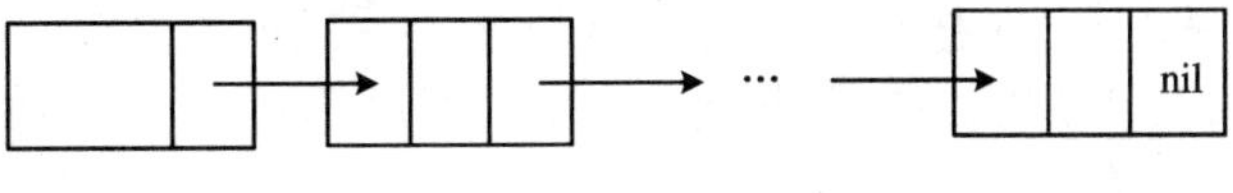

图 4 list 数据结构示意图

2．关联矩阵

邻接方阵描述的是点和点之间的关系，关联矩阵描述的是点和边之间

的关系.

假设 $G(V,E)$是一个含 n 个节点、m 条边的无向图,其中节点已经编号为 $1,2,\cdots,n$,边也已编号为 $e_1,e_2,\cdots,e_m$.称 $n\times m$ 阶矩阵 $\boldsymbol{A}=(a_{ij})$是 $G(V,E)$的**关联矩阵**,满足 $d_{ij}=1$ 当且仅当 $i\in V,e_j\in E$,否则 $d_{ij}=0$.

例 3 仍用图 2 为例.如果将边编号:$e_1=(1,2),e_2=(1,3),e_3=(1,4),e_4=(1,5),e_5=(2,3),e_6=(3,4),e_7=(4,5)$,则它对应的关联矩阵为

$$\boldsymbol{A}=\begin{pmatrix}1&1&1&1&0&0&0\\1&0&0&0&1&0&0\\0&1&0&0&1&1&0\\0&0&1&0&0&1&1\\0&0&0&1&0&0&1\end{pmatrix}$$

显然关联矩阵的每一列只有两个非 0 的值.

用正负号表示边的方向,也可以借用关联矩阵的形式表达有向图.类似地,也可以用关联矩阵表达网络图.

和邻接方阵一样,改变点和边的编号并不影响图所代表的关系.

存储关联矩阵只要列出每一条边的属性——它的端点及值.因为本书没有使用关联矩阵,所以不再仔细讨论.

2.3 用图的定义解释方阵

这里借助于图及其邻接方阵说明特殊方阵的一些性质.关于方阵的概念本来应当放在代数部分,但是对于这些特殊的方阵,从图论的角度更容易揭示它们的内涵.

考虑网络图 $N(V,E,c)$,限定 c 只取非 0 实数,则方阵可以和网络图建立一一对应关系:即任何一个方阵可以看成是一个赋值的、有向的网络图的邻接方阵;反之,从任何一个赋值的、有向的网络图可以得到它的邻接方阵.

1. 方阵可约的概念

对于一个方阵 $\boldsymbol{A}$,如果可以通过对行、列的初等置换将其变成一个分块的三角矩阵,即存在初等置换方阵的乘积 $\boldsymbol{P}$,使得

$$P^{\mathrm{T}}AP = \begin{pmatrix} A_{11} & 0 \\ A_{12} & A_{22} \end{pmatrix}$$

其中，A_{11}和A_{22}都是方阵，则称方阵A是**可约**的，否则称为**不可约**的．

推论 1 如果将方阵A看成是某个网络图$N(V,E,c)$的邻接方阵，则方阵A是可约的充分必要条件是，图N的顶点集合V能分成非空的两部分V_1和V_2，使得没有始点在V_2、终点在V_1的有向边．

例 4 有向圈及其邻接方阵．

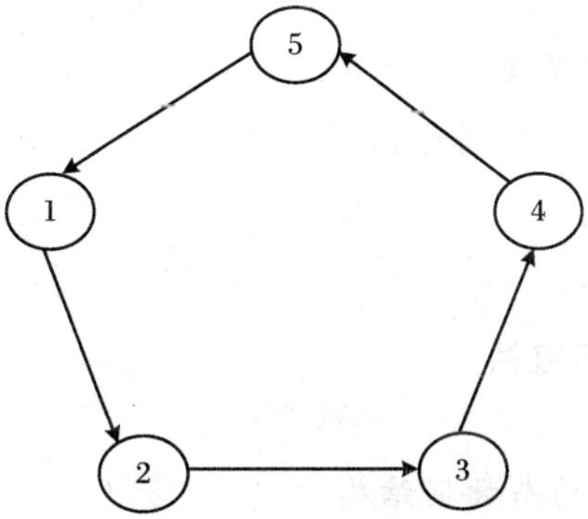

图 5 有向圈示例

圈对应的邻接方阵是不可约的；有向树对应的邻接方阵是可约的．

图 5 有向圈对应的邻接方阵

$$D = \begin{pmatrix} 0 & 0 & 0 & 0 & d_{51} \\ d_{12} & 0 & 0 & 0 & 0 \\ 0 & d_{23} & 0 & 0 & 0 \\ 0 & 0 & d_{34} & 0 & 0 \\ 0 & 0 & 0 & d_{45} & 0 \end{pmatrix}$$

是不可约的．

在方阵D中，非 0 元素d_{ij}代表的是有向图中边(j,i)赋的非 0 值．

2. 素阵对应的图

对于每一个节点都带环的完全图(任意两个点之间都有边相连)，它的邻接方阵的所有元素都为 1. 如果限定边赋的值都是正数，则它的邻接方阵是一个正方阵．

反之，如果把正方阵当成赋值有向图的邻接方阵，那么在正方阵对应的图上,任何两个节点之间都存在一条边数为 1 的有向路,即从任何一个节点出发,一步之后能到达所有的节点.这并没有任何新内容,只是换了一种解释方法.

对于一个非负方阵 $\boldsymbol{A}$,如果存在一个正整数 m,使得 $\boldsymbol{A}^m>\boldsymbol{0}$,则称 $\boldsymbol{A}$ 为**素阵**.

使用通常意义的矩阵乘法,记 $\boldsymbol{A}^m=(a_{ij}^{(m)})$,容易证明:

推论 2 如果 $\boldsymbol{A}$ 是素阵,则存在正整数 m,使得在以非负方阵 $\boldsymbol{A}$ 为邻接方阵的图上,都能找出 j 到达 i 的、边数为 m 的有向路.

可以从图论的角度理解素阵:在方阵对应的图上,任取两个节点 i 和 j,正方阵保证从 i 一步可以到达 j,而素阵只能保证 m 步后才能从 i 到达 j.因此可以把素阵看成是正方阵的推广,正方阵是素阵的特例.

2.4 图的遍历算法

1. 两种基本的动态数据结构

通常将一系列可以在计算机上执行的操作步骤按照一定的逻辑关系组织在一起去求解问题,这些可以在计算机上执行的操作步骤的集合称为**算法**.求解网络图问题的过程常常是构造算法的过程.

由于网络图问题的特殊性,借助一些特殊的工具可以更方便地表达算法的思想.但是这些工具只是出现在求解过程中,本身与问题和求解问题得到的结果并没有直接的关系.

最常用的工具有两个:一个是队列结构,简称队,另一个是栈结构,简称栈.

定义 1 **队**是一个按照先进先出(first in first out)的组织原则动态存储的结构(图 6).

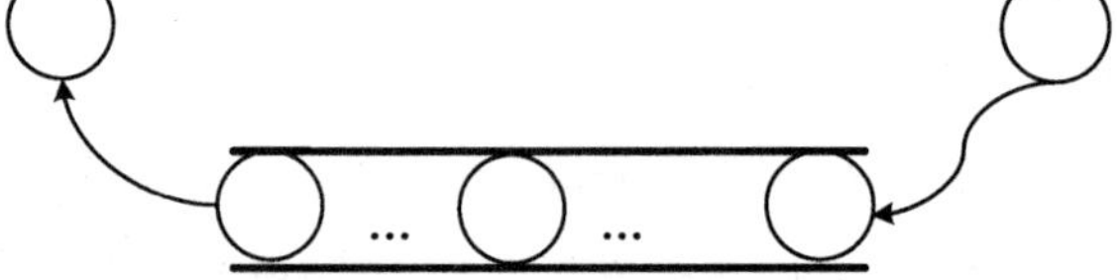

图 6 队结构示意图

队需要存储队中的元素(有序的元素序列),常用的操作有入队和出队.

由于在算法的执行过程中,队是不断变化的,所以考虑算法的存储开销时需要估计最大的队长.关于队的存储问题,最容易想到的方法是使用数组,但是这样做可能既浪费存储也不方便操作.

定义2 **栈**是一个按照先进后出(first in last out)的组织原则动态存储的结构.

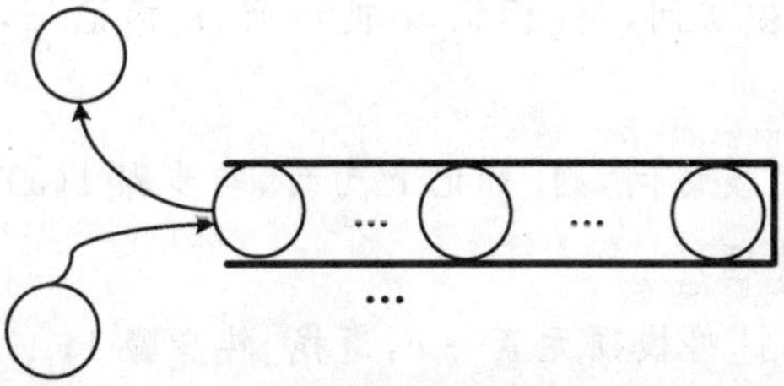

图7 栈结构示意图

栈需要存储栈中的元素(有序的元素序列),常用的操作有入栈和出栈.

栈和队一样,在算法的执行过程中不断变化,由于栈只能对栈顶元素操作,所以使用数组存储栈是简便、简单的方法.为了突出逻辑关系,算法中省略了对队、栈数据结构存储和操作的具体描述.

2. 图的遍历算法

在与图相关的算法中,常常需要从一个节点出发,沿着边一个节点一个节点地"旅行",直至遍历图中的所有节点.

有许多算法可以实现遍历,但是有两个极端情况,它们有着深刻的含义和广泛的用途,那就是基于栈结构的深度优先(Depth - First Search,DFS)算法和基于队结构的广度优先(Breadth - First Search,BFS)算法.

因为无向图可以改造为有向图,本书正文讨论的图也都是有向图,所以这里只讨论如何在有向图上实现算法.

(1) 图遍历的深度优先算法

设算法中使用 S 存放栈结构中的节点,算法当前正处理的点为 v,u 是一个存放工作点的临时单元.对图中的边有三种标记记号:没有访问过(无标记);访问过,但是未选中,标记为负"-";访问过,被选中,标记为正"+".点有两种记号:访问过和没有访问过.记以 v 为端点的丛中的边集合为$E(v)=\{e\mid e=(v,u)\}$.

算法 1 DFS 算法.

步骤 0(初始化)

将栈 S 清空;选初始点 $v_0 \to v$;标记初始点 v_0 被访问;v 进栈.

步骤 1(进栈处理)

1(a) 如果 $E(v) = \varnothing$ 或者 $E(v)$ 中的边全都被标记,则转步骤 2.

1(b) 取一个未标记边 $e \in E(v)$,对 $e = (v, u)$ 进行处理:

[如果点 u 未被访问,则[标记 u 被访问,e 标记正,将 u 入栈,$u \to v$,转步骤 1(a)];

如果点 u 已经被访问,则[标记 e 为负,转步骤 1(a)].

步骤 2(退栈处理)

如果栈非空,则[将栈顶元素$\to v$,退栈]转步骤 1;

否则终止.

算法执行完毕后,标记访问过的点和标记为正的边构成一个以起始点 v_0 为根的有向树.

例 5 用图 3 说明 DFS 算法的运行过程.

⓪ 执行步骤 0(初始状态),选择 1 为初始点.标记 1 被访问,点 1 进栈.1 为正在处理点.

执行完这一步后,栈中有一个点 1.

① 执行步骤 1(a),检查以 1 为端点的丛中的边集合 {(1,4),(1,3),(1,2)}.

② 执行步骤 1(b),取出一个,不妨为(1,2),标记 2 被访问,标记(1,2)为 +(1,2),点 2 进栈.2 为正在处理点.转回步骤 1(a).

执行完这一步后,栈中有两个点,从栈顶排起,依次为 2,1.

③ 执行步骤 1(a),检查以 2 为端点的丛中的边集合{(2,3)}.

④ 执行步骤 1(b),取出(2,3),标记 3 被访问,标记(2,3)为 +(2,3),点 3 进栈.3 为正在处理点.转回步骤 1(a).

执行完这一步后,栈中有三个点,从栈顶排起,依次为 3,2,1.

⑤ 执行步骤 1(a),检查以 3 为端点的丛中的边集合{(3,1),(3,4)}.

⑥ 执行步骤 1(b),取出(3,1),由于点 1 已经被访问,标记(3,1)为 −(3,1).转回步骤 1(a).

⑦ 执行步骤 1(a),检查以 3 为端点的丛中的边集合{−(3,1),(3,4)}.

⑧ 执行步骤1(b),取出(3,4),标记4被访问,标记(3,4)为+(3,4),点4进栈.4为正在处理点.转回步骤1(a).

执行完这一步后,栈中有四个点,从栈顶排起依次为4,3,2,1.

⑨ 执行步骤1(a),检查以4为端点的丛中的边集合{(4,5)}.

⑩ 执行步骤1(b),取出(4,5),标记5被访问,标记(4,5)为+(4,5),点5进栈.5为正在处理点.转回步骤1(a).

执行完这一步后,栈中有五个点,从栈顶排起,依次为5,4,3,2,1.

⑪ 执行步骤1(a),检查以5为端点的丛中的边集合{(5,1),(5,4)}.

⑫ 执行步骤1(b),取出(5,1),由于点1已经被访问,标记(5,1)为-(5,1).转回步骤1(a).

⑬ 执行步骤1(a),以5为端点的丛中的边集合变为{-(5,1),(5,4)}.

⑭ 执行步骤1(b),取出(5,4),由于点4已经被访问,标记(5,4)为-(5,4).转回步骤1(a).

⑮ 执行步骤1(a),以5为端点的丛中的边集合变为{-(5,1),-(5,4)},转步骤2.

⑯ 执行步骤2(退栈处理),点4为正在处理点.转回步骤1(a).

执行完这一步后栈中有四个点,从栈顶排起,依次为4,3,2,1.

⑰ 执行步骤1(a),以4为端点的丛中的边集合变成{+(4,5)},转回步骤2.

⑱ 执行步骤2(退栈处理),点3为正在处理点.转回步骤1(a).

执行完这一步后,栈中有三个点,从栈顶排起,依次为3,2,1.

⑲ 执行步骤1(a),以3为端点的丛中的边集合为{-(3,1),+(3,4)},转回步骤2.

⑳ 执行步骤2(退栈处理),点2为正在处理点.转回步骤1(a).

执行完这一步后,栈中有两个点,从栈顶排起,依次为2,1.

㉑ 执行步骤1(a),以2为端点的丛中的边集合为{+(2,3)},转回步骤2.

㉒ 执行步骤2(退栈处理),点1为正在处理点.转回步骤1(a).

执行完这一步后,栈中只有一个点1.

㉓ 执行步骤1(a),以1为端点的丛中的边集合为{-(1,4),-(1,3),+(1,2)},转回步骤2.

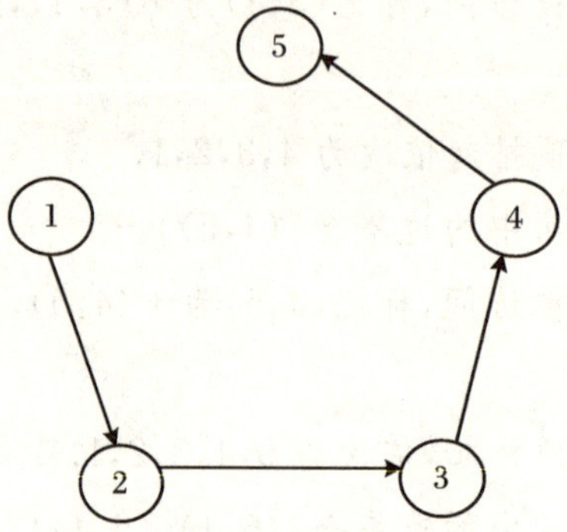

图 8 用 DFS 算法遍历图 3 得到的结果

㉔ 执行步骤 2(退栈处理),栈空,终止.

算法执行得到的结果如图 8 所示.

(2) 图遍历的广度优先算法

设算法中使用 L 存放队结构中的节点,仍然设算法当前正处理的点为 v,u 是一个存放工作点的临时单元.图中的边有三种记号:没有访问过(无标记);访问过,但是未选中,标记为负"-";访问过,被选中,标记为正"+".点用两种记号:访问过和没有访问过.记以 v 为端点的丛中的边集合 $E(v)=\{e|e=(v,u)\}$.

算法 2 BFS 算法.

步骤 0(初始化)

将队 L 清空;选初始点 $v_0 \to v$;标记初始点 v_0 被访问.

步骤 1(入队处理)

1(a) 如果 $E(v)=\varnothing$,则转步骤 2;

1(b) 对 $E(v)$ 中的边逐个处理(设正处理的边为 $e=(v,u)$):

[如果点 u 未被访问,则[标记 u 被访问,e 标记正,将 u 入队];

如果点 u 已经被访问,则标记 e 为负].

步骤 2(出队处理)

如果队非空,则[将队首元素$\to v$,队首元素出队]转步骤 1

否则终止.

算法执行完毕后,标记访问过的点和标记为正的边构成一个以起始点 v_0 为根的有向树.

例 6 用图 3 说明用 BFS 算法遍历的运行过程.

⓪ 执行步骤 0(初始状态),选择 1 为初始点,标记 1 被访问,1 为正在处理点.

① 执行步骤 1(a),检查以 1 为端点的丛中的边集合 $\{(1,4),(1,3),(1,2)\}$.

② 执行步骤 1(b):标记边(1,4)为 +(1,4),点 4 被访问,点 4 入队;标

记边(1,3)为+(1,3),点3被访问,点3入队;标记边(1,2)为+(1,2),点2被访问,点2入队.转步骤2.

执行完这一步后,队中有三个点,从队首排起,依次为4,3,2.

③ 执行步骤2(出队处理),正在处理点变成4,队中剩两个点.转步骤1.

④ 执行步骤1(a),检查以4为端点的丛中的边集合{(4,5)}.

⑤ 执行步骤1(b):标记边(4,5)为+(4,5),点5被访问,点5入队.转步骤2.

执行完这一步后,队中有三个点,从队首排起,依次为3,2,5.

⑥ 执行步骤2(出队处理),正在处理点变成3,队中剩两个点.转步骤1.

⑦ 执行步骤1(a),检查以3为端点的丛中的边集合{(3,1),(3,4)}.

⑧ 执行步骤1(b):标记边(3,1)为-(3,1),(3,4)为-(3,4).转步骤2.

⑨ 执行步骤2(出队处理),正在处理点变成2,队中只剩一个点5.转步骤1.

⑩ 执行步骤1(a),检查以3为端点的丛中的边集合{(2,3)}.

⑪ 执行步骤1(b):标记边(2,3)为-(2,3).转步骤2.

⑫ 执行步骤2(出队处理),正在处理点变成5,队已经空.转步骤1.

⑬ 执行步骤1(a),检查以5为端点的丛中的边集合{(5,1),(5,4)}.

⑭ 执行步骤1(b):标记边(5,1)为-(5,1);标记边(5,4)为-(5,4).转步骤2.

⑮ 执行步骤2(出队处理),队已空,终止.

算法执行得到的结果如图9所示.

将算法的执行过程当成在有向图上"旅游"的过程,BFS算法的策略是从出发点开始尽量先把近处的"景点"看完,由近至远逐步推进.DFS算法的策略是从出发点开始,看完一个"景点"后,若有更远的"景点"则远行,没有则回头找次远的"景点".

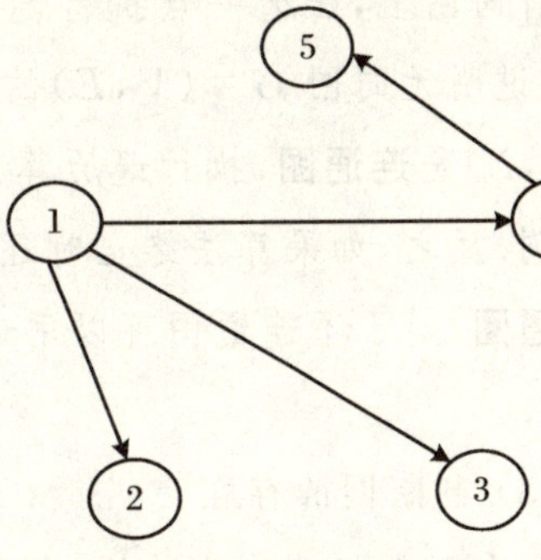

图9　用BFS算法遍历图3得到的结果

如果只对遍历而言，还可以构造出策略介乎于 DFS 和 BFS 之间的算法，实际上 DFS 算法和 BFS 算法还有一些很好的性质. 例如，在执行 BFS 算法得到的支撑树上，初始点到每一个点的路就是初始点到达这个点的所有路中边数最少的路. 因为队结构总是将一个点的“丛”先探测完，这就保证了初始点到被探测点的路所含的边数最少. 因此，在探测过程中对点的处理是分层的：先探测初始点，这个点处在第 0 层；其次探测初始点的“儿子”，这些点处在第 1 层；再次探测初始点的“孙子”，这些点处在第 2 层……直到算法结束. 正是利用这个性质将图的节点分层. 其他的性质不在此详细讨论了.

3. 遍历算法的应用

上面介绍的遍历算法在处理网络图中有广泛的应用，这里只给出几种典型应用.

(1) 判断连通性

给定一个图 $G=(V,E)$，对给定的 $u,v\in V$，在很多情况下，需要判断 u 到 v 是否有路相连. 只要对算法稍加改动，选择 u 作为初始出发点，增加终止判断条件：一旦访问到 v 便终止. 这样，如果 v 能被标记，则从 v 逆向回溯(回溯过程依赖于图的存储方式，当用点对点的邻接方阵存储图时，回溯就从边所在的行号找到它所在的列号)，就可得到从 u 到 v 的路；否则，如果 v 不能被标记，则 u 到 v 没有路.

(2) 求支撑树、连通子图

对于一个无向图 $G=(V,E)$，把无向边改造为双向的有向边. 在改造后的有向图上，任选一点执行遍历算法. 如果算法终止时所有点均被访问过，则说明无向图 $G=(V,E)$ 的任何两个点之间都有无向路，称无向图 $G=(V,E)$ 是**连通图**. 执行遍历算法所得到的结果就是无向图 $G=(V,E)$ 的**支撑树**. 反之，如果算法终止时还有点未被访问，则称无向图 $G=(V,E)$ 是**不连通图**. 对于不连通图可以用遍历算法找出它的一个最大连通子图(连通分支).

(3) 判断圈的存在

圈在图中起着十分独特、重要的作用. 常常需要判断图中是否存在圈. 只要对遍历算法稍加改造就可实现这一要求. 因为在正文中多次涉及判断圈是否存在的问题，因此这里给出具体算法，它是与 DFS 算法类似的、使用栈结构的算法．

与 DFS 算法使用的记号类似，使用 S 存放栈结构中的节点，假设算法当前正处理的点为 v，u 是一个存放工作点的临时单元．图中的边可能有三种记号：没有访问过（无标记）；访问过，但是未选中，标记为负“－”；访问过，被选中，标记为正“＋”．点也有三种记号：没有访问过（无标记）；访问过，已经退栈，标记为负“－”；访问过，在栈中，标记为正“＋”．记以 v 为端点的丛中的边集合为 $E(v)=\{e\mid e=(v,u)\}$．

算法 3　使用栈结构在有向图上判断圈是否存在的算法．

步骤 0（初始化）

将栈 S 清空；初始点 $\to v$；标记初始点为正“＋”；v 进栈．

步骤 1（进栈处理）

1(a) 如果 $E(v)=\varnothing$ 或者 $E(v)$ 中的边全都被标记，则转步骤 2；

1(b) 取一个未标记边 $e\in E(v)$，对 $e=(v,u)$ 进行处理：

[如果点 u 未被访问，则[标记 u 被访问，e 标记为正，将 u 入栈，u 标记为正，$u\to v$ 转步骤 1(a)]；

如果点 u 已经被访问且 u 的标号为正，则[发现圈，转步骤 3]，否则[标记 e 为负，转步骤 1(a)]]；

步骤 2（退栈处理）

如果栈非空，则[将栈顶元素 $\to v$，将 v 的标号改为“－”，退栈，转步骤 1]；否则终止．

步骤 3（找出圈）

连续执行退栈操作，直到 u 出栈停止，退栈点列就是 u 到 v 的圈；终止．

执行这个算法的结果有两种可能，一是在步骤 1(b) 时，探索到有已经访问过的点存在栈中，得到了一个圈；另一种可能是没有发现圈而终止，这样得到了一个以 v 为根的树．如果这个树不能支撑整个图，即还有没有访问到的点，则选择其中一个，再次执行这个程序，直到发现圈而终止或者访问了所有的点．

附录3 多指标决策方法

3.1 多指标决策的概念

多指标决策(Multiple Attribute Decision Making)又称多属性决策,因为本书对属性一词赋予了特定的含义,为了显示区别,使用“多指标决策”.多指标决策是一类特殊的多目标决策问题.多指标决策问题指决策方案能用一组指标值标识,决策方案有限,方案的指标值已经给出(或能够给出),用方案的指标值对方案进行选优或排序的决策问题.

假设决策问题有 m 个决策方案,每个方案有 n 个指标,第 i 个方案的第 j 个指标值是 y_{ij},得到如表1所示的决策矩阵.

表1

	指标1	…	指标 j	…	指标 n
方案1	y_{11}	…	y_{1j}	…	y_{1n}
…	…	…	…	…	
方案 i	y_{i1}	…	y_{ij}	…	y_{in}
…	…	…	…	…	…
方案 m	y_{m1}	…	y_{mj}	…	y_{mn}

为了方便处理,约定 $y_{ij} \geqslant 0$.

有的文献在叙述决策矩阵时将行作为方案、列作为指标.在本书中如果不作说明,都使用上面形式的决策矩阵.

多指标决策就是利用已知决策矩阵(或者构造出决策矩阵)对方案进行决策.

不少文献将**多目标决策**作为一个大类,把**多目标规划**和**多指标决策**都归入其中.但是多目标规划问题和多指标决策有明显的区别.多目标规划问题有多个可以明确表达的目标函数,每一个可行解对应一组满足约束条件的自变量,目标函数值是一个向量,通过追求向量极值而获得优化解.多指标决策没有明确的目标函数,没有明确的约束条件,可行解已经由决策矩阵全部列出,通过处理决策矩阵的数据将方案排序获得最优解.

3.2　多指标决策的方法

决策矩阵是多指标决策的依据,多指标决策就是对决策矩阵的数据处理.直接观测获得的数据往往不便使用,所以往往需要事先进行规范化的预处理.

例如,有些属性可能是值越大方案越好,有些则是越小方案越好,还有些可能是越接近某个确定的值方案越好.另外,不同的属性使用不同的量纲可能使属性值之间产生巨大的差异,这种差异也会影响决策的公正性.

数据预处理就是将直接观察获得的决策矩阵数据通过平移、压缩等变换,将其映射到(0,1)区间,并使方案的优劣与指标数据大小保持一致.

另外,在直接观测获得的数据中,可能含有一些明显不合理的数据.保留这些数据不仅增大计算量,而且对结果会产生不利的影响.所以在定量分析之前可以先利用问题的实际背景,并结合实践经验进行筛选,将这类数据剔除.

如果不作说明,总假定决策矩阵的数据经过了预处理和方案筛选,所有属性都是属性值越大方案越好.

下面简单介绍常用的多指标决策方法.

1. 将多指标简化成一个单目标的方法

处理多指标决策的最简单、也是最常用的方法是将决策方案的多个指标值映射为一个实数值,用映射后实数值的大小评判决策方案的优劣,其中,最常用的是算术平均和几何平均.

(1) 算术平均

利用 $\bar{y}_i = \sum_{j=1}^{n} \alpha_j y_{ij}$ 作为度量方案 i 优劣的量化值. 其中 α_j 是第 j 个指标的权重, $\alpha_j \geqslant 0$, $\sum \alpha_j = 1$. 如果不能区别指标的重要性差异,可以定 $\alpha_j = 1/n$.

(2) 几何平均

利用 $\bar{y}_i = \prod_{j=1}^{n} y_{ij}^{\alpha_j}$ 作为度量方案 i 优劣的量化值. 在几何平均中,参数 α_j 的意义与算数平均中的参数 α_j 一样,代表第 j 个指标的权重, $\alpha_j \geqslant 0$, $\sum \alpha_j = 1$. 如果不能区别指标的重要性差异,可以定义 $\alpha_j = 1/n$.

确定权重 α_j 也有许多种方法,本书 2.1 节中求单一准则下子准则权重的方法是一种常用方法. 通过对指标的两两比较建立判断矩阵,利用判断矩阵求出权重,这里不再赘述.

2. 字典序法

数据可以分成"类"和"值","类"是数据的类型和格式,"值"是具体的数据值. 比如一年一度的高考,通过"数学"、"物理"、"化学"、"语文"、"政治"、"外语"六门课程的高考成绩决定学生的等级顺序. 其中课程名称"数学"、"物理"、"化学"、"语文"、"政治"、"外语"是数据的"类",每一个考生某课程考试的分数是这个课程"类"的"值".

如果决策者能够严格区别出不同"类"指标的重要程度,则可以将指标按照"类"的重要程度排列顺序. 先对最重要的"类"选出指标"值"达到最大的那些方案,之后得到一个较小的决策方案集合;再在得到的较小集合中,对次重要的"类"选出指标"值"达到最大的那些方案,得到更小的决策方案集合. 如此反复,直到所有的指标"类"处理完毕,得到最终的决策方案.

字典序法可以看成是定性使用决策矩阵定量数据的一种方法.

3. 理想点方法(双基点法)

在决策矩阵中,有 n 个决策指标、m 个方案. 虚构一个方案,这个方案的每一个指标都是 m 个方案中的最好者,从理论上讲这个虚构方案应当最好,称这组指标是"理想点".

在指标空间中,用 n 维空间中决策方案指标与"理想点"之间的距离远近来判断决策方案的优劣,这种方法就是理想点方法.

双基点法(Technique for Order Preference by Similarity to Ideal Solution,TOPSIS)可以看成是理想点方法的拓展,它需要两个“理想点”,一个是以各个指标最希望达到的最好值而建立的正“理想点”,另一个是以各个指标所最不希望出现的最坏值而建立的负“理想点”.将决策方案按照距离正“理想点”近,而距离负“理想点”远的原则来判定决策方案的优劣.

在理想点方法中可以用不同的手段定义“理想点”和“距离”.通常将正“理想点”定义成已知决策方案集合中各个指标能够达到的最大值所对应的点,“距离”采用欧几里得距离.

算法1列出了采用欧几里得距离的双基点法基本步骤.

算法1 采用欧几里得距离的双基点法.

步骤1(准备工作)

对数据进行预处理.

步骤2(计算“理想点”)

正“理想点”:$y_j^* = \max_i y_{ij}$;

负“理想点”:$y_j^\circ = \min_i y_{ij}$.

步骤3(计算各个方案到“理想点”的距离)

计算方案 i 到正“理想点”的距离 $d_i^* = \sqrt{\sum_{j=1}^{n} (y_j^* - y_{ij})^2}$;

计算方案 i 到负“理想点”的距离 $d_i^\circ = \sqrt{\sum_{j=1}^{n} (y_j^\circ - y_{ij})^2}$.

步骤4(综合评价)

计算各个方案的指标:$c_i = d_i^\circ/(d_i^\circ + d_i^*)$,按照 c_i 值对方案排序.

4. 数据包络分析

数据包络分析(Data Envelopment Analysis,DEA).在DEA方法中将待评价的对象称为决策单元(Decision Making Unit,DMU),在别的方法中称为“方案”.DEA和一般多指标决策问题的主要区别之一是,它允许决策单元有两类指标,一类是投入(输入),另一类是产出(输出).

好的决策单元产出大而投入小.DEA使用数学规划方法,通过对决策单元投入、产出值的分析计算,区分出决策单元效率的高低.

由于DEA在经济领域有十分广泛和深刻的应用,因此它的许多术语都带有强烈的经济色彩.

基本模型及“有效”的定义：

假定有 n 个决策单元 $DMU_j(j=1,2,\cdots,n)$、m 个描述投入指标的数据、s 个描述产出指标的数据，第 j 个决策单元的第 r 个投入指标数据为 x_{rj}，第 j 个决策单元的第 t 个产出指标数据为 x_{tj}. 观测数据矩阵如下

$$
\begin{array}{cccccccc}
 & & 1 & 2 & \cdots & j & \cdots & n \\
 & v_1 & x_{11} & x_{12} & \cdots & x_{11} & \cdots & x_{1n} \\
\text{投入指标} & v_2 & x_{21} & x_{22} & \cdots & x_{2j} & \cdots & x_{2n} \\
 & \vdots & \vdots & \vdots & & \vdots & & \vdots \\
 & v_m & x_{m1} & x_{m2} & \cdots & x_{mj} & \cdots & x_{mn}
\end{array}
$$

$$
\begin{array}{cccccccc}
y_{11} & y_{12} & \cdots & y_{11} & \cdots & y_{1n} & u_1 & \\
y_{21} & y_{22} & \cdots & y_{2j} & \cdots & y_{2n} & u_2 & \text{产出指标} \\
\vdots & \vdots & & \vdots & & \vdots & \vdots & \\
y_{s1} & y_{s2} & \cdots & y_{sj} & \cdots & y_{sn} & u_s &
\end{array}
$$

对第 j 个决策单元的 m 个投入指标数据，使用加权向量(待定) $\boldsymbol{v}^{\mathrm{T}}=(v_1,v_2,\cdots,v_m)$，可以将其合并为一个值

$$\sum_{i=1}^{m} v_i x_{ij} = \boldsymbol{v}^{\mathrm{T}} \cdot \boldsymbol{x}_j$$

同样，对决策单元的 s 个输出指标数据，使用加权向量(待定) $\boldsymbol{u}^{\mathrm{T}}=(u_1,u_2,\cdots,u_m)$，也可以将其合并为一个值

$$\sum_{r=1}^{s} u_r y_{rj} = \boldsymbol{u}^{\mathrm{T}} \cdot \boldsymbol{y}_j$$

对第 j 个决策单元和选定的加权向量 $\boldsymbol{v}^{\mathrm{T}}=(v_1,v_2,\cdots,v_m)$ 和 $\boldsymbol{u}^{\mathrm{T}}=(u_1,u_2,\cdots,u_m)$，其效率可以用

$$h_j = \frac{\sum_{r=1}^{s} u_r y_{rj}}{\sum_{i=1}^{m} v_i x_{ij}} = \frac{\boldsymbol{u}^{\mathrm{T}} \cdot \boldsymbol{y}_j}{\boldsymbol{v}^{\mathrm{T}} \cdot \boldsymbol{x}_j}$$

度量.

对某个选定的决策单元 j_0，DEA 用如下的方法判断 j_0 的效率：寻找非负且不全为 0 的加权向量 $\boldsymbol{v}^{\mathrm{T}}=(v_1,v_2,\cdots,v_m)$ 和 $\boldsymbol{u}^{\mathrm{T}}=(u_1,u_2,\cdots,u_m)$，使得对所有的决策单元而言，在效率值都不超过 1 的情况下，追求 j_0 效率

的极大化.如果 j_0 效率的极大值达不到1,则说明 j_0 效率不高,如果 j_0 效率的极大值能达到1,则说明 j_0 属于效率高的决策单元.

利用数学规划的式子表示为

$$\max \frac{\boldsymbol{u} \cdot \boldsymbol{y}_{j0}}{\boldsymbol{v}^{\mathrm{T}} \cdot \boldsymbol{x}_{j0}}, \quad \text{s.t.}\begin{cases} \dfrac{\boldsymbol{u}^{\mathrm{T}} \cdot \boldsymbol{y}_j}{\boldsymbol{v}^{\mathrm{T}} \cdot \boldsymbol{x}_j} \leqslant 1 & (j = 1,2,\cdots,n) \\ \boldsymbol{u} \geqslant \boldsymbol{0} & (\boldsymbol{u} \neq \boldsymbol{0}) \\ \boldsymbol{v} \geqslant \boldsymbol{0} & (\boldsymbol{v} \neq \boldsymbol{0}) \end{cases} \tag{1}$$

这就是DEA方法最基本的 C^2R 模型.

如果求解模型(1)能得到最优值为1的最优解,则称决策单元 j_0 是弱DEA(C^2R)有效的.最优解即为一组加权值,在这组加权值下,决策单元 j_0 是效率最高的决策单元之一.

如果最优值为1的最优解的各个分量都严格大于0,则称决策单元 j_0 是DEA(C^2R)有效的.这说明 j_0 不但效率最高,而且在达到最高效率时任何一个投入、产出指标都发挥了作用而不可缺少.

模型(1)是分式规划模型,在模型(1)中,令

$$t = \frac{1}{\boldsymbol{v}^{\mathrm{T}} \cdot \boldsymbol{x}_{j_0}} > 0, \quad \boldsymbol{\omega} = t\boldsymbol{v}, \quad \boldsymbol{\mu} = t\boldsymbol{u}$$

则模型(1)等价地化为线性规划

$$\max \boldsymbol{\mu}^{\mathrm{T}} \cdot \boldsymbol{y}_{j_0}, \quad \text{s.t.}\begin{cases} \boldsymbol{\omega}^{\mathrm{T}} \cdot \boldsymbol{x}_j - \boldsymbol{\mu}^{\mathrm{T}} \cdot \boldsymbol{y}_j \geqslant 0 & (j = 1,2,\cdots,n) \\ \boldsymbol{\omega}^{\mathrm{T}} \cdot \boldsymbol{x}_{j_0} = 1 & \\ \boldsymbol{\omega} \geqslant \boldsymbol{0}, & \boldsymbol{\mu} \geqslant \boldsymbol{0} \end{cases} \tag{2}$$

这个线性规划的对偶模型为

$$\min \theta, \quad \text{s.t.}\begin{cases} \sum\limits_{j=1}^{n} \lambda_j x_j \leqslant \theta x_{j_0} & (\theta\ \text{取任意实数}) \\ \sum\limits_{j=1}^{n} \lambda_j y_j \geqslant y_{j_0} & \\ \lambda_j \geqslant 0 & (j = 1,2,\cdots,n) \end{cases} \tag{3}$$

可以证明,对偶模型最优值为1的充分必要条件是 j_0 为弱DEA(C^2R)有效的.最优值为1且约束条件都取等号的充分必要条件是 j_0 为DEA(C^2R)有效的.

5. ELECTRE方法

ELECTRE方法主要包括以下几个部分:利用原始的未经预处理的数

据建立方案之间的优先关系图;分析优先关系图(有向图)的结构并对方案进行排序.

(1) 构造优先关系图(有向图)

其基本思想是将方案看成点,通过判断方案之间是否存在优先关系而构造有向图(优先关系图).

判断方案之间是否存在优先关系的规则主要有两步:首先是从正面判断是否满足优先条件,即所谓的和谐性检验;其次是从反面推敲优先条件与其他因素是否矛盾,即所谓的不和谐性检验.

和谐性检验是通过比较两个方案的不同指标值,量化方案的优先程度,如果超过主观确定的阈值,则认为优先关系可以考虑.具体步骤如下:

首先需要由决策者确定指标权重,不妨记 α_j 是第 j 个指标的权重.

设两个方案是 i_1,i_2,记

$$J^+(i_1,i_2)=\{j\,|\,1\leqslant j\leqslant n,y_{i_1j}>y_{i_2j}\}$$

$$J^=(i_1,i_2)=\{j\,|\,1\leqslant j\leqslant n,y_{i_1j}=y_{i_2j}\}$$

$$J^-(i_1,i_2)=\{j\,|\,1\leqslant j\leqslant n,y_{i_1j}<y_{i_2j}\}$$

计算和谐性指标

$$I(i_1,i_2)=\Big(\sum_{j\in J^+(i_1,i_2)}a_j+\sum_{j\in J^=(i_1,i_2)}a_j\Big)\Big/\sum_{1\leqslant j\leqslant n}a_j$$

$$\tilde{I}(i_1,i_2)=\sum_{j\in J^+(i_1,i_2)}a_j\Big/\sum_{j\in J^-(i_1,i_2)}a_j$$

如果 $\tilde{I}(i_1,i_2)\geqslant 1$ 而且 $I(i_1,i_2)\geqslant\gamma$,则认为方案 i_1 优于方案 i_2.其中,$I(i_1,i_2)$代表了在总的指标分量中,i_1 的指标不劣于 i_2 指标的比例,$\tilde{I}(i_1,i_2)$代表了 i_1 的指标优先于 i_2 的指标且 i_1 的指标劣后于 i_2 指标的比例.γ 是决策者事先主管确定的常数,一般取 $0.5<\gamma\leqslant 1$.

非和谐性检验与决策者的主观认识关系更为密切,它是利用决策者的经验(或偏好)对和谐性检验结果的否定性复查.例如,根据决策者的经验(或偏好),即当 i_2 的某个指标优于 i_1 指标达到一定程度时,即便算出和谐性指标表明 i_1 优先于 i_2,但也不能接收 i_1 优先于 i_2 的结论,仍然可以否定和谐性检验的结果.

检查和点对的顺序有关.在对点 i_1 和 i_2 进行和谐性检查与非和谐性检查后,即便是 i_1 优先于 i_2 也不能说明 i_2 一定不优先于 i_1.所以比较了点

i_1 和 i_2 还应当比较 i_2 和 i_1.

建立优先关系有向图的具体步骤列于算法2.

算法2 建立优先关系有向图的算法.

步骤1 确定各个指标的权重;

步骤2 对任意两个方案 i_1,i_2,(区分次序)执行:

[2(a) 进行和谐性检查;

2(b) 进行非和谐性检查;

2(c) 如果通过和谐性检查而又不被非和谐性检查否决,则认为方案 i_1 优先于方案 i_2,在点 i_1,i_2 之间添加有向边.]

算法执行的结果是一个有向图.

由构造有向图的原则可知,对任意的两个点 i_1 和 i_2,它们之间并不一定存在"优先"关系.同时,"优先"关系也不具备传递性.算法定义的"优先"关系可能出现循环的情况,即 i_1 优先于 i_2,i_2 优先于 i_3,而 i_3 又优先于 i_1.也就是说构造出的有向图可能存在圈.

(2) 在有向图上将点分类

将有向图上的点按照如下规则分类:对任意的两个点 i_1 和 i_2,如果点 i_1 优先于点 i_2,则点 i_1 所在类不会劣于点 i_2 所在的类;处在同一个圈上的点是不能区分优先程度的,认为它们有相同的优先级别,属于同一类.

按照优先关系将点划分为若干类,在同一类的点中再使用其他手段区分方案的优劣.

在有向图上可用算法3将点分类.

算法3 有向图上的点分类算法.

步骤1(在原图上寻找圈,并将圈收缩为一个点,记执行完步骤1后的结果为图 G)

如果图上存在圈,则[将圈上的点收缩为一个点,转步骤1],否则转步骤2.

步骤2(前向分层)

2(a) (对无圈图有向图 G 进行改造)

添加一个虚源点,记为0;

对所有源点(只有出度而无入度的点),添加0到它的有向边.

2(b) (在改造后的只有一个根点的、无圈的有向图上将点分层)

从点 0 出发，对每一个点，求根点到达这个点的边数最多的路，将这个数字标记成这个点的层数；

记点 i 的层数为 $l_1(i)$，$L=\max\limits_i l_1(i)$.

步骤 3(后向分层)

3(a)(对无圈图 G 进行改造)

将图 G 上所有的有向边改变方向；

添加一个虚源点，记为 0；

对所有源点，添加 0 到它的有向边；添加一个虚的源点，不妨记为 0.

3(b)(在改造后的只有一个根点的、无圈的有向图上将点分层)

从点 0 出发，对每一个点，求根点到达这个点的边数最多的路，将这个数字标记成这个点的层数；

记点 i 的层数为 $l_2'(i)$，$l_2(i)=L-l_2'(i)+1$.

在单根、无圈的有向图上将点分层的算法在 2.5.2 小节中有详细的介绍.

对于点 i，如果它的前向分层数 $l_1(i)$ 与后向分层数 $l_2(i)$ 相等，则点 i 处于第 l_1 层，否则，点 i 的层数并不确定，处于 l_1 和 l_2 之间. 究竟应当将点 i 归于哪一层，还需要决策者的干预. 如果点 i 层数归属不唯一，在断定层数时还必须考虑那些指向 i 的点与 i 指向的点的层数的一致性，其细节不在此讨论.

同一层次点以及收缩成一个点的同一个圈上点的优劣次序也需要决策者干预并确定.

检查并找出圈的具体算法可参见附录 2.

6. **层次分析(AHP)/网络决策分析(ANP)方法**

层次分析(AHP)/网络决策分析(ANP)方法也是常用的多指标决策方法，由于本书内容就是讨论这种方法，这里不赘述.

参 考 文 献

[1] Liu Qizhi, Wang Qin. Product Method of Analytic Hierarchy Process [J]. Asia-Pacific Journal of Operational Research, 1991, 8: 135～145.

[2] Liu Qizhi, Wang Qin. Product Method of AHP [C]. Proceedings of International Symposium on the Analytic Hierarchy Process, Tianjin, China, 1988: 225～231.

[3] 刘奇志. 层次分析积因子方法的保序性[J]. 系统工程学报, 1995, (10): 61～70.

[4] Liu Qizhi. Product AHP and Its Properties [C]. Proceedings of the 6th International Symposium on the Analytic Hierarchy Process, Berne, Switzerland, 2001: 341～348.

[5] 刘奇志. 网络决策分析的积因子方法[J]. 系统工程理论与实践, 2004, (9): 90～97.

[6] 刘奇志. 层次分析积因子方法的特性及理论基础[G]//决策科学的理论与方法: 中国系统工程学会决策科学专业委员会第 4 届学术年会论文选集. 北京: 海洋出版社, 2001: 19～33.

[7] Satty T L. The Analytic Network Process [M]. 2nd ed. Pittsburgh: RWS Publications, 2001.

[8] Saaty T L. Relative Measurement and Its Generalization in Decision Making Why Pairwise Comparisons are Central in Mathematics for the Measurement of Intangible Factors: The Analytic Hierarchy/Network Process [J]. Rev. R. Acad. Cien. Serie A. Mat., 2008, 102 (2): 251～318.

[9] 王莲芬, 许树柏. 层次分析法引论[M]. 北京: 中国人民大学出版社, 1990.

[10] 许树柏. 层次分析法原理[M]. 天津: 天津大学出版社, 1988.

[11] 赵焕臣, 许树柏, 和金生. 层次分析法——一种简易的新决策方法[M]. 北京: 科学出版社, 1986.

[12] 许树柏, 杨嘉. 浅议 ANP[G]//中国系统工程学会决策科学专业委员会第 4 届学术年

会论文，扬州，2001.
[13] Saaty T L. The Seven Pillars of Analytic Hierarchy Process [C]. Proceedings of The 5th International Symposium on Analytic Hierarchy Process, Kobe, Japan, 1999: 20～23.
[14] Saaty T L. A Note on Multiplicative Operations in AHP [C]. Proceedings of International Symposium on The Analytic Hierarchy Process, Tianjin, China, 1988: 82～86.
[15] Saaty T L. Observations on Multiplicative Composition in The Analytic Hierarchy Process [C]. Proceedings of The 3rd International Symposium on Analytic Hierarchy Process, Washington, DC, USA, 1994: 169～174.
[16] Barzilai J. On The Derivation of AHP Properties [C]. Proceedings of The 4th International Symposium on The Analytic Hierarchy Process, Burnaby, B. C., Canada, 1996: 244～250.
[17] Ramanathan R. Group Decision Making Using Multiplicative AHP [C]. Proceedings of The 4th International Symposium on The Analytic Hierarchy Process, Burnaby, B.C., Canada, 1996: 262～272.
[18] 赵玮，姜波. 层次分析方法进展[J]. 数学的实践与认识，1992，3：63～70.
[19] Saaty T L, Vargas L G. Decision Making [M]. Pittsburgh: RWS Publication, 1994.
[20] 王莲芬. 网络分析法(ANP)的理论与算法[J]. 系统工程理论与实践，2001，21(3)：44～50.
[21] 刘奇志. 几种多属性决策方法的使用分析[G]//决策科学理论与创新：中国系统工程学会决策科学专业委员会第7届学术年会论文选集. 北京：海洋出版社，2007：142～147.
[22] 王连芬，朱枫. AHP中逆序问题的综述[J]. 系统工程实践与认识，1994，(14)：1～6.
[23] 宣家骥. 多目标决策[M]. 长沙：湖南科学技术出版社，1989.
[24] 岳超源. 决策理论与方法[M]. 北京：科学出版社，2003.
[25] L·戈丁. 数学概观[M]. 胡作玄，译. 北京：科学出版社，1986.
[26] J·J·摩特，S·E·爱尔玛拉巴. 运筹学手册：基础和基本原理[M]. 上海：上海科学技术出版社，1987.
[27] 许以超. 代数学引论[M]. 上海：上海科学技术出版社，1966.
[28] 李炯生，查建国. 线性代数[M]. 合肥：中国科学技术大学出版社，1989.
[29] Even S. Graph Algorithms [M]. Maryland: Computer Science Press, 1979.
[30] 蒋正新. 矩阵理论及其应用[M]. 北京：北京航空学院出版社，1988.
[31] 曹志浩，等. 矩阵计算和方程求根[M]. 北京：高等教育出版社，1983.

[32] 施泉生. 运筹学[M]. 2 版. 西安：中国电力出版社，2009.

[33] 樊瑛. 运筹学[M]. 大连：东北财经大学出版，2006.

[34] 沈荣芳. 运筹学[M]. 2 版. 北京：机械工业出版社，2009.

[35] 吴祈宗. 运筹学与最优化方法[M]. 北京：机械工业出版社，2008.

[36] 张宏斌. 运筹学方法及其应用[M]. 北京：清华大学出版社，2008.

[37] 徐玖平，胡知能. 运筹学：数据模型决策[M]. 北京：科学出版社，2009.

[38] 岳淑捷. 运筹学[M]. 北京：北京理工大学出版社，2009.

[39] 韩大卫，王东华，王敬，等. 管理运筹学：模型与方法[M]. 北京：清华大学出版社，2008.

[40] 杨保安，张科静. 多目标决策分析理论、方法与应用研究[M]. 上海：东华大学出版社，2008.

[41] 张杰，等. 效能评估方法研究[M]. 北京：国防工业出版社，2009.

[42] 徐玖平，吴巍. 多属性决策的理论与方法[M]. 北京：清华大学出版社，2006.

[43] 系统工程导论[OL]. 课程编号：40250192，清华大学. http://www.tsinghua.edu.cn/.

[44] 多目标决策与综合评估技术[OL]. 课程编号：S209E001，天津大学运筹学精品课程. http://202.113.13.85/.

[45] 系统工程课程教学大纲(物流工程领域)[OL]. 西安交通大学. gs.xjtu.edu.cn/uploadfile/200704/20070425144317641.doc.

[46] 运筹学教学大纲[OL]. 课程编号：11099062，中国政法大学. jwc.cupl.edu.cn/dg/2009/gsgl/18.pdf.

[47] 理科实验班《数学建模与最优化方法》教学大纲[OL]. 北京科技大学. eam.ustb.edu.cn/UploadFile//20091012091011828.pdf.

[48] 运筹学本科教学大纲[OL]. 广东海洋大学精品课程. www.gdou.edu.cn/lxy/jpkc/jxdg.htm.

[49] 华中科技大学博士研究生 2009 年运筹学考试大纲[OL]. www.qnr.cn/stu/kaobo/bozhinan/200909/211467.html.

后　记

我平时的主要任务是“砍柴”——运用运筹学、系统工程以及计算机数据处理的方法分析解决一些应用问题.虽然俗话说“磨刀不误砍柴工”,自己也关注解决问题的方法,但是“磨刀”毕竟属于业余,不可能投入过多的时间与精力.2007 年母校校友文库约稿,原设想写作一本层次分析/网络分析的书,在系统地阐述传统方法的基础上,介绍一些应用案例,留一章介绍自己曾做过的工作,讨论对方法的改进.但随着编写工作的深入,对传统层次分析/网络分析局限性的认识逐渐深刻,所以决定对传统方法进行系统地改造,从理论上进行深入地分析,于是便写成了现在这个样子.

本书稿虽经多次修改,但是每次修改时仍能发现值得修改之处.原计划 2008 年底交稿,由于编写目标的变动以致拖到了 2009 年底.尽管内容已经完整,但在表达方式及可读性方面仍觉得还有改进的余地.

在本书的写作过程中得到了众多同事、同学、朋友的鼓励和帮助,徐瑞恩教授、郑重光副教授曾阅读初稿,首都师范大学副教授徐德举博士仔细审阅了书稿,他们都提出了宝贵的修改意见,在此一并表示深切的谢意.

"十一五"国家重点图书

中国科学技术大学校友文库

第一辑书目

◎*Topological Theory on Graphs*（英文） 刘彦佩

◎*Advances in Mathematics and Its Applications*（英文） 李岩岩、舒其望、沙际平、左康

◎*Spectral Theory of Large Dimensional Random Matrices and Its Applications to Wireless Communications and Finance Statistics*（英文） 白志东、方兆本、梁应昶

◎*Frontiers of Biostatistics and Bioinformatics*（英文） 马双鸽、王跃东

◎*Spectroscopic Properties of Rare Earth Complex Doped in Various Artificial Polymer Structure*（英文） 张其锦

◎*Functional Nanomaterials：A Chemistry and Engineering Perspective*（英文） 陈少伟、林文斌

◎*One-Dimensional Nanostructres：Concepts，Applications and Perspectives*（英文） 周勇

◎*Colloids，Drops and Cells*（英文） 成正东

◎*Computational Intelligence and Its Applications*（英文） 姚新、李学龙、陶大程

◎*Video Technology*（英文） 李卫平、李世鹏、王纯

◎*Advances in Control Systems Theory and Applications*（英文） 陶钢、孙静

◎*Artificial Kidney：Fundamentals，Research Approaches and Advances*（英文） 高大勇、黄忠平

◎*Micro-Scale Plasticity Mechanics*（英文） 陈少华、王自强

◎*Vision Science*（英文） 吕忠林、周逸峰、何生、何子江

◎非同余数和秩零椭圆曲线 冯克勤

◎代数无关性引论 朱尧辰

◎非传统区域 Fourier 变换与正交多项式 孙家昶

◎消息认证码 裴定一

◎完全映射及其密码学应用　吕述望、范修斌、王昭顺、徐结绿、张剑
◎摄动马尔可夫决策与哈密尔顿圈　刘克
◎近代微分几何：谱理论与等谱问题、曲率与拓扑不变量　徐森林、薛春华、胡自胜、金亚东
◎回旋加速器理论与设计　唐靖宇、魏宝文
◎北京谱仪Ⅱ·正负电子物理　郑志鹏、李卫国
◎从核弹到核电——核能中国　王喜元
◎核色动力学导论　何汉新
◎基于半导体量子点的量子计算与量子信息　王取泉、程木田、刘绍鼎、王霞、周慧君
◎高功率光纤激光器及应用　楼祺洪
◎二维状态下的聚合——单分子膜和LB膜的聚合　何平笙
◎现代科学中的化学键能及其广泛应用　罗渝然、郭庆祥、俞书勤、张先满
◎稀散金属　翟秀静、周亚光
◎SOI——纳米技术时代的高端硅基材料　林成鲁
◎稻田生态系统 CH_4 和 N_2O 排放　蔡祖聪、徐华、马静
◎松属松脂特征与化学分类　宋湛谦
◎计算电磁学要论　盛新庆
◎认知科学　史忠植
◎笔式用户界面　戴国忠、田丰
◎机器学习理论及应用　李凡长、钱旭培、谢琳、何书萍
◎自然语言处理的形式模型　冯志伟
◎计算机仿真　何江华
◎中国铅同位素考古　金正耀
◎辛数学·精细积分·随机振动及应用　林家浩、钟万勰
◎工程爆破安全　顾毅成、史雅语、金骥良
◎金属材料寿命的演变过程　吴犀甲
◎计算结构动力学　邱吉宝、向树红、张正平
◎太阳能热利用　何梓年
◎静力水准系统的最新发展及应用　何晓业
◎电子自旋共振技术在生物和医学中的应用　赵保路
◎地球电磁现象物理学　徐文耀
◎岩石物理学　陈颙、黄庭芳、刘恩儒
◎岩石断裂力学导论　李世愚、和泰名、尹祥础
◎大气科学若干前沿研究　李崇银、高登义、陈月娟、方宗义、陈嘉滨、雷孝恩